GPS FÁCIL

Uso del Sistema de Posicionamiento Global

Lawrence Letham

EDITORIAL PAIDOTRIBO

Título original: GPS Made Easy

Traducción y revisión técnica:
Ricard Rodríguez-Martos Dauer
Profesor del Dpto. de Ciencias e
Ingeniería Náuticas de la UPC

Editorial Paidotribo
Consejo de Ciento, 245 bis, 1° 1ª
08011 Barcelona
Tel. 93 323 33 11 – Fax. 93 453 50 33
http: //www.paidotribo.com/
E-mail:paidotribo@paidotribo.com

Primera edición:
ISBN: 84-8019-591-6
Fotocomposición: Editor Service, S.L.
Diagonal, 299 – 08013 Barcelona
Impreso en España por A & M Gràfic

Índice

1 Introducción al Sistema de Posicionamiento Global (GPS)

El Sistema de Posicionamiento Global (GPS) es un sistema de satélites usado en navegación que permite determinar la posición las 24 horas del día, en cualquier lugar del globo y en cualquier condición climatológica.

Los tiempos han cambiado radicalmente desde las primeras exploraciones, cuando era necesario un conocimiento preciso de la esfera celeste para calcular la propia situación. Hoy día, la respuesta a la pregunta del aventurero moderno "¿dónde estoy?" es respondida con precisión durante las 24 horas del día por la mayor parte de los equipos avanzados de navegación que antes no existían. Por el precio de un receptor GPS de bolsillo y los conocimientos expuestos en este libro, usted podrá navegar con confianza y conocimiento.

El Sistema de Posicionamiento Global consiste en un conjunto de 24 satélites que circundan la Tierra y envían señales de radio a su superficie. Un receptor GPS es un aparato electrónico pequeño, utilizado por aquellos que viajan por tierra, mar o aire, que permite recibir las señales de los satélites. Este receptor utiliza las señales de radio para calcular su posición, que es facilitada como un grupo de números y letras que corresponden a un punto sobre un mapa. Un receptor GPS, utilizado junto a un mapa y un compás, le permitirá volver a localizar aquel banco de pesca o a marcar la entrada no señalizada de una cueva que ha descubierto.

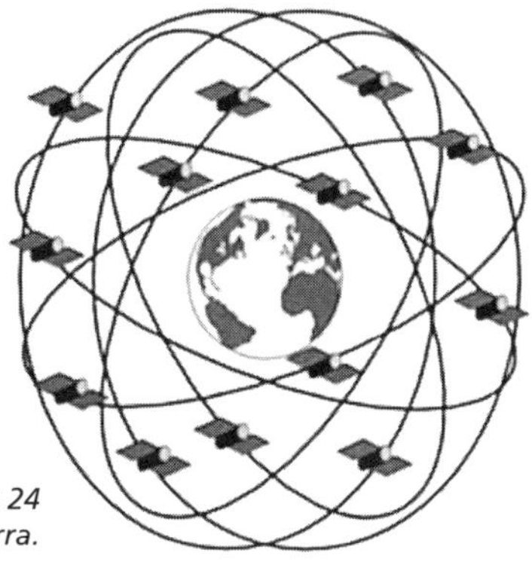

La tecnología GPS se basa en un grupo de 24 satélites que emiten señales a la Tierra.

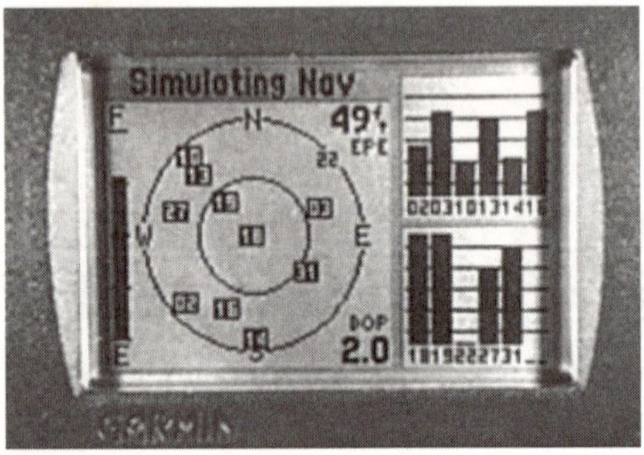

Un receptor GPS muestra la posición de cada satélite. A la derecha vemos las barras longitudinales de señal y a la izquierda la barra longitudinal que indica el estado de carga de la batería.

La ventaja de usar un receptor GPS para la navegación es que usted siempre conoce su posición con exactitud. Hasta ahora, cuando usted navegaba con un mapa, un compás y un altímetro, sólo conocía su posición aproximada, pero ahora el receptor GPS eliminará las suposiciones porque le indicará sobre un mapa su posición con un error de aproximadamente 15 metros. ¡Una precisión extraordinaria! Ni siquiera el navegante más experto, sin usar un receptor GPS, puede conseguir semejante grado de precisión. Adicionalmente al beneficio de la precisión, el receptor GPS puede trabajar en cualquier condición climatológica y también de noche. Es posible que otros métodos de navegación, como tomar señales o accidentes geográficos como puntos de referencia y seguir una demora, también funcionen con mal tiempo o en la oscuridad, pero será muy poco probable que esos métodos sean más precisos que la tecnología GPS. Afortunadamente, usar un receptor GPS es fácil una vez que sabemos cómo hallar las coordenadas en un mapa y entendemos la relación que las coordenadas guardan con nuestros movimientos sobre el suelo. Siguiendo los ejemplos que veremos, aprenderemos a aplicar en los mapas las lecturas del receptor GPS para navegar según este sistema.

La navegación GPS es magnífica, pero hay limitaciones que debemos conocer. Así, las radioseñales emitidas por los satélites no pueden penetrar una vegetación densa, rocas, edificios o accidentes geográficos. Por tanto, el receptor GPS no funcionará en selvas o bosques frondosos, en valles estrechos o entre rascacielos. Además, a pesar de que el Sistema de Posicionamiento Global está diseñado para dar una cobertura total, algunas áreas remotas, a ciertas horas del día, pueden tener cobertura tan sólo del mínimo de satélites necesarios (4) para obtener una situación y

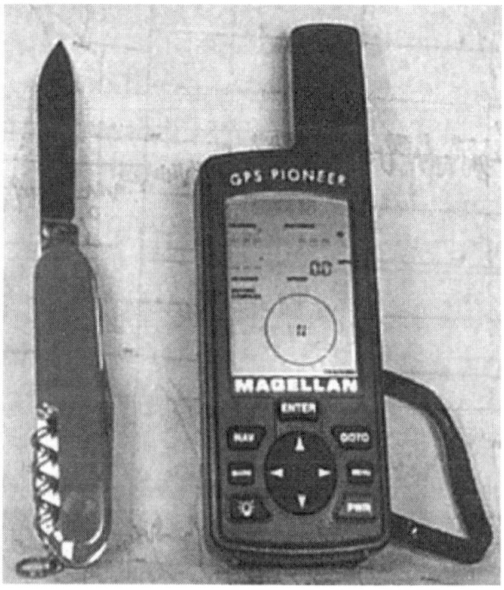

Los receptores GPS modernos son pequeños y ligeros.

si la antena de su receptor GPS no tiene suficiente sensibilidad para captar las señales de los satélites disponibles, no será usted capaz de obtener una situación. Es imposible predecir cuándo el terreno o la sensibilidad de su receptor limitarán la recepción GPS. La propia pericia del susuario será siempre un buen complemento para obtener el máximo rendimiento de un receptor GPS. Por este motivo, no se deben abandonar las técnicas de navegación anteriormente aprendidas. Para el navegante principiante, el receptor puede ayudarle a mejorar su destreza, pues le permitirá verificar las mediciones hechas utilizando técnicas manuales.

Cómo trabaja el GPS

Este apartado se refiere al desarrollo del GPS y explica la tecnología subyacente, de manera que usted pueda comprender cómo funciona cuando lo utilice. Un breve repaso a la historia de la navegación le dará una base para ayudarle a entender la complejidad del GPS, que es de lejos el sistema de navegación más avanzado que se ha utilizado. Por otra parte, no hay que temer que el GPS sea difícil de usar, puesto que, como en posteriores capítulos se verá, el receptor GPS transforma un sistema de alta tecnología en un instrumento de navegación fácil y fiable. Algunos de los términos técnicos del GPS se explican en un glosario que se incluye en la página 255.

Las primeras navegaciones

En los tiempo antiguos, la mayor parte de los navegantes obtenían su posición a través de ciertos relieves geográficos, algunas observaciones rudimentarias de estrellas o el conocimiento detallado, pasado de generación a generación, de un territorio relativamente pequeño.

El compás (*) fue un descubrimiento importante porque permitió orientarse al viajero, pero era insuficiente para fijar la posición de una persona. El astrolabio, el cuadrante y el sextante abrieron nuevas perspectivas a los viajes, pues permitían a los navegantes determinar fácilmente su latitud. Sin embargo, el cálculo de la longitud requería un conocimiento de los astros, combinado con tablas astronómicas que detallaran las posiciones exactas de astros y planetas a horas exactas. Antes del cronómetro, poca gente tenía los conocimientos, el entreno o la habilidad para medir el tiempo y la longitud a partir de los astros. El navegante Amerigo Vespuccio, en el siglo XV, fue quien descubrió cómo medir la longitud.

Vespuccio partió hacia el Viejo Mundo en 1499 hacia las tierras recientemente descubiertas por Colón y consideradas como las Indias. Había leído el informe de Colón y quería creer que había estado en las Indias, pero también había leído narraciones de las ciudades y de la gente de las Indias y lo que vio cuando recorrió la costa fue distinto a lo que él había esperado. Llevaba consigo un libro astronómico llamado almanaque que detallaba las horas exactas y las posiciones de varios planetas. El libro había sido elaborado en Italia, de manera que las horas de las efemérides celestes estaban basadas en la hora de Ferrara (Italia). A medianoche del 23 de agosto de 1499, la Luna debía pasar sobre Marte en Ferrara. Vespuccio tomó tierra en la costa de lo que hoy llamamos Brasil. Primero hizo mediciones de los astros para determinar su tiempo local exacto, a continuación observó la conjunción y observó que ocurría 6,5 horas después que en Ferrara. Utilizando la diferencia de tiempo y los valores de Ptolomeo sobre la circunferencia de la Tierra, calculó su distancia (longitud) a Ferrara.

(*) Nota del traductor: La palabra compás es el término técnico usado en navegación para denominar lo que popularmente se conoce como brújula. En este sentido se aplicará esta palabra a lo largo de todo el libro.

El resultado demostró que no estaba en las Indias, sino en un nuevo continente. Vespuccio fue la primera persona que supo la verdad del descubrimiento de Colón, gracias a que pudo determinar su posición exacta.

El desarrollo de cronómetros perfeccionados en 1735 fue un acontecimiento importante porque hizo la navegación astronómica accesible a gente con menor formación especializada. Las tablas matemáticas y náuticas desarrolladas por Nathaniel Bowditch posibilitaron que cualquier marino pudiera convertir observaciones astronómicas sencillas en situaciones geográficas. A pesar de que la navegación astronómica se fue haciendo más fácil de aplicar, requería mucha práctica y se alcanzaba una precisión de hasta 1 milla sólo si el cielo estaba despejado. Esta dependencia del tiempo fue eliminada mediante la radionavegación.

Radionavegación

El uso de las radioseñales para determinar la posición fue el siguiente paso más importante en la navegación. En 1912 aparecieron los primeros equipos de radionavegación, pero eran poco precisos. El siguiente paso fue el radar, desarrollado durante la Segunda Guerra Mundial, que hizo posible medir el tiempo transcurrido entre la emisión de una onda de radio y su recepción. Radares utilizados por la policía demostraron có-

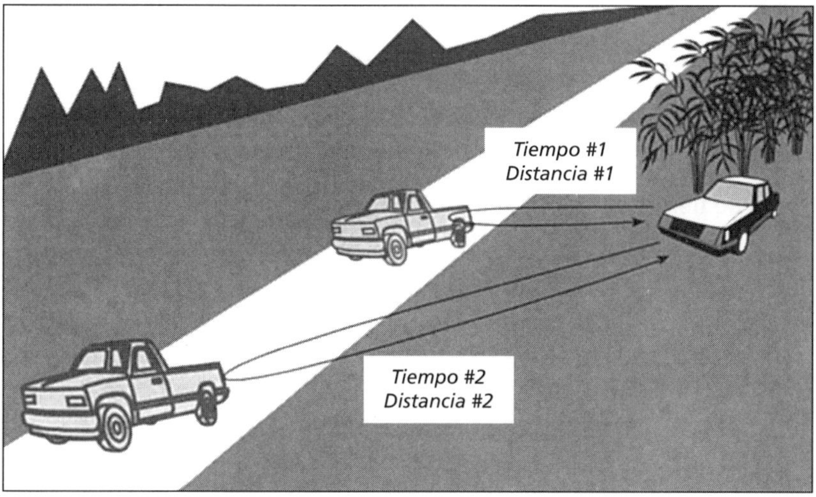

mo estos equipos emiten un impulso de radio y miden el tiempo que emplea el impulso en viajar hacia un vehículo, rebotar en él y regresar al disparador del radar. La diferencia de tiempo indica al radar la distancia del vehículo al disparador.

El radar mide la distancia del vehículo al coche de policía en dos momentos diferentes t1 y t2. En el t1, tal y como se ve en la figura, el vehículo estaba a una distancia d1 del coche de policía y en el t2 a una distancia d2. La velocidad es simplemente la distancia recorrida, dividida por el tiempo empleado.

O sea, la computadora del radar calcula la velocidad del vehículo, que será v = (d2-d1)/(t2-t1).

Los primeros sistemas de radionavegación usaban el mismo principio de enviar ondas de radio y medir las diferencias de tiempos. En la siguiente figura vemos cómo desde cada una de las dos torres se envían simultáneamente radioseñales, que viajan a la misma velocidad. El receptor del navegante detecta qué señal le llega primero y el tiempo transcurrido hasta recibir la segunda señal. El navegante conoce las posiciones exactas de las torres, la velocidad de las ondas de radio y la dife-

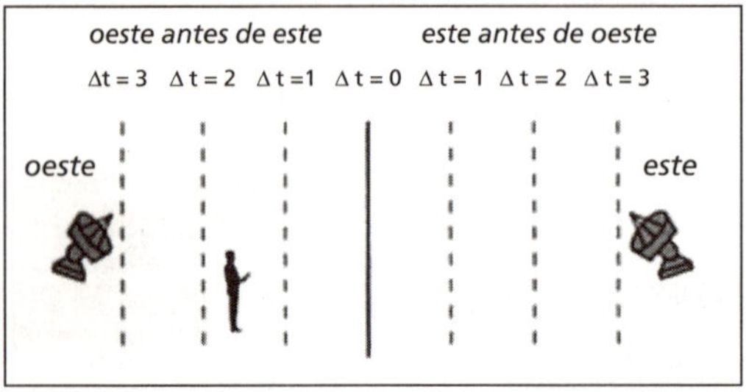

Dos señales dan la posición del receptor sobre una línea entre las dos fuentes de emisión.

rencia de tiempos con que llegan a su posición. Si ambas ondas de radio llegan al mismo tiempo al navegante, su posición debe estar exactamente equidistante de ambas torres. Sin embargo, en el ejemplo expuesto, la señal occidental llega dos unidades de tiempo antes que la oriental. El receptor del navegante sabe, por tanto, que su posición está más próxima a la de la torre occidental que a la oriental y puede calcular la posición unidimensional correspondiente.

Una posición unidimensional no es muy útil, pero si se utilizan tres torres de radio, podemos calcular una posición bidimensional. Una vez más

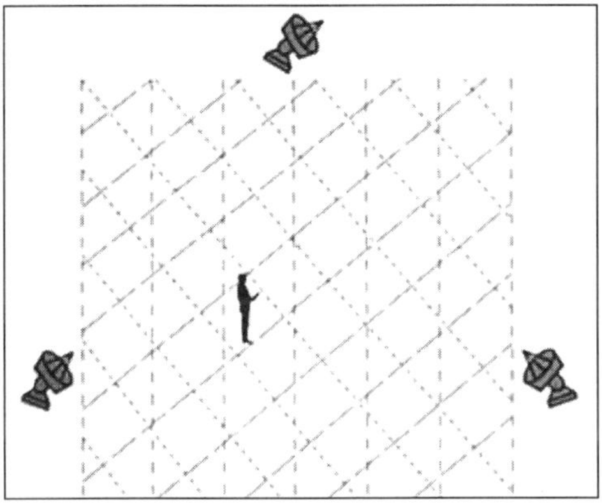

Sumando una tercera fuente de emisión podemos obtener una posición bi-dimensional.

el receptor del navegante detecta qué señal le llega antes y con qué diferencia de tiempos entre ella y las otras señales. Apoyándose en la situación conocida de las torres, la velocidad de las radioseñales y las diferencias de tiempo de llegada, el receptor podrá obtener una posición bidimensional.

El Sistema de Posicionamiento Global usa también ondas de radio, pero con un nuevo sistema. Ante todo, las torres de radio son reemplazadas por satélites en una órbita de 20.200 km sobre la Tierra y, en vez de transmitir ondas de radio, los satélites GPS envían una secuencia de números que permiten al receptor GPS medir la distancia a cada satélite, en vez de su posición relativa entre los satélites.

Comenzando en un tiempo conocido, t0 en este caso, el satélite transmite una secuencia de números. En este ejemplo, el satélite envía el número 10 a t0, el 23 a t1, etc., y continúa enviando un número diferente a cada segmento horario, sin repetirse a sí mismo por un microsegundo. El receptor tiene almacenado ya el mismo número de secuencia en su memoria y conoce la hora exacta en que el satélite empezó a emitir sus números.

En la hora t0 el receptor comienza con su lista de números en su memoria y avanza un número por cada segmento horario. La tabla de la página 12 nos muestra la secuencia.

Cuando el receptor detecta el número 10 del satélite, nota que es el número 42 en su lista, lo cual significa que le lleva siete segmentos horarios a la onda de radio para transportar los números para ir del satélite al

Emisiones de satélite	t0	t1	t2	t3	t4	t5	t6	t7	t8	t9	t10
Lista del receptor	10	23	16	19	48	79	35	42	63	75	91
Detención del receptor	10	23	16	19	48	79	35	42	63	75	91
	–	–	–	–	–	–	–	10	23	16	19

receptor. Si la onda de radio viaja a 3.219 km (2.000 millas) por unidad de tiempo, el receptor sabe que el satélite está a 22.531 km (14.000 millas). Esta técnica se conoce como *ranging* (de medir distancia) y requiere una sincronización de tiempo entre el receptor y los satélites y de un número de secuencia conocido.

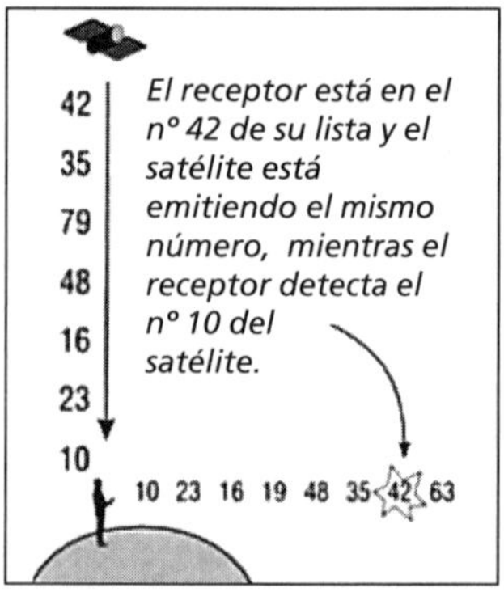

Satélite enviando y receptor recibiendo una secuencia de números.

El cálculo de la propia posición, usando señales GPS, se realiza por triangulación, lo que significa que sabiendo la distancia a tres puntos fijados, podemos obtener la propia posición. La figura muestra en dos dimensiones cómo el navegante halla su posición usando un receptor GPS. El receptor mide la distancia desde el satélite 1, lo que representa que el navegante está en algún lugar del círculo que rodea el satélite 1. A continuación, el satélite mide la distancia al satélite 2. El receptor está en algún lugar de los círculos que rodean a los satélites 1 y 2. Sólo hay dos posiciones en las que el receptor puede estar y son donde los dos círculos interseccionan. A continuación, el receptor mide la distancia del satélite 3 y, del mismo modo que antes, sabe que su posición está donde los tres círculos interseccionan y esto ocurre en un solo punto.

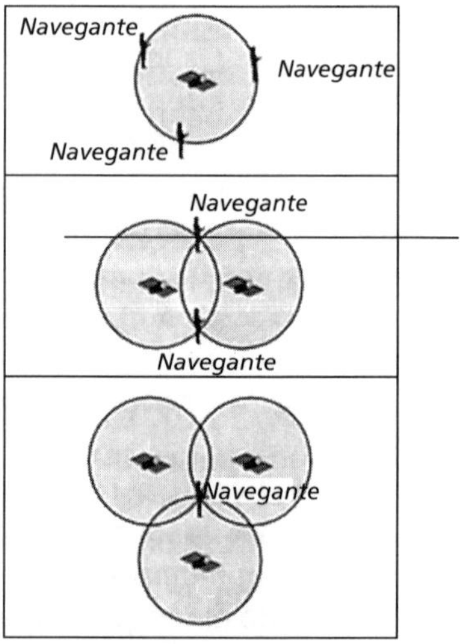

Triangulación para hallar la posición mediante satélites GPS.

Así calcula el receptor la posición del navegante.

El sistema GPS es incluso mejor de lo que se ha explicado, puesto que utiliza esferas interseccionadas para determinar una posición tridimensional: latitud, longitud y altitud. El ejemplo de antes también clarifica la importancia de una sincronización precisa del tiempo entre el receptor y los satélites y del conocimiento exacto de las posiciones de los satélites. Si hay una diferencia de tiempo entre el satélite y el receptor, el receptor no podrá hacer una medición precisa de su distancia a los satélites. Las señales de sólo tres satélites son suficientes para que el receptor calcule su situación tridimensional, pero una señal de un cuarto satélite se utiliza para sincronizar el tiempo entre los relojes atómicos altamente precisos de los satélites y la pieza de cuarzo menos precisa del receptor. Si sólo están disponibles señales de tres satélites, uno de ellos debe ser utilizado para sincronizar el tiempo, quedando sólo dos señales para calcular una situación bidimensional.

El otro aspecto vital de la situación mediante señales GPS es el conocimiento de las situaciones exactas de los satélites. Aunque un receptor fuera capaz de medir las distancias a los satélites, si ignorara la situación de los satélites, no podría calcular su propia posición. Cada satélite conoce su propia posición y las de los otros satélites y envía la información orbital al receptor.

La importancia de la sincronización de los tiempos y de las posiciones exactas de los satélites se destaca aquí para ayudar a entender el concepto de la disponibilidad selectiva *(Selective Availability)*, que se explicará más adelante. Por el momento, basta que recordemos que si el receptor no está exactamente sincronizado a los satélites o, si no conoce las posiciones precisas de los satélites, la posición calculada será inexacta.

La navegación GPS suena compleja por este motivo, pero afortunadamente el receptor GPS hace todo el trabajo matemático necesario para resolver la situación.

El Sistema de Posicionamiento Global

El Sistema de Posicionamiento Global fue concebido en 1960 y representó la consolidación de otros proyectos para la navegación. Inició su desarrollo bajo los auspicios de la *U.S. Air Force*, pero fue a partir de 1974 cuando otros cuerpos militares de Estados Unidos aunaron esfuerzos y rebautizaron el proyecto con el nombre de *Navstar Global Positioning System*. Sin embargo, el nombre GPS subsistió. El coste del desarrollo del sistema fue de 10 billones de dólares y fue declarado plenamente operacional en 1995. Veinticuatro satélites circundan la Tierra cada 12 horas y proporcionan en cualquier lugar del mundo información sobre posición, hora y velocidad. Actualmente este sistema está controlado y administrado por el Departamento de Defensa de los Estados Unidos.

Las pruebas del sistema realizadas en 1972 mostraron que en el peor de los casos la precisión podía tener una fiabilidad de 15 metros (49,2 pies) y en el mejor, de 1 metro (3,3 pies). Entonces surgió la preocupación de que enemigos de los Estados Unidos pudieran utilizar el GPS contra instalaciones de este país. Así surgieron dos tipos de precisión: una superior para usuarios autorizados (militares) y otra inferior para usuarios no autorizados (civiles). Los GPS militares están especificados para tener una precisión de 16 metros (52,5 pies), aunque generalmente proporcionan una precisión de 1 metro (3,3 pies). La precisión de los receptores civiles solía variar entre los 15 metros (49,2 pies) y los 100 metros (328 pies), puesto que estaban sujetos a la citada disponibilidad selectiva *(Selective Availability)*, que era la técnica empleada por el Departamento de Defensa de los Estados Unidos para limitar la precisión de los receptores. En mayo de 2000 el gobierno de los Estados Unidos eliminó la disponibilidad selectiva, de manera que actualmente los receptores civiles tienen una precisión de 15 metros (49,2 pies). La disponibilidad selectiva se aborda con más detalle más adelante.

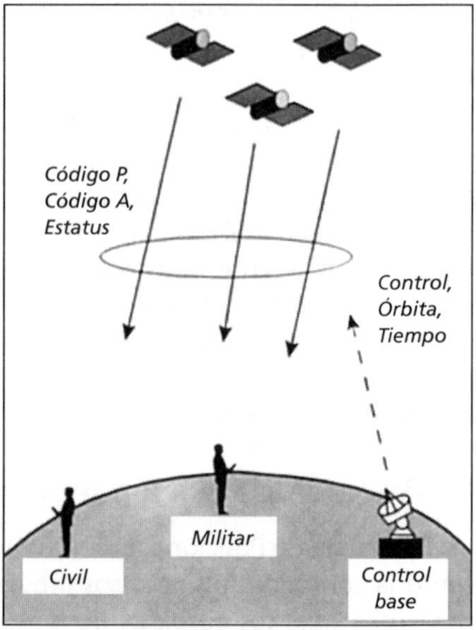

Las tres partes del GPS.

El equipo completo de GPS tiene tres partes, como se muestra en la figura: el segmento de control terrestre, el segmento espacial y el segmento del usuario. Las estaciones terrestres rastrean los satélites para verificar sus órbitas exactas y enviar toda la información orbital a cada satélite, de manera que pueda emitirse a receptores en tierra. El control terrestre sincroniza también los relojes atómicos que lleva cada satélite. La hora se la llama hora GPS, pero puede ser convertida fácilmente en Tiempo Universal Coordinado (UTC = *Universal Time Coordinated)*.

Los satélites emiten las señales utilizadas por los receptores GPS para calcular la posición. Como se ha descrito antes en la sección de radionavegación, cada satélite envía hacia la Tierra una onda de radio que transporta secuencias de números llamadas códigos. Los satélites GPS envían dos secuencias de números: una de precisión (P) y otra de adquisición común (CA). Cada satélite tiene un único código P y CA, de manera que el receptor puede dar la diferencia entre señales enviadas por los distintos satélites. El código P es una secuencia de números tan larga que se repite una vez cada siete días, mientras el código CA, mucho más corto, se repite cada microsegundo. El código P con su valor de modulación más alto es el que proporciona un mayor grado de precisión a los receptores militares siendo los receptores civiles incapaces de entenderlo o de utilizarlo. Los satélites emiten también en dos frecuencias: 1227,6 MHz (llamado L2) y 1575,42 MHz (llamado L1). El código P es transportado en ambas frecuencias por las razones que se describen más delante, mientras que el código CA aparece sólo en la frecuencia L1. Los satélites también emiten información del propio satélite, posición y fórmulas para corregir la distorsión atmosférica de la radioseñal. Asimismo, cada satélite está equipado con relojes atómicos, puesto que una sincronización exacta es vital para la radionavegación.

Los receptores GPS abarcan el segmento de usuario del sistema. Un receptor sólo escucha la transmisión del satélite y no interacciona ni proporciona ningún *feedback*, por lo cual el número de usuarios simultáneos es ilimitado. Un receptor militar usa el código P para aumentar la precisión, pero almacena tanto los códigos P como CA en su memoria, porque primero se fija en el CA y luego espera el momento adecuado para cambiar al P. Los receptores civiles sólo pueden acceder al código CA, que limita la máxima precisión a aproximadamente 15 metros (49,2 pies). Antes del 2 de mayo de 2000 se usaba la disponibilidad selectiva para mermar la precisión de los receptores civiles, cambiando la hora en que el código CA era transmitido, de manera que no hubiera sincronización entre los satélites. La disponibilidad selectiva hacía variar la precisión de 15 a 100 metros (49,2 y 328 pies). Ahora que la disponibilidad selectiva ha sido suprimida, los receptores civiles pueden asegurar una precisión de 15 metros (49,2 pies) como mínimo. Antes de que la disponibilidad selectiva fuera eliminada, se usaba una técnica llamada GPS Diferencial (DGPS) para eliminar sus efectos y de esta manera convertían los receptores civiles en altamente precisos. El DGPS todavía es una técnica muy útil para aumentar la precisión de los receptores civiles, pero el coste extra que implica el DGPS lo limita a sólo una pocas aplicaciones, al haberse eliminado la disponibilidad selectiva. El DGPA se estudia en el capítulo 15.

Cuando ponemos en marcha un receptor GPS, lo primero que hace es cargar la información orbital de todos los satélites (almanaque). Cada satélite tiene el almanaque completo para todo el sistema, de manera que un satélite específico no tiene por que estar a la vista del receptor para conocer su posición. El tiempo que necesita el receptor para cargar el almanaque y conectar con los satélites es conocido como tiempo para la primera posición (*Time to First Fix = TTFF*). Cargar toda la información de la órbita del satélite lleva 12,5 minutos, que es por tanto el tiempo mínimo para obtener la primera posición. Sin embargo, muchos receptores, después de haber sido usados por primera vez, almacenan el almanaque en su memoria, reduciendo consecuentemente el tiempo de conexión para los siguientes usos. Sin embargo, si un receptor no se utiliza durante más de seis meses o es desplazado más de 300 millas del último lugar en el que fue utilizado, el almanaque almacenado en la memoria del receptor queda obsoleto y una nueva conexión puede llevar más tiempo del habitual.

Tal y como se ha mencionado antes, el código P se emite en dos frecuencias de radio diferentes, lo que permite a los receptores militares medir y eliminar interferencias ionosféricas. Cuando las ondas de radio viajan a través de nubes de electrones en la ionosfera, se ralentizan ligeramente, motivando que el receptor crea que los satélites están más lejos de lo que están en realidad. Hay dos maneras de corregir este retardo a través de la ionosfera: presumir un retraso razonable y utilizarlo para compensar o medir el retardo exacto y eliminar exactamente el error que causa. El error por el paso a través de la ionosfera sólo puede medirse si se utilizan dos frecuencias de radio diferentes. Las ondas de radio de diferentes frecuencias se ralentizan con valores diferentes al viajar por la ionosfera. El código P es enviado en dos frecuencias al mismo tiempo y debería llegar a la misma hora, pero la ionosfera hace que el código P llegue antes con una frecuencia que con la otra. El receptor mide la diferencia y puede compensar con exactitud el retraso causado por la ionosfera. Los receptores civiles trabajan sólo con una frecuencia y no pueden medir el retraso ionosférico, por lo que compensan usando un modelo atmosférico que predice el retraso. La información atmosférica es enviada al receptor por los satélites, por lo cual está siempre actualizado y es adecuadamente preciso.

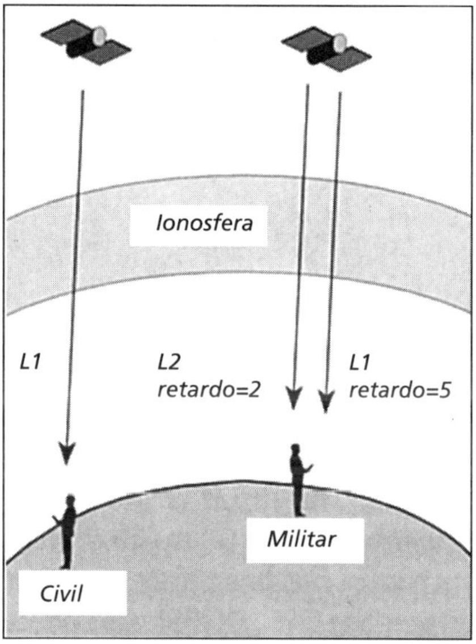

Corrección por retardo ionosférico.

Hay una clase de receptores, conocido como receptores sin codificar, que no usan el código P ni el CA, por lo menos directamente. Un receptor sin codificar conecta primero con las señales de satélite usando el código CA, después verifica las frecuencias de transporte L1 y L2 y no utiliza ningún código. Utilizando un proceso complejo de señales y una técnica llamada interferometría, un receptor sin codificar proporciona cómputos de posición de hasta 10 mm (0,30 pulgadas). Su precisión es increíble. Lamentablemente, lleva varios días tomar una sola medición.

2 ¿Por qué comprar un receptor GPS?

De acuerdo con los avances de la electrónica, los precios de los receptores GPS van bajando. Ya no es cuestión de preguntarse "¿por qué comprar un GPS?", sino "¿por qué no comprárselo?". Antes de decidirse a comprar un receptor debe usted saber para qué le servirá.

El receptor GPS es excelente para tres tareas básicas:

- Le guiará al destino que elija usted en un mapa.
- Le calculará su posición actual de manera que pueda localizarla sobre un mapa.
- Almacenará su posición actual en la memoria para ayudarle a regresar en una fecha posterior.

Tanto en rutas señalizadas como en el desierto, en el mar o en los hielos polares, un receptor GPS puede ser una parte indispensable de su plan de navegación. Los ejemplos que se detallan a continuación muestran cómo el GPS hace más divertida su actividad favorita.

Excursionismo

Un excursionista siguiendo una ruta establecida sobre un mapa adecuado tendrá poco temor a perderse. Sin embargo, un receptor GPS le servirá de mucho más que para saber dónde está. ¿Se ha preguntado alguna vez a qué distancia está de un punto de cambio de dirección o de la zona de acampada que quiere alcanzar, antes de oscurecer? Un receptor GPS calculará su posición actual con una precisión de la que antes nunca pudo disfrutar. Le mostrará a qué distancia está de la próxima intersección de caminos y hasta le indicará a qué hora anochece. Los aventureros que siguen rutas escasamente señalizadas, que se adentran en lo desconocido, recorren desiertos o atraviesan regiones árticas, considerarán el GPS indispensable porque no sólo les indicará dónde están sobre el mapa, sino que además les reconstruirá la ruta seguida y les dirá hasta dónde han llegado.

El valor verdadero de un receptor queda manifiesto en condiciones de mal tiempo, cuando señalizaciones importantes del camino son difíciles de reconocer por niebla, lluvia o nieve. En vez de esperar a que mejore el tiempo, el receptor puede recibir las señales de los satélites a través de las nubes y usted puede continuar su viaje.

Los excursionistas aprovechan sólo una pequeña fracción de las posibilidades del receptor GPS. Muchos modelos proporcionan numerosos valores estadísticos sobre la navegación como velocidad, acimut, *cross track error* (caída de derrota), tiempo estimado de llegada, etc., aunque esa información sólo está disponible si la utilizamos de manera continuada. Probablemente su brazo se cansará pronto de sostener la unidad receptora y las baterías necesarias para mantenerla operativa. Lo mejor de usar un receptor GPS, yendo de excursión, es obtener una posición ocasional. La mayor parte del tiempo la unidad estará desconectada y en la mochila. Las características ideales de receptor GPS para estos usuarios son su peso ligero y bajo consumo de energía.

Esquí de montaña

¿Ha intentado alguna vez cruzar un campo grande de hielo sin visibilidad? No es fácil andar a tientas a través de la niebla con un compañero caminando detrás suyo para mantenerle en la demora correcta todo el tiempo, esperando que encuentre usted la pequeña caña de bambú que busca como señalización del camino. No es una manera muy divertida de regresar al campamento base. Un receptor GPS le solucionará parte de las dificultades al permitirle grabar la situación de puntos importantes del recorrido, de manera que pueda utilizar las funciones de gobierno para guiarle a través de la niebla en su camino de regreso. La precisión del receptor le llevará muy cerca de cada posición marcada, pero para tener una seguridad absoluta en las peores condiciones, continúe situando algunas señales en puntos críticos, como encrucijadas y ventisqueros, y el campamento base. El uso de un receptor GPS para localizar su campamento en la niebla se describe en el capítulo 7.

Estableciendo la situación del campamento en Columbia Icefields, Canadian Lockies.

Viaje en coche por carretera

Algunos coches de alquiler vienen equipados con receptores GPS y una computadora que proporciona instrucciones escritas en una pequeña pantalla de vídeo o bien audibles que le indican cómo dirigirse hacia donde quiere ir. Los avances producidos en los receptores GPS y computadoras están poniendo al alcance de cualquiera los sistemas más sofisticados. Si usted ya tiene un ordenador portátil, hay *software* disponible para conducirle por cada ciudad de los Estados Unidos y por cada carretera. El receptor envía su posición al ordenador, que le mostrará en la pantalla dónde está sobre un mapa con todas las carreteras de la zona. A medida que el vehículo se mueve, el mapa en su pantalla se desplaza para seguir constantemente su posición. Un mapa automatizado es perfecto para viajar de noche, para recorrer ciudades desconocidas, caminos vecinales o para viajar con un compañero que no quiere hacer de navegante.

Para aquellos que no tienen un ordenador portátil, los reciente avances hacen posible proveerse de mapas de las principales carreteras y autopistas acoplados al propio GPS de bolsillo. Por supuesto que un PC ofrece mucho mejores mapas, pero si usted no puede pasar de un presupuesto o si desea un receptor que pueda usar tanto en la carretera como en campo a través, un receptor de bolsillo con mapas incorporados es lo ideal. Incluso, si usted tiene un viejo receptor sin mapas, puede utilizarlo para marcar encrucijadas importantes, de manera que no le pasen desapercibidas. Un receptor puede dar también la hora estimada de llegada, tiempo en ruta, velocidad y distancia cubierta.

Adquiera el adaptador para corriente que puede enchufar en el encendedor del coche, y de esta manera podrá mantener todo el tiempo el receptor conectado. Compre además el *hardware* de montaje para colocar el receptor sobre el salpicadero. Asimismo, una antena externa colocada en el techo del coche ayudará al receptor a captar los satélites. Se puede colocar el receptor sobre el salpicadero de manera que su antena interna pueda ver los satélites a través del parabrisas, aunque es difícil ver la pantalla del receptor cuando éste se halla colocado ahí. También hay que tener en cuenta que algunos parabrisas llevan un soporte de metal transparente en el interior del cristal que bloquea las señales.

El uso de un receptor en un vehículo, circulando por carreteras, se explica en el capítulo 10, encontrándose más información sobre *software* para mapas y receptores con mapas incorporados en el capítulo 12.

Rally por carretera

Los potentes receptores de hoy día casi han arruinado los *rallies* por carretera, dado que muchos de ellos llevan mapas almacenados en su memoria. La primera norma para un *rally* por carretera con GPS es que todos los mapas están prohibidos. Un mapa combinado con un receptor, tanto si es un mapa de papel como si va incorporado a un receptor, hace el *rally* demasiado fácil. Afortunadamente, todos los receptores vienen aún con pantallas de navegación mediante compás que proporcionan sólo la demora y la flecha de dirección hacia el nuevo punto. Los *rallies* pueden ser mucho más divertidos de lo que lo eran en el pasado, pero debe buscarse la manera de asegurar que nadie usará ningún tipo de mapa.

Pesca

Si usted pesca en lugares remotos, con o sin guía, o en una gran extensión de agua, en donde cada punto de la orilla es similar al otro, un receptor GPS puede conducirle hasta el lugar deseado y traerlo de vuelta en todo momento. Teniendo en cuenta que la precisión del receptor es de hasta 15 metros (49,2 pies) podrá fácilmente llegar a la zona de la corriente en donde los peces pican o a la franja estrecha en el centro del lago donde se esconden los mayores trofeos.

Planeadores

Los planeadores usan una radio y un receptor GPS para informar a su tripulación de base de su paradero. Algunas competiciones deportivas consisten en largos vuelos de 400 kilómetros (248 millas) sobre áreas remotas que dificultan a la tripulación de base el seguimiento si no tienen información de la posición mediante GPS.

Si usted está también interesado en puntear su derrota de vuelo sobre un mapa, un receptor GPS puede registrar los movimientos del planeador y una vez que ha aterrizado proporcionarle un visión general. La mayor parte de los receptores GPS ya registran automáticamente su posición a intervalos regulares, de manera que es una tarea fácil utilizar un ordenador para transferir datos del receptor a un programa de punteo.

Puede resultar difícil volar y sostener el receptor al mismo tiempo. En tal caso, puede comprar un receptor diseñado como parte del panel de vuelo o bien buscar la manera de montarlo. Recuerde que la antena necesita "ver" el cielo y que el planeador puede no hallarse en dicha situación. Por este motivo, puede valer la pena comprarse una antena remota. La precisión de la medición de altitud del receptor es sólo de +/- 100 metros (328 pies), de manera que posiblemente tenga que comprar, por separado, un altímetro más preciso.

Usos profesionales al aire libre

Todos aquellos cuyo trabajo requiera una alta resolución en el levantamiento de planos, o un seguimiento preciso de la situación, deberían considerar el uso de tecnología GPS. Personal forestal, prospectores, equipos de exploración de petróleo y gas, geólogos, arqueólogos, biólagos, etc., pueden beneficiarse del uso de un receptor GPS. En el capítulo 6 se muestra un ejemplo de cómo un receptor puede ser de ayuda para un profesional que trabaja al aire libre. Es también conveniente consultar el capítulo 15, porque ahora que se ha eliminado la disponibilidad selectiva, los profesionales no tienen ya que asumir un coste extra por los servicios del DGPS (GPS diferencial), para disponer de la precisión que necesitan. Los receptores civiles ofrecen una precisión de entre 6,3 y 15 metros (20,6 a 49,2 pies), mientras que un receptor GPS diferencial puede darle una precisión de 1 a 15 metros (3,3 a 49,2 pies) en función de la cantidad de dinero que se quiera gastar.

Ahora que ha sido eliminada la disponibilidad selectiva, las agencias especializadas en vacaciones en el exterior deberán estar en disposición de proporcionar mapas precisos utilizando receptores asequibles y manejables, especialmente desde que muchos receptores disponen de una función de promedio que proporcionan situaciones con una precisión de unos 6 metros (19,7 pies). A pesar de que el receptor debe permanecer en cada lugar varios minutos, la función de promedio hace posible la precisión sobre mapas de recreo. Los autores de las guías de viaje deberían tener en cuenta también que actualmente se puede incluir en los mapas de las guías una información precisa muy útil que no proporcionan la mayor parte de las agencias. Ahora es muy fácil marcar correctamente la situación de los rápidos de un río o mostrar lugares de interés geológico o histórico.

Los que trazan mapas en calidad de aficionados podrán descubrir la gran utilidad del GPS. Un receptor económico permite al cartógrafo levantar fácilmente mapas más precisos. Además, los receptores pueden conectarse a ordenadores, con lo cual los datos de campo obtenidos pueden transformarse fácilmente en parámetros de mapa, en mucho menos tiempo del que hasta ahora se había necesitado.

Viajes en kayak y canoa

Un receptor GPS es muy útil para cualquier viaje en el que precisemos encontrar un cierto punto de un río o un lago. Si debe conducir su bote por una ruta desconocida, un receptor le ahorrará mucho trabajo a la hora de hallar la posición exacta. También le ahorrará esfuerzo físico porque le conducirá por la ruta más directa. Un GPS le ayudará a no perderse en un lago grande, con pocas marcas distintivas, o en un río de márgenes desconocidos. Por supuesto que no es posible remar y al mismo tiempo tener un receptor en las manos. Por tanto, controlar el rumbo y los diversos parámetros de navegación sólo es posible si el receptor está montado en la embarcación.

Los receptores pueden ser resistentes al agua o impermeables. Resistentes al agua significa que pueden utilizarse en ambientes húmedos, pero sin sumergirse, mientras que los receptores impermeables pueden ser completamente sumergidos sin sufrir daños. Los receptores pueden detectar las señales de los satélites, incluso a través de una bolsa de plástico, de tal manera que es posible proteger el receptor resistente al agua de una inmersión accidental. Los receptores sumergibles suelen estar diseñados para flotar, pudiendo recuperarlos si caen al agua.

Sin embargo, los receptores resistentes al agua pueden flotar o no, así es que conviene tenerlos bien asegurados a la embarcación porque si caen al agua podrían hundirse. El hecho de montar un receptor a bordo encierra el peligro de que si la embarcación vuelca se pueda dañar. El mejor uso de un receptor dependerá en cualquier caso de las condiciones, pero como mínimo un GPS le dará puntualmente la posición que necesita para realizar una navegación fiable.

Para travesías por mar, debería ser utilizado un receptor impermeable o uno resistente al agua bien protegido, dado que la sal de los rociones de agua es altamente corrosiva y estropeará cualquier componente electrónico que toque. En estos casos, el receptor debe estar completamente protegido del agua o de lo contrario no sobrevivirá.

La navegación usando las coordenadas de latitud y longitud se explica en el capítulo 8, que contempla un viaje en *kayak* a través de una ensenada en Alaska y en el capítulo 9, que se refiere a una travesía en velero.

Búsqueda y salvamento

Los receptores GPS son valiosísimos en la búsqueda y el rescate, puesto que previenen al equipo de rescate de perderse, facilitan la coordinación de diferentes grupos y permiten documentar perfectamente las áreas inspeccionadas. Los receptores son muy útiles en tierra, en el mar o en el aire y también pueden coordinar acciones por los tres elementos si fuera necesario. Cada grupo debe mantener contacto por radio con el puesto central de mando, que coordine y documente la búsqueda. Los informes periódicos de cada grupo permiten al coordinador verificar el desarrollo de la operación y saber dónde ha de enviar refuerzos o relevos. Una vez que la persona buscada ha sido localizada, el conocimiento de las coordenadas de su situación permite a los equipos de rescate acudir a ella directamente. Si la búsqueda se desarrolla en bosques frondosos o terrenos que de alguna manera bloqueen las señales de los satélites, un receptor siempre será una ayuda importante aunque sólo proporcione posiciones ocasionales. Los receptores no pueden ser utilizados para búsquedas en cuevas.

Se puede obtener documentación pidiendo a cada buscador que grabe sus posiciones a intervalos regulares. Al final de cada turno, cada receptor transfiere las posiciones grabadas a un ordenador que combina la información recibida y que nos puede mostrar las áreas rastreadas. Una documentación indiscutiblemente precisa es importante en nuestro mundo actual.

Espeleología

¡Lo siento! Los espeleólogos no tienen suerte, por lo menos mientras están dentro de una cueva, pues las rocas bloquean la recepción de las señales de los satélites, haciendo inservibles los receptores. Sin embargo, los receptores GPS, introduciendo la situación como un *waypoint* son muy útiles para señalar entradas de cuevas, de tal manera que en una próxima ocasión, pueda localizarse fácilmente sin tener que dejar señales que permitan encontrarlas a otros.

3 Medios de apoyo a su receptor GPS

La propaganda de los receptores GPS puede dar una falsa sensación de seguridad si el comprador cree que el receptor es el único instrumento de navegación requerido y que con él nunca se perderá. Los receptores GPS son fantásticos, le ayudarán a navegar mejor que antes, pero son sólo uno de los instrumentos de navegación que necesita para tener la certeza de que siempre regresará. Tanto los mapas, como los compases, altímetros, pedómetros, relojes y ordenadores portátiles son muy importantes para saber siempre donde está y en muchos casos no dispondrá de ellos. Un plan alternativo, apoyado en la propia experiencia, es vital. Incluso los ICBM para cuya guía fue diseñado el GPS tienen mapas grabados en sus memorias electrónicas y tienen un sistema de guía inercial de apoyo.

Al realizar un viaje se puede utilizar previamente un mapa para almacenar todos los puntos importantes en la memoria del receptor, de manera que, una vez en ruta, el receptor pueda guiarle hacia cada punto a lo largo del camino. Hay incluso receptores de bolsillo que tienen mapas enteros almacenados en sus memorias, de manera que cuando usted mira a la pantalla es como estar viendo un mapa. En teoría, podría parecer que mapas, compases y todos los instrumentos que hemos utilizado anteriormente para la navegación, no son ya necesarios. Sin embargo, la ley de Murphy lo predice: Cuando más lo necesite, puede ser que el receptor no pueda cumplir su función. Puede ser que el terreno bloquee las señales o que éstas sean demasiado débiles para ser captadas por la antena del receptor o que las baterías estén agotadas o que el receptor esté estropeado. En cualquier caso, algo puede ir mal y estropear la teoría de la navegación sin mapas. Habrá viajes en los que todo funcione perfectamente y sólo usemos el receptor GPS, pero nunca lo apueste todo por un único sistema de navegación, tenga siempre un plan alternativo.

Si es usted un navegante principiante, nunca pierda miedo a tener que regresar con un receptor estropeado. La destreza que necesita para encontrar su camino de regreso, depende de por donde vaya, pero para la mayor parte de los viajeros, un mapa un reloj, un compás y un cuaderno de notas son todo lo que se necesita para encontrar el camino de regreso. Aprender a usar un mapa y un compás es fácil y su receptor puede ayudarle. Aquellos que se aventuran lejos de rutas frecuentadas o por áreas sin rasgos característicos deberían llevar siempre un mapa y muchos pueden incluso necesitar adquirir conocimientos sobre navegación astronómica. El uso de un cuaderno de notas y un mapa como medio de apoyo a la navegación se explica a continuación.

Un cuaderno de notas como apoyo a la navegación

Un pequeño cuaderno de notas, un lápiz y un reloj son herramientas de un valor incalculable para el navegante. Pueden ayudarle a regresar cuando su receptor no esté en condiciones de hacerlo. Use el cuaderno para hacer todas las anotaciones que le ayuden a recordar el camino recorrido. Haga un croquis sencillo de las encrucijadas y anote qué senda ha tomado, el número de tributarios que ha pasado con su canoa, el indicador de kilómetros o millas más cercano del lugar en el que se desvió de la ruta principal. Registre sus sucesivas posiciones relativas con respecto a alguna señal topográfica prominente. Es recomendable también anotar las horas en que usted hace sus anotaciones, de manera que pueda estimar la distancia recorrida. Cuanto más se aleje de la ruta establecida, más descriptivas e importantes deberán ser sus anotaciones y, en cualquier caso, como mínimo, cada vez que recorra una senda nueva, al margen de lo fácil que usted la pueda considerar, anote el tiempo necesario entre encrucijadas a fin de ayudarle a estimar mejor el tiempo necesario para regresar. Registre también algunas informaciones de navegación obtenidas de su receptor, como la dirección en que se ha desplazado. Al hacerlo, compruebe que su receptor está proporcionándole direcciones magnéticas, de manera que pueda usted utilizarlas sobre su compás, si fuera necesario.

1. 6:00	Salida del campamento. Camino abrupto.
	Sigo senda estrecha
2. 6:42	En Smith Ravine Spring
	Fuente húmeda, pero no mana
	Sigo en seco
	Cerro a la izquierda
3. 7:50	Paso entre dos promontorios
	Carretera visible en el mapa, muy abrupta
4. 8:05	Sigo valle visible
	Poco empinado. Aparece promontorio delante.
5. 8:35	Ascenso suave. Buena vista.

Ejemplo de anotación en el cuaderno de campo.

Si su receptor deja de funcionar, no debe cundir el pánico, puesto que la información anotada en su cuaderno le guiará de regreso al punto de partida. Todo lo que tiene que hacer es recorrer la ruta en sentido contrario y estar atento a las marcas del terreno anotadas. Si sus notas incluyen direcciones recorridas, calcule las opuestas y utilice su compás para orientarse. Consultar el capítulo 16 para entender lo concerniente a direcciones, rumbos y demoras y cómo calcular los opuestos. Continúe tomando notas durante su camino de regreso para ser capaz de comprobar que lleva el rumbo adecuado y el tiempo que lleva en ruta. Use su compás para tomar demoras y anote las marcas de terreno circundantes, observando si son las mismas observadas a la ida. Un cuaderno de notas es vital por que le ayuda a recordar con precisión incluso en momentos estresantes.

Un cuaderno de notas es útil, aunque su receptor trabaje perfectamente. Un receptor almacena coordenadas de cada posición y hay algunos receptores que le permiten incluso almacenar un mensaje descriptivo, pero aún así será insuficiente para describir porqué marcó usted ese punto. Usted puede grabar una posición de campamento e incluso escribir: "Buen sitio de campamento", pero 3 días después, tal vez no recuerde por qué era tan bueno. En cambio, si hace una anotación en su cuaderno, usted podrá recordar la leña disponible para hacer fuego, o la roca saliente que proporciona protección de la lluvia. No hace falta que las notas sean extensas, sino que reflejen lo que usted ve y siente. De esta manera su cuaderno le traerá también recuerdos felices en años venideros.

El uso de un mapa como apoyo a la navegación

Salvo que esté usted en un área que conozca realmente bien, su equipo de navegación debe incluir un mapa. Mientras el receptor trabaja, el mapa se utiliza para ir marcando las distintas posiciones y el cuaderno de notas para registrar el tiempo entre *waypoints* y la información sobre los mismos, según se ha explicado antes. Puede también anotar demoras entre *waypoints*, aunque esa información ya se la da el mapa. Si hace anotaciones sobre demoras, no olvide destacar si son magnéticas o verdaderas. Por otra parte, los mapas no siempre están actualizados, por lo cual es conveniente añadir cualquier característica destacable del terreno, que será de gran ayuda si tiene que regresar sin ayuda de su receptor. El mapa se convierte así en la grabación visual de su jornada, mientras que el cuaderno de notas le recordará cualquier información destacable que le ayudará a reconocer su situación. Una vez más, el cuaderno de notas es una valiosa ayuda a la hora de reconocer el camino de regreso.

Si su receptor deja de trabajar, usted deberá utilizar el mapa, el cuaderno de notas y el reloj para regresar al punto de salida. La dirección de la ruta de regreso se mide sobre el mapa y se localiza con el compás. No olvide que debe tener en cuenta la declinación magnética, según se explica en el capítulo 4. Usar un mapa y un compás para registrar su ruta es mucho mejor que limitarse al propio cuaderno de notas, pues un mapa nos proporciona mucha más información de la que puede ser escrita en un cuaderno. Véase también el capítulo 11 en el que se encuentra un ejemplo de cómo proceder en caso de recepción pobre o de avería en el receptor.

9:32	*Sigo el río corriente abajo.*
10:23	*Cuatro higueras. Una quemada.*
10:45	*Continúo río abajo.*
10:54	*Confluencia con la orilla opuesta.*
11:14	*Cuatro cañones. Gran eco.*
	Ruinas indias. Buenas condiciones.

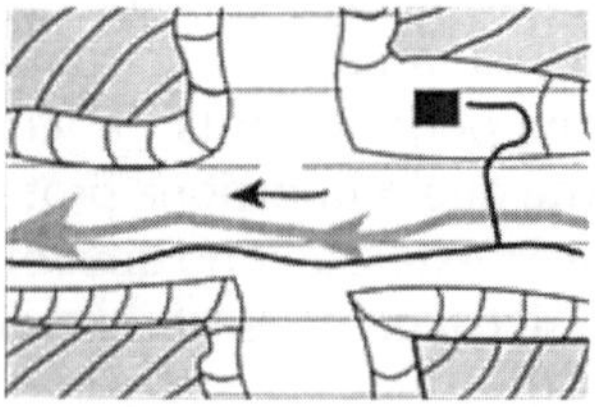

Haga un dibujo en su cuaderno, si cree que puede ayudarle.

¿Por qué deja de funcionar un receptor GPS?

Algo que usted no debe temer es la eliminación de la emisión de señales de los satélites en órbita en el espacio. El Departamento de Defensa de los Estados Unidos controla los satélites y aunque teóricamente pueden desconectar los códigos CA, de manera que los receptores civiles no puedan usarlos, las posibilidades de que esto ocurra son prácticamente nulas. Ni siquiera en tiempos de guerra los civiles se quedarán sin acceso, porque muchas unidades militares usan receptores civiles. Incluso en la guerra del Golfo, el sistema no sólo siguió funcionando con entera normalidad, sino que incluso se cambiaron las posiciones de los satélites para mejorar la cobertura para receptores civiles en Oriente Medio. Otra razón que impide que los receptores civiles queden sin posibilidad de conexión es el hecho de que muchas industrias como las líneas aéreas, la navegación marítima, el transporte terrestre, etc., dependen hoy día del sistema de posicionamiento GPS. Denegar el acceso al sistema de los receptores civiles sería causa de una enorme conmoción internacional.

Lo que sí puede dejar su receptor inoperativo son circunstancias cotidianas: agotamiento de baterías, problemas de antena que no puede captar las señales de los satélites, estar el receptor mojado o goteando, etc. Sea cual sea la causa, puede ocurrir que sólo unos instantes antes usted sabía donde estaba y ahora se pregunta si será capaz de hallar el camino de regreso–, esto suponiendo que no esté usted debidamente preparado.

De todas formas, es muy improbable que su receptor deje de trabajar en condiciones normales. Los receptores actuales usan circuitos integrados y técnicas de ensamblaje avanzadas, así es que es tan fiable como su ordenador, su televisor o su equipo estéreo.

La mayor parte de los receptores están diseñados para aguantar los rigores del uso en la intemperie, lo que significa que no está usted desamparado. Si es usted cuidadoso y sus baterías están suficientemente cargadas, su receptor funcionará bien.

4 Receptores GPS

Hay gran cantidad de receptores GPS en el mercado y cada año se introducen nuevas unidades. Sus tamaños oscilan desde grandes unidades que pesan varias libras y que han sido diseñados para embarcaciones o cualquier otro tipo de vehículo a pequeños receptores portátiles. Los avances realizados mediante circuitos integrados y métodos de producción, han aportado incluso una mayor variedad de características entre los distintos receptores. Hay elementos importantes comunes a todos los receptores como es la sensibilidad de la antena, la precisión, el *datum* y la cuadrícula de los mapas, de los que se ha hablado ya. La importancia de las otras características depende de cómo vaya usted a usar su receptor. Cada característica se describe de tal manera que usted pueda decidir si lo que necesita requiere esa prestación. Afortunadamente, los receptores de GPS disponibles tienen mucha potencia y amplias funciones, con lo que no tendrá problemas de encontrar el que mejor se adapte a sus necesidades.

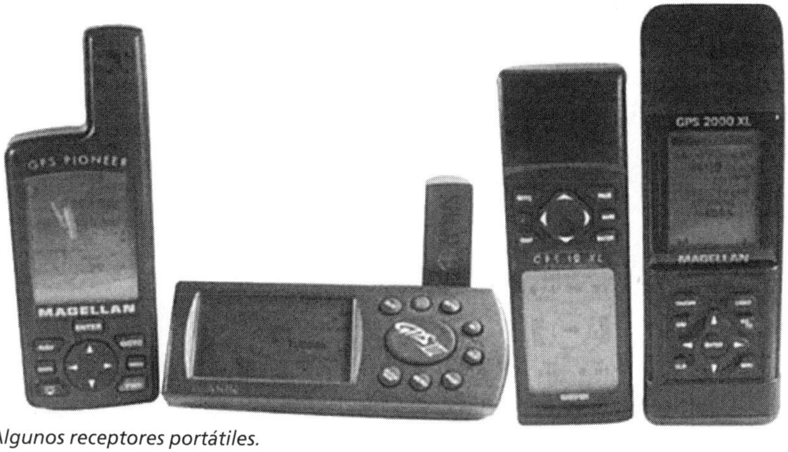

Algunos receptores portátiles.

En esta sección se definen los términos propios del GPS, pero si ha olvidado usted uno o dos, puede hacer una consulta rápida en el glosario. Hacia el final del libro, en la página **271**, hay una tabla que muestra las especificaciones de los receptores disponibles en el mercado. No es una relación exhaustiva, pero presenta la mayor parte de los receptores comunes. Los números de teléfono de los fabricantes de receptores GPS están indicados en la página **267.**

Antenas

La antena recoge las señales enviadas por los satélites. Es la parte más importante del receptor. Poco importará el peso de su receptor, cuánto duran las baterías, cuántos canales tiene o de qué otras prestaciones dispone, si su antena no puede detectar las señales de los satélites. En tal caso, el receptor no podrá empezar a calcular su posición. La frase "tanto pagas, tanto tienes" es especialmente cierta cuando nos referimos a antenas. Antenas mejor fabricadas, más sensibles, son por supuesto más caras de producir, pero no piense que no puede obtener una antena de alta calidad a un precio razonable. El precio de los receptores está bajando rápidamente gracias a la eficiencia de producción y la tecnología mejorada. La mayor parte de los usuarios encontrarán que las antenas de las unidades disponibles en el mercado, incluso las menos caras, cumplen con sus necesidades y que el receptor trabaja correctamente. Sin embargo, si usted proyecta viajar a regiones remotas, en las que la cobertura de satélites puede verse limitada a los cuatro garantizados por el sistema, le puede interesar adquirir un receptor al que se pueda conectar una antena externa, que normalmente le dará una mayor capacidad de recepción que una antena incorporada.

Los receptores portátiles van equipados con uno o dos tipos de antenas:

Hélice cuadrifilar

- Forma rectangular, normalmente exterior al receptor.
- Posible placa giratoria para poder orientarla en busca de una mejor recepción.

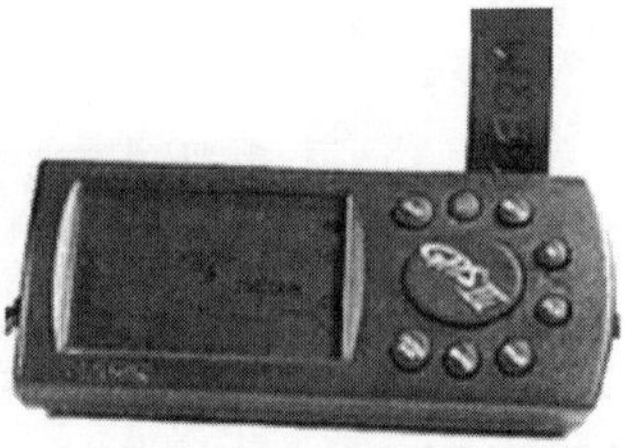

Garmin GPS 3 con antena externa espiral.

- Puede detectar satélites en el horizonte.
- No puede detectar bien satélites sobre la propia vertical.

Microantena

- Más pequeña que en el quadrifilar helix.
- Normalmente interna al receptor.
- Conviene mantenerla en paralelo al cielo para mejor recepción.
- Puede detectar satélites sobre la propia vertical.
- Los satélites deben estar sobre el horizonte.

Garmin GPS 12 con antena interna.

La geometría de satélites para una óptima recepción y precisión, es: un satélite en la propia vertical y los otros repartidos homogéneamente alrededor del horizonte. Las antenas de **hélice quadrifilar** pueden detectar satélites más próximos al horizonte que las microantenas, pero, en cambio, no pueden hacerlo los situados directamente en la vertical. Por su parte, las microantenas detectan fácilmente satélites en la propia vertical, pero, en cambio, los más próximos al horizonte no son detectados tan bien como por la antena quadrifilar. Cada una tiene sus limitaciones, pero ambas cumplirán su función adecuada y suficientemente. Hay una ventaja de la antena quadrifilar sobre la microantena: muchas antenas cuadrifilares pueden fácilmente convertirse en antenas remotas, extrayéndolas del receptor y conectándolas a un cable coaxial entre el receptor y la antena. Esta adaptación simple y barata permite colocar la antena en algún lugar fuera de un vehículo para tener mejor recepción, mientras que el receptor permanece en el interior guiando al conductor. El cable no debe ser muy largo, pues en tal caso la señal que alcance el receptor se verá muy atenuada y no servirá. La construcción interna de la micro-antena lo protege de posibles daños. Si usted no es cuidadoso, una antena cuadrifilar puede resultar dañada al pasar por entre ramas u otros objetos.

Antenas externas

Las antenas externas son necesarias si el receptor se usa dentro de un habitáculo cerrado como la cabina de una embarcación, el interior de un

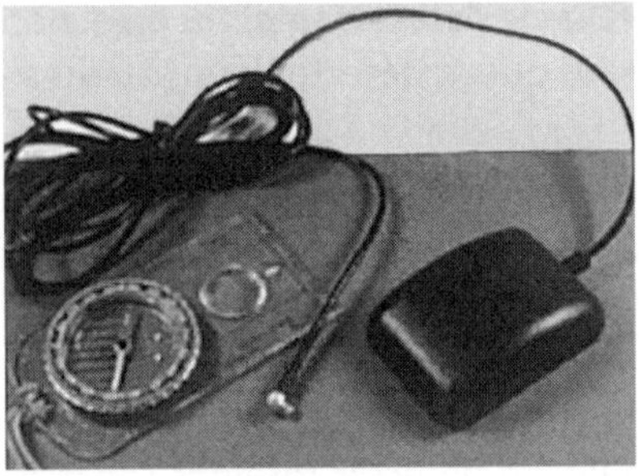
Antena externa Garmin.

avión o de un coche. El receptor debe tener una vista sin obstáculos del cielo para poder recibir las señales de los satélites. A pesar de que es posible que un receptor colocado sobre el salpicadero de un coche detecte señales a través del parabrisas, es difícil para el conductor ver la pantalla al mismo tiempo. Es mucho mejor colocar una antena exterior sobre el techo del vehículo y colocar el receptor de manera que sea accesible y cómodo para el conductor. Las antenas externas son resistentes al agua y están hechas para ser usadas bajo cualquier condición atmosférica. Se monta magnéticamente sobre el techo del vehículo o con ventosas en la parte interior del parabrisas y un alambre transporta la señal al receptor. Colocar la antena en la parte interior del parabrisas no será aconsejable en aquellos vehículos que tengan una lámina metálica transparente entre las dos hojas de cristal, pues bloqueará el paso de las señales de los satélites.

Un vehículo no es el único lugar en el que puede ser conveniente colocar una antena externa. Como ya se ha mencionado, es muy importante la sensibilidad de la antena cuando usamos el receptor en áreas en las que sólo podemos captar cuatro satélites. El sistema GPS garantiza un mínimo de cuatro satélites en cualquier lugar del mundo y en todo momento. Las antenas externas son normalmente más sensibles que las internas y hacen posible captar señales de satélites en lugares en los que una antena interna podría no trabajar.

No todos los receptores han sido diseñados para poder acoplar antenas externas, así es que si piensa que puede necesitar una en el futuro, asegúrese de que el modelo que va a comprar lo acepte. Habitualmente, el fabricante del receptor es el único que puede suministrarle la antena para ese receptor concreto. Una antena remota "activa" amplifica la señal antes de enviarla al receptor para compensar la atenuación o la pérdida de señal a través del cable. Si puede conseguirla, una antena activa es lo mejor.

¿Qué es una buena antena?

Sólo hay una manera de saber si una antena es buena: usarla en campo descubierto. No importa lo que diga el manual de la antena. La cantidad de ganancia, la mínima potencia de señal detectable o cualquier otra medición de laboratorio no son tan importantes como el modo con que usted la maneje en sus manos. Si está usted en un área abierta en la que el terreno no bloquea las señales de los satélites y si el receptor ha sido adecuadamente puesto en funcionamiento, una buena antena permitirá a su receptor captar las señales. Si el receptor le señala qué satélites deberían estar en el cielo, pero muestra que la potencia de su señal es baja o cero, usted sabrá que tiene una antena pobre. Muévase por los alrededores y compruebe si la potencia de la señal mejora en posiciones más ventajosas, esperando unos instantes para que pueda cambiar la geometría de los satélites, antes de desistir. Si el receptor no es capaz de captar las señales y usted proyecta volver a usarlo en la misma área, habrá de pensar en adquirir un receptor nuevo. Antes de hacerlo, sin embargo, hable con sus amigos y conocidos, especialmente aquellos que visitan lugares lejanos, para ver cómo trabajan las antenas de sus receptores.

Comprobar el funcionamiento de la antena en pleno descampado es un ejemplo excelente del porqué necesita usted conocimientos de navegación básica, al margen del GPS. Un receptor con una antena mediocre trabajará bien en un área con buena cobertura de satélites, pero cuando usted más lo necesite, cuando busque su camino a través de una zona selvática, descubrirá que su antena no es suficientemente buena. En tal caso, unos conocimientos básicos de navegación le salvarán el día.

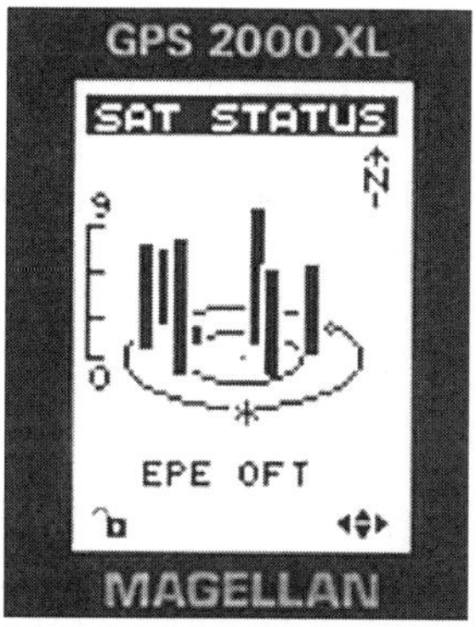

Las barras negras indican que el receptor puede captar las señales de los satélites.

Precisión

Lo primero que todo el mundo se pregunta es: "¿Qué precisión tiene mi receptor?". La respuesta es 15 metros (49,2 pies), pero conviene saber algo más. Lo primero es entender que hay dos tipos de receptores: militares y civiles. Los receptores militares son más precisos porque usan códigos "P" (descritos en el capítulo 1). Los receptores civiles estaban antes sometidos a la disponibilidad selectiva, pero al haber sido ésta suprimida, pueden proporcionar un alto grado de precisión. A continuación se muestra la precisión que tenían los receptores civiles antes de la supresión de la disponibilidad selectiva, a nivel meramente ilustrativo, para valorar lo beneficiosa que dicha supresión ha sido.

Receptores militares

- Precisión de 1 metro (3,3 pies).
- No disponible para usuarios no militares.

Receptores civiles antes de la supresión de la disponibilidad selectiva

- La precisión horizontal variaba entre 15 y 100 metros (49,3 y 328 pies).
- La precisión vertical (altitud) variaba entre 100 y 156 metros (328 y 512 pies).
- El departamento de defensa de los EEUU controlaba la precisión de los receptores civiles.

Receptores civiles después de la supresión de la disponibilidad selectiva

- Precisión horizontal hasta 15 metros (49,2 pies), o mejor.
- Precisión vertical (altitud) hasta 100 metros (328 pies).

En la figura de la derecha, se muestra una representación geográfica de la precisión civil. El mapa, del US Geological Survey, corresponde al Mirror Lake, Utah (EEUU), tiene una escala de 1:24000, y la distancia entre líneas de cuadrícula es de 1.000 metros (3.281 pies). Sobre el mapa vemos tres círculos: uno cerca de Scout Lake, otro al sudoeste de Camp Steiner y el tercero sobre la carretera. Cada círculo tiene un diámetro equivalente a 30 metros (98,4 pies), lo que representa que el borde del círculo está a 15 metros (49,2 pies) del punto central. Si usted quiere dirigirse a una de estas situaciones, el receptor le conducirá a algún lugar dentro del correspondiente círculo.

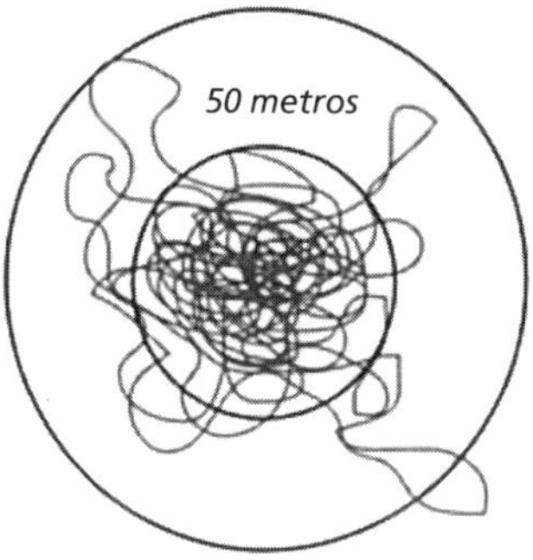

Las líneas de margen representan cálculos de posiciones durante un período de tiempo. La disponibilidad selectiva era causa de posiciones poco precisas.

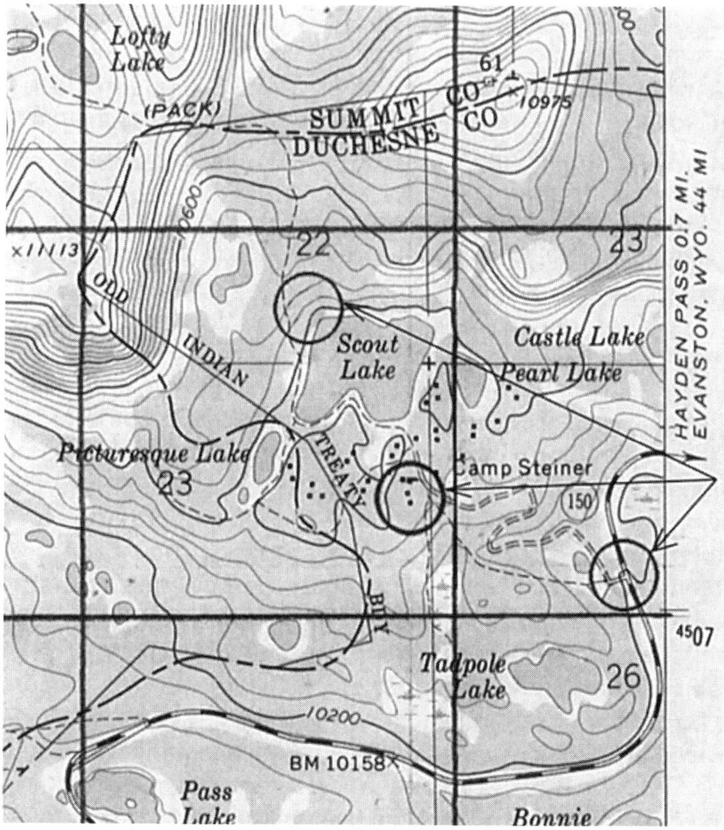

Cada uno de los tres círculos tiene un diámetro de 200 metros (656 pies).

La mayor parte de las personas que viajan por zonas de cobertura óptima de satélites todo lo que necesitan recordar es que la precisión de su receptor es de 15 metros (49,2 pies). Ahora bien, si usted viaja por zonas remotas o si simplemente desea saber más sobre la precisión del receptor, le conviene comprender todos los factores que reducen la precisión de un receptor. Las causas principales de error en el receptor son:

- Interferencias ionosféricas.
- Geomatría de los satélites.
- Señales reflejadas o de multisenda.

Interferencias ionosféricas

Las interferencias ionosféricas fueron descritas en el capítulo 1. Los receptores militares usan transmisión de frecuencia dual para eliminar completamente el error por distorsión ionosférica. Los receptores civiles no tienen acceso a ambas frecuencias y dependen de modelos matemáticos sobre cómo los electrones libres distorsionan una señal de satélite. Los retrasos ionosféricos suponen de 5 a 10 metros (16,4 a 32,8 pies) de los 15 metros que suelen considerarse como precisión de un receptor. Este error siempre existirá, salvo que mejoren los patrones atmosféricos, y no se puede hacer nada para evitarlo.

Geometría de los satélites

La geometría de los satélites, o constelación, se refiere a las posiciones de los satélites en el cielo con respecto a la posición del observador. La cantidad del error introducido por la geometría de satélites se denomina *Dilution of Precision (DOP),* dilución de la precisión. Hay varios componentes del DOP: vertical, horizontal, tiempo, posición y geometría. El receptor calcula cada componente para cada combinación de cuatro satélites que tenga "a la vista" y utiliza las señales de los cuatro satélites que proporcionan el número de posición DOP (PDOP) más bajo. Una geometría pobre aumenta el error de posición del receptor en centenares de metros. Unos valores normales de PDOP, entre 1 y 3, proporcionarán un grado de precisión de 15 metros o mejor. Valores PDOP entre 4 y 6 pueden originar errores que oscilen entre decenas y centenares de metros. Si el valor PDOP es superior a 6, el receptor quedará fuera de servicio (*outage*). Esto se producirá también si el terreno bloquea la recepción de satélites que dieran un PDOP más bajo. En estos casos, poco

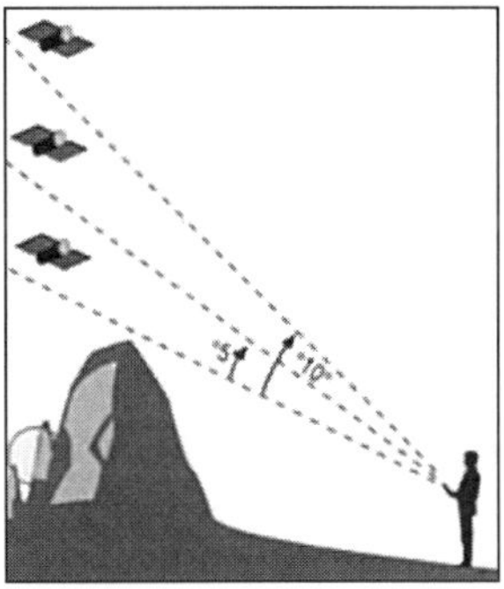

Ángulo de enmascaramiento.

se puede hacer, salvo esperar a que la constelación mejore. Los satélites están en continuo movimiento, de manera que una interrupción (*outage*), que no sea debida al terreno, sólo durará unos pocos minutos. Sin embargo, hay dos factores que pueden ayudar a minimizar esa interrupción, a la hora de elegir un receptor. El primero es el ángulo de enmascaramiento y, el segundo, la sensibilidad de la antena. Si usted proyecta utilizar el receptor en áreas remotas, en las que la cobertura de los satélites no es tan amplia como en zonas pobladas, le conviene un receptor que tenga un ángulo de enmascaramiento pequeño y una antena muy sensible.

Los receptores están diseñados para mejorar la recepción ignorando los satélites que están demasiado próximos al horizonte. El ángulo de enmascaramiento se refiere al número de grados que un satélite debe estar sobre el horizonte para que pueda ser utilizado para el cálculo de la situación. El valor habitual oscila entre 5 y 10°. Cuanto mayor es el ángulo de enmascaramiento, tanto más se verá afectado el receptor de interrupciones en la recepción, debido a que dejará de detectar satélites próximos al horizonte antes que un receptor con un ángulo de enmascaramiento más pequeño. La constelación que proporciona el mínimo PDOP se da cuando un satélite está directamente sobre la vertical del observador, mientras los otros están regularmente repartidos sobre el horizonte. Si un receptor tiene un ángulo de enmascaramiento amplio, ignorará prematuramente satélites que podrían proporcionar la mejor constelación.

La constelación GPS está diseñada para proporcionar cobertura de un mínimo de cuatro satélites, en todo momento y en cualquier lugar del mundo. El departamento de defensa de los EEUU controla qué áreas del mundo tienen simultáneamente cobertura de un mayor número de satélites. Como nota marginal, durante la guerra del Golfo los EEUU modificaron la constelación para aumentar la cobertura en Oriente Medio. Este cambio hizo que la gente de California se sorprendiera de que sus receptores, de pronto, no funcionaran tan bien como habitualmente. Si usted viaja por zonas de cobertura mínima de satélites, necesitará un receptor con la mejor antena que pueda conseguir. El sistema, como se ha dicho, garantiza cuatro satélites allá a donde usted vaya, pero si su receptor no puede captarlos porque la antena no es suficientemente buena, de nada le servirán.

La mayor parte de los receptores no dan los valores DOP, pero proporcionan un error estimado de posición *(Estimated Position Error – EPE)* que es indicativo del PDOP. La cantidad de error debido a la disponibilidad selectiva no forma parte del valor EPE, puesto que el receptor no puede saber cuánto error está produciendo ésta. EPE muestra sólo la cantidad de error correspondiente a la geometría de los satélites. Cuando usted está navegando debe controlar de vez en cuando el EPE para ver si necesita considerar un error mayor del que debería haber con una constelación mejor.

Un modo seguro para reducir el error causado por una pobre geometría de satélites es aumentar el número de satélites en órbita alrededor de la Tierra. Más satélites representan más posibilidades de obtener una geometría perfecta. No es probable que el gobierno de los EEUU aumente el número de satélites. Sin embargo, los rusos lanzaron un sistema GPS llamado *Global Navigation Satellite System* (GLONASS), que proporciona la misma exactitud que la parte civil del sistema de los EEUU. GLONASS envía señales de radio a la Tierra, pero en frecuencias distintas que el sistema norteamericano. Los receptores civiles corrientes no pueden leer las señales GLONASS, pero hay una compañía que ha desarrollado un receptor capaz de interpretar las señales de ambos sistemas, con lo cual se dobla la constelación de satélites, haciendo mucho más fácil disponer de una buena geometría, al margen de cual sea nuestra posición sobre la Tierra. Actualmente, el coste de un receptor de estas características se eleva a varios miles de dólares y no se sabe aún si llegará a comercializarse.

Señales reflejadas o de multisenda

En condiciones ideales, las señales de los satélites GPS tienen una sola senda: directamente del satélite al receptor. Si la señal es reflejada por algún obstáculo del terreno, puede ocurrir que la señal llegue al receptor por distintas sendas y estamos ante un caso llamado de multisenda. En la figura, la señal llega al receptor por doble senda: directamente del satélite y como señal reflejada por una roca cercana. En la actualidad, sólo son capaces de detectar y eliminar la señal reflejada algunos receptores especiales, como los usados para topografía. Estos receptores suelen ser muy caros y pesados. Un receptor a nivel de usuario común no puede indicarnos la diferencia entre señal directa y reflejada, por lo que si utiliza una señal reflejada nos dará una posición equivocada. Por este motivo, cuando usted utilice su receptor, vigile que a su alrededor no haya relieves del terreno que puedan dar lugar al error de multisenda.

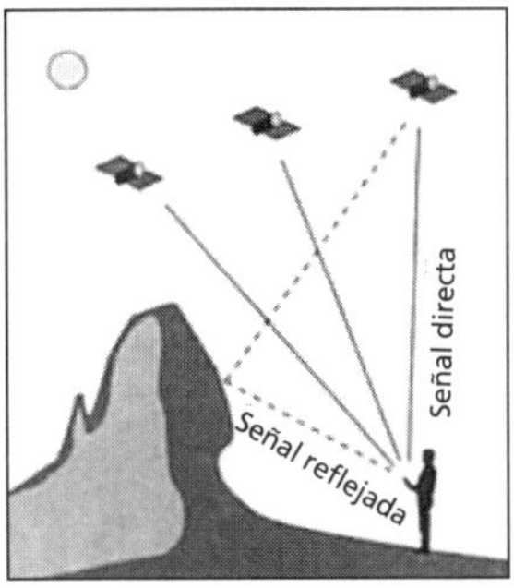

Precisión de altitud

La altitud que proporciona el receptor GPS no es tan precisa como la posición horizontal. Si usted hace un viaje en el que el conocimiento de la altitud es importante, consígase un buen altímetro.

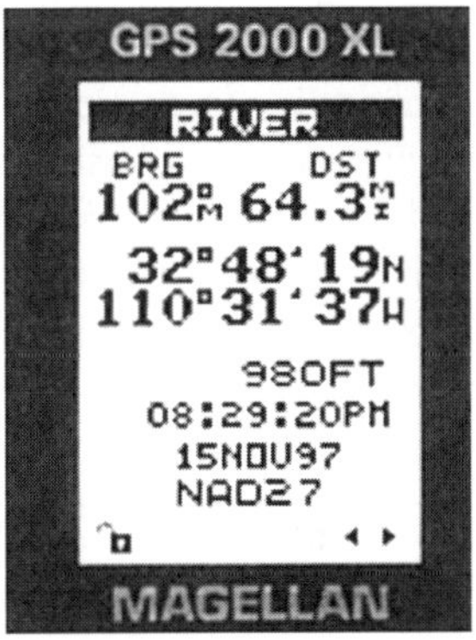

No se fie de su receptor GPS en situaciones en las que la precisión en altitud sea importante.

El Casio Triple Sensor lleva, además de altímetro termómetro, un compás electrónico.

Precisión en modo 2D

La lectura de las posiciones en modo bidimensional (2D) es menos precisa que en modo tridimensional (3D). Un receptor necesita poder "ver" cuatro satélites para ser capaz de obtener una posición 3D. El uso de los cuatro satélites es como sigue:

- Una señal de satélite: sincroniza el receptor con los relojes atómicos de los satélites.
- Tres señales de satélites: fijan la posición 3D.

Si el receptor "ve" sólo tres satélites, necesitará usar la señal de uno de ellos para sincronizar el tiempo, con lo cual sólo quedarán dos para el cálculo de la situación. La precisión en altitud cae y la de la situación horizontal varía de 150 a 1.524 metros (492 y 5.000 pies). Un receptor trabajando en modo 2D posiblemente ni siquiera sea capaz de llevarle hasta estar a la vista de su punto de destino. En tales circunstancias, deberá usted apoyarse un poco más en sus conocimientos de navegación manual. He aquí una razón más para no dejar de practicarla.

Promediar la posición

Promediar la posición aumenta la precisión de las coordenadas. Si usted presiona el botón del receptor para marcar una posición, es posible que le pregunte si desea promediar la posición. En tal caso el receptor supone que está quieto y toma muchas lecturas de posición. Promedia todas las lecturas de posición para hallar aquella que esté justo en el medio. Un receptor promediando durante varios minutos puede dar una posición con una exactitud de entre 3 y 10 metros (9,8 a 32,8 pies).

GPS diferencial (DGPS)

Los principios del GPS diferencial (DGPS) se explican el capítulo 15. Un DGPS convierte un receptor civil en tanto o más preciso que uno militar. Ahora que la disponibilidad selectiva ha sido eliminada y los receptores civiles ofrecen una precisión mínima de 15 metros (49,2 pies), la mayor parte de las personas no necesitan el DGPS. Sin embargo, el DGPS sigue siendo útil para obtener una mayor precisión, aunque ello posiblemente no compense el precio.

La frase "DGPS listo" *(DGPS Ready)* no significa que un receptor esté ya haciendo correcciones diferenciales, sino que el receptor es capaz de entender y aplicar la información correctora.

El datum del mapa

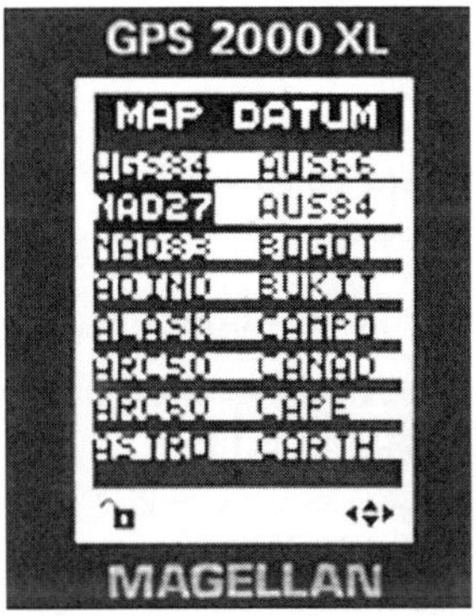

Datum NAD 27 seleccionado.

Los mapas están trazados de tal manera que cada punto está a una distancia y altura conocida con respecto a un punto de referencia estándar llamado *datum*. Un reticulado es una serie de líneas en un mapa que ayudan a describir una posición con respecto al punto de *datum*. Un mapa puede tener varios reticulados, pero un solo *datum*. Antes de comprar un receptor, asegúrese de que dispone del *datum* aplicable a los mapas que usted va a utilizar.

La mayor parte de los receptores pueden trabajar con los dos *datums* más comunes para Norteamérica: el *North American Datum 1927* (*NAD 27*) y el *World Geodetic System 1984* (*WGS 84*). Si usted va a realizar viajes por otras zonas geográficas, posiblemente necesite otros *datums* y deberá averiguar cuáles son antes de adquirir su receptor.

Antes de introducir ninguna coordenada en su receptor, debe asegurarse de que tiene seleccionado el *datum* correcto, pues de lo contrario se produciría un error en las coordenadas. Antes del GPS cada país elegía independientemente su propio *datum*, en base al cual elaboraban sus mapas. De esta manera, un mismo punto puede tener diferentes coordenadas en mapas de países distintos. Imagine usted que quiere volar sobre Humphreys Peak, que es el punto más alto del estado de Arizona (EEUU). Del mapa topográfico del USGS usted obtendrá las siguientes coordenadas:

Humphreys Peak 35° 20' 48" N , 111° 40' 41" W

Supongamos que al entrar esas coordenadas en el receptor, usted no se da cuenta de que está seleccionado el *datum* "Reunion" en vez del NAD27. El receptor le dirigirá al punto que usted almacenó, pero no se corresponderá con el que usted quería alcanzar. Si entonces comprueba las indicaciones del receptor y cambia el *datum* a NAD27, las coordenadas almacenadas cambiarán a:

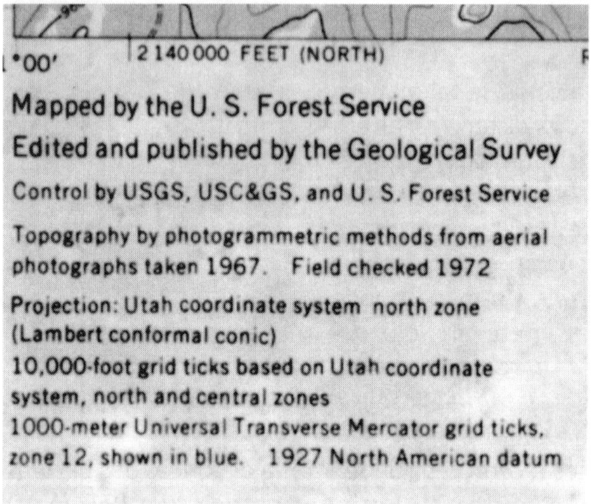

En la mayor parte de los mapas se indica el datum y el número de zona UTM.

Humphreys Peak 35° 19' 55.8" N , 111° 40' 21" W

De esta manera, el haber entrado las coordenadas con un *datum* equivocado nos produce un error en la posición de 1,7 km (1,05 millas). Bien está que el *datum* "Reunion" es un caso extremo, pero aunque la diferencia sea menor, es algo que usted no deseará. Por tanto, debe asegurarse de seleccionar el *datum* correcto antes de entrar las coordenadas.

Hay cientos de *datums*. Algunos ejemplos son:

WGS 84: World Geodetic System 1984
Un *datum* para todo el mundo, según define GPS
NAD 27: North American Datum 1927 Continental
Usado en la actualidad en mapas de Canadá y de los EEUU
NAD 83: Nortsh American Datum 1983
Se usará en mapas de los EEUU en el futuro
OSGB: Ordenance Survey Great Britain
Gran Bretaña, Escocia, isla de Man...
Hay que tener en cuenta que existe también una cuadrícula con ese mismo nombre; no se confunda
Geodetic Datum 1949
Nueva Zelanda

Construcción de mapas

Algunos receptores tienen en la actualidad mapas de carreteras almacenados en su memoria, de manera que si usted utiliza la pantalla del mapa en una autopista, la misma aparecerá representada en la pantalla. En el capítulo 12 se explican los mapas de todos los tipos, incluidos aquellos almacenados en los receptores.

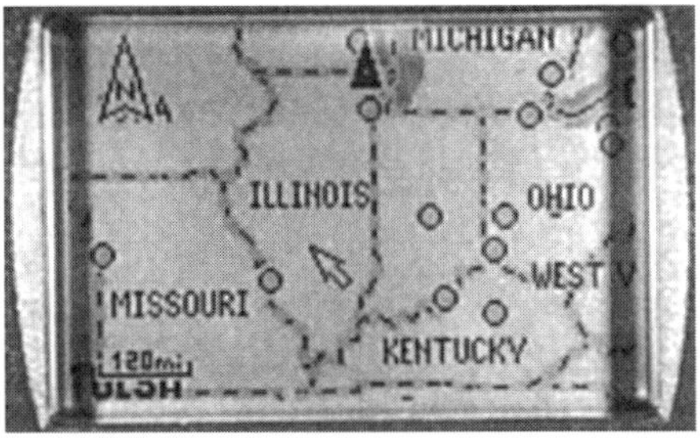

Los mapas almacenados en el GarminIII cubren todo el territorio de los Estados Unidos.

Cuadrículas de coordenadas

Una cuadrícula de coordenadas es un patrón de líneas trazadas en un mapa para poder identificar singularmente cada punto. La cuadrícula describe un lugar en un mapa mediante una combinación de letras y números llamados coordenadas. Lugares distintos no pueden tener las mismas coordenadas. Los receptores GPS representan coordenadas, de manera que una vez que el receptor capta las señales de los satélites, las letras y números que aparecerán en pantalla serán los correspondientes a su posición sobre el mapa. Es importante comprar un receptor que disponga de la cuadrícula usada en los mapas de que usted disponga.

No compre un receptor que no esté adecuado a la proyección *Universal Transverse Mercator* (UTM) y a la cuadrícula de latitudes/longitudes porque cubren todo el mundo. Siempre será capaz de encontrar un mapa con una de estas características. Incluso algunos receptores sólo disponen de UTM y latitud/longitud. Sin embargo, existen cuadrículas que corresponden sólo a países concretos, como el *Ordnance Survey grid of Great Britain*. Si usted prevé usar su receptor en ese país, es recomendable que esté preparado para ese tipo de cuadrícula, dado que encontrará una variedad de mapas mucho mayor.

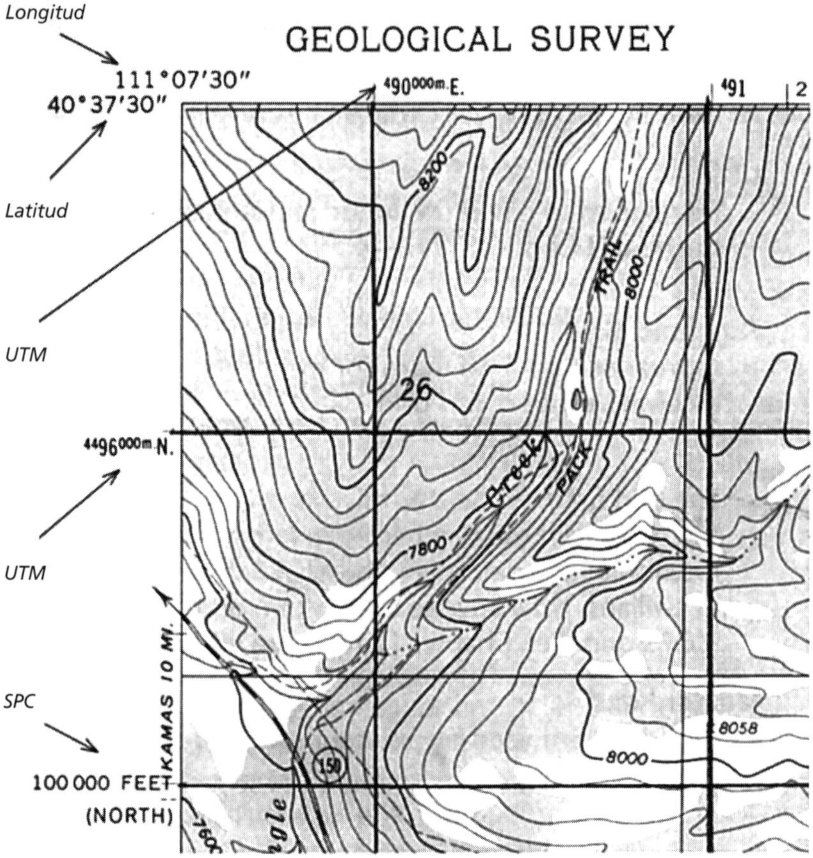

Algunas cuadrículas populares

- *Universal Transverse Mercator* (UTM)
- Latitud/Longitud
- *Ordenance Survey of Great Britain* (OSGB)
- *Universal Polar Stereographic* (UPS)

- *Thomas Brother's Page and Grid*
- *Military Grid Reference System* (MGRS)
- *Maidenhead*

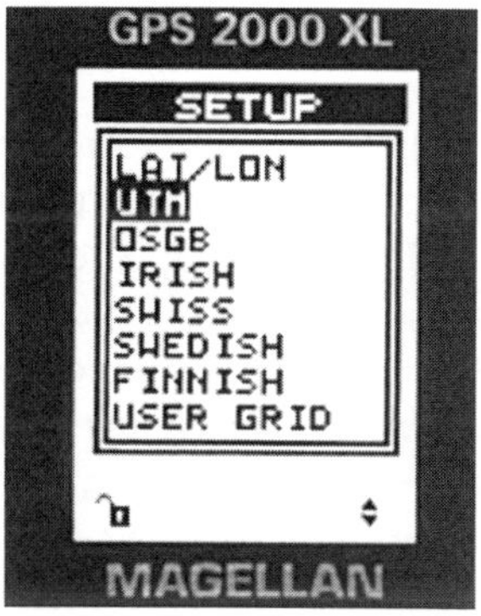

Pantalla "setup" mostrando la selección de la cuadrícula UTM.

Las cuadrículas más comunes, UTM y latitud/longitud se encuentran explicadas y demostradas en los capítulos 5 a 10. Las restantes cuadrículas están brevemente descritas aquí, pudiéndose hallar más información en el capítulo 14.

OSGB
Usado por el servicio de ordenanza de mapas de Gran Bretaña

UPS
Desarrollado para cubrir las regiones del Ártico y la Antártida. Es similar a la cuadrícula UTM

Page and Grid™
Es una cuadrícula utilizada en mapas de carreteras para motoristas, aunque pocos receptores disponen de ella.

MGRS
Es la cuadrícula usada por los militares de EEUU. Se basa en la cuadrícula UTM, pero reemplaza algunos números por letras. Hasta el advenimiento de las bases de datos para mapas electrónicos, el MGRS no era fácilmente accesible a los civiles. Actualmente, cualquiera puede adquirir mapas impresos con la cuadrícula MGRS. Ver el capítulo 12 para más información.

Maidenhead
Es un sistema de cuadrícula utilizado por radioaficionados.

En los Estados Unidos hay otro sistema conocido como la cuadrícula *State Plane Coordinate* (SPC). Los EEUU están fraccionados en diferentes zonas; una o más por estado. La cuadrícula es muy parecida a la UTM, pero utiliza como unidad básica pies en vez de metros. En la figura de la página 48 se muestra un ejemplo de la contraseña y los números de coordenadas usados en SPC. Este sistema no está disponible en la mayor parte de los receptores, aunque puede ser programado si el receptor dispone de "*user grid*" ("cuadrícula de usuario").

Todos los receptores pueden cambiar de una cuadrícula a otra, pero algunos lo hacen de manera sumamente fácil. Si usted prevé que va a tener que usar coordenadas correspondientes a dos cuadrículas diferentes, compre un receptor que permita hacer ese cambio apretando el menor número posible de botones.

He aquí algunos ejemplos de coordenadas de tres lugares que usan cuadrículas distintas. Obsérvese que la cuadrícula OSGB sólo es válida en Gran Bretaña.

Calgary, Alberta, Canadá

11 U ^{7}**03**$^{421m.}$ E. ^{56}**62**$^{738m.}$N.	UTM
51° 4' 55,2" N, 114° 5' 44,6" W	lat./long.
11 U QG 03421 62738	MGRS
DO21WB	Maidenhead

New York, New York, Estados Unidos

18 T ^{4}**53**$^{924m.E.}$ ^{45}**06**$^{327m.}$N.	UTM
40° 42' 30,5" N, 75°32'43,6" W	lat./long.
18 T VA 53924 06327	MGRS
FN20FR	Maidenhead

Harrogate, Inglaterra

SE 31000 55000	OSGB
30 U ^{5}96$^{556m.}$E. ^{59}**82**$^{957m.}$N.	UTM
53° 59' 23,7" N, 1° 31' 37,7" W	lat./long.
18 T WE 96556 83957	MGRS
IO93FX	Maidehead

Las páginas siguientes amplían la explicación sobre las cuadrículas y le ayudarán a decidir cuál es la más adecuada para su navegación.

Interface con ordenadores

Llegará el día en que una computadora será la base de su estrategia de navegación. O bien usará un ordenador portátil como mapa móvil o bien digitalizará mapas en CD-Rom para proyectar su viaje y cargar *waypoints* en su receptor. Para algunos, los gastos que conlleva un ordenador y el *software* retrasarán ese día. Sin embargo, al final llegará para todos, pues, entre otras cosas, su precio baja drásticamente. Entretanto, su receptor será suficiente ayuda para navegar con precisión. Un ordenador es un **interface** muy cómodo y potente para su receptor. Elimina toda la incomodidad de buscar coordenadas en los mapas e introducirlas en el receptor, si bien en ningún caso hay que pensar que un ordenador es imprescindible.

Aquellos que tengan acceso a un ordenador y el *software* necesario, a la hora de comprarse un receptor deberán asegurarse de que puede conectarse al ordenador. No importa que el ordenador hable otro lenguaje que el receptor, pues existen estándares de la National Maritime Electronics Association (NMEA) que están adheridos a los fabricantes de *hardware* y de *software*. Lo que tiene que comprobar es que el receptor – tenga un puerto de entrada/salida – I/O - *(input/output)*, pues no todos lo tienen.

Cable de serie para ordenador, conectado a un puerto I/O de un receptor.

Para poder sacar el máximo partido del *software* disponible, le conviene un receptor que tenga tanto entrada (*input*) como salida (*output*) y debe hablar y entender (p.ej. salida y acepto) por lo menos los siguientes protocolos NMEA:

183 versión 1.5

183 versión 2.0

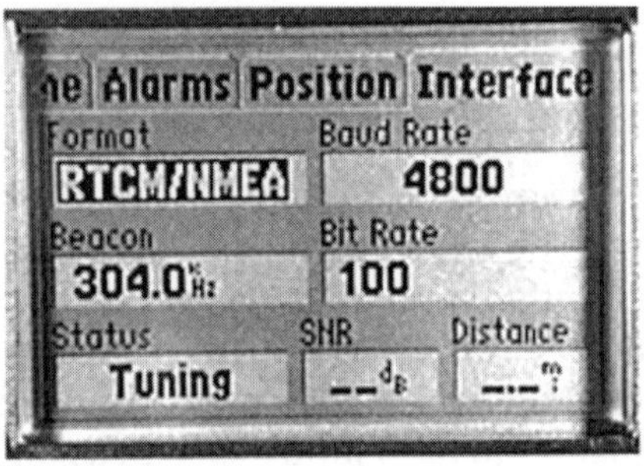

Selección de protocolo RTCM (correcciones DGPS) para entrada y protocolo NMEA 183 versión 2,0 para salida.

Adicionalmente a los usos descritos en el capítulo 12, un receptor con un puerto I/O o con un único puerto de salida puede ser utilizado con los equipos que a continuación se reseñan. En estos casos, la comunicación es en un único sentido, pues los datos fluyen sólo del receptor al equipo y nunca al revés.

Mapa móvil

Una computadora va siguiendo y le muestra su posición sobre un mapa. Ver capítulo 12.

***Plotter* de posiciones**

También conocido como *plotter* de cartas, es muy parecido a un mapa móvil. El receptor facilita su posición y ésta es representada sobre el *plotter*. El terreno circundante, tanto si es tierra o agua, también se muestra.

Pilotos automáticos

Un piloto automático necesita conocer la posición con el fin de poder gobernar un avión. El receptor facilita la información de posición y el piloto automático hace el resto.

Mapas

El receptor envía toda la información almacenada en su memoria o todos los *waypoints* marcados por usted a un ordenador que marca su ruta sobre un mapa. Esta capacidad es importante para buscar y rescatar equipos, para escritores de libros-guía o para otros profesionales, pues documenta electrónicamente las áreas recorridas.

***Software* de post proceso**

Adicionalmente a la posición, el receptor almacena información sobre tiempo y satélites y lo transfiere todo a un ordenador. El ordenador utiliza datos orbitales y otras correcciones para que los *waypoints* grabados sean más precisos.

La mayor parte de los demás usos que requieren comunicación con el receptor necesitan tanto tráfico de entrada (*input*) como de salida (*output*). Ver las aplicaciones de mapa móvil y de base de datos descritos en el capítulo 12.

Canales

A la hora de elegir su receptor, no se pregunte cuántos canales necesita, sino simplemente compre el receptor que esté a su alcance. Intente comprender las diferencias entre disponer de uno o varios canales, según se describe a continuación, y utilícelo adecuadamente.

Un receptor con varios canales le ayuda a:

- Captar satélites en menor tiempo.
- Obtener lecturas de posición más precisas, en caso de que usted esté en movimiento.
- Mantener la conexión en medio de un espejo follaje.

Si dos receptores tienen antenas de igual calidad, el receptor multicanal trabajará mejor que un receptor de un solo canal. Esto no significa que tenga mayor precisión, sino que mantendrá la captación de satélites mejor cuando usted o su entorno estén en movimiento. Si usted utiliza el receptor en un vehículo, en un avión o en un bosque, es mejor tener más canales que menos. Los mejores receptores de la actualidad tienen 12 canales, que es lo máximo que podrá usted necesitar, pues es raro que haya un área cubierta por más de 10 satélites. La figura de la página siguiente ilustra por qué ayuda tener más canales.

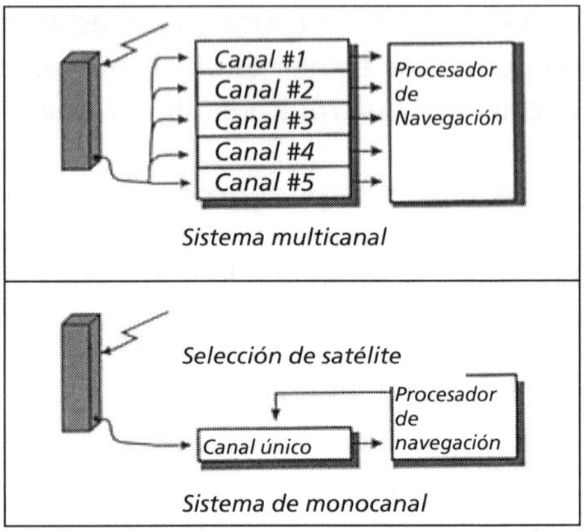

En ambos casos, las señales de satélite entran a través de la antena y a continuación van a los canales. Un canal mantiene la conexión con la señal de un satélite específico y lo va siguiendo mientras permanezca a la vista. Un receptor multicanal monitoriza los satélites simultáneamente. Si se halla usted en un bosque y pasa bajo un árbol grande, que de repente bloquea la señal de un satélite, el procesador de navegación inmediatamente captura la información de otro satélite para efectuar el cálculo de la posición.

Disponer de canales múltiples significa que el receptor siempre tiene información actualizada para poder calcular su posición, de manera que permanece conectado en circunstancias en que otro receptor de un solo canal pierde la conexión. Un receptor de canal único monitoriza una señal de satélite durante unas pocas milésimas de segundo y almacena su información. A continuación repite lo mismo con la señal del siguiente satélite. Así va procesando todas las señales de satélite, antes de que la información pase al procesador de navegación. Un receptor de canal único tiene más dificultades de mantener la conexión en situaciones en las que el terreno bloquea marginalmente las señales que un receptor de multicanal. Esta situación puede ocurrir simplemente caminando por un bosque. Al moverse, los árboles bloquean la señal de un satélite, después las de otro. Durante el breve intervalo que un receptor de canal único tiene captado un satélite, su señal puede verse momentáneamente bloqueada. Si ocurre que varios satélites se ven bloqueados justo cuando se supone que los está recibiendo, puede ser que la información sea insuficiente.

En cambio, si usted está quieto, es indiferente que el receptor sea multicanal o de canal único. Incluso en situaciones en las que todo se mueve a su alrededor, si usted permanece quieto el tiempo suficiente, el receptor de canal único obtendrá toda la información que necesita para el cálculo de la posición. Mayor número de canales no significa mayor precisión, salvo en situaciones de alta velocidad. En cualquier caso, la expresión "alta velocidad" es relativa porque algunos receptores de canal único trabajan adecuadamente hasta 161 km/h (100 millas/h), mientras que otros lo hacen hasta 1.609 km/h (1.000 millas/h).

Peso

El uso que usted vaya a hacer del receptor determinará la importancia del peso. Si usted lo va a usar únicamente en una embarcación o en un vehículo, el tamaño de la pantalla será más importante que el peso. En un vehículo le conviene una pantalla lo más grande posible y con la mejor iluminación para la noche. Con ello podrá ver fácilmente los detalles desde el asiento del piloto o conductor.

Si usted viaja a pie, en kayak o cabalga, el peso es importante, aunque afortunadamente los avances tecnológicos hacen que los receptores sean cada vez más ligeros. Por eso será fácil para usted encontrar el receptor que mejor se acople a sus necesidades, incluido el peso. Si usted viaja en vehículo la mayor parte del tiempo, pero ocasionalmente lo necesita en campo a través, deberá pensar en un receptor para poder usarlo a pie y buscar una versión ligera. Cuando use su receptor de pantalla pequeña en su vehículo, necesitará instalarlo más cerca del conductor que si se tratara de una unidad de pantalla grande.

El tamaño y peso de los receptores portátiles se aproximan al de un compás o un reloj.

Waypoints o puntos de ruta

Llamamos *waypoint* a un punto de referencia en una ruta. Para introducirlos en el receptor es necesario, no sólo el valor numérico de sus coordenadas, sino también darles un nombre que los identifique.

Podemos considerar que empezamos a navegar con un receptor GPS a partir del momento en que introducimos en la memoria del receptor el *waypoint*, al que queremos dirigirnos. El receptor, basándose en las coordenadas del *waypoint* y las de la posición actual, que nos facilita en todo momento, calcula la distancia y la dirección hacia el *waypoint* y nos lleva hasta él. Como sea que los *waypoints* son la base de la navegación GPS, le conviene almacenar tantos como le sea posible. Según el tipo de viaje que haga, puede necesitar del orden de 10 a 15 *waypoints* para recorrer un trayecto de 16 km (9,9 millas). Un receptor con mucha memoria podrá almacenar *waypoints* para un viaje muy largo o para muchos viajes cortos. Muchos receptores permiten almacenar un mínimo de 100 *waypoints*.

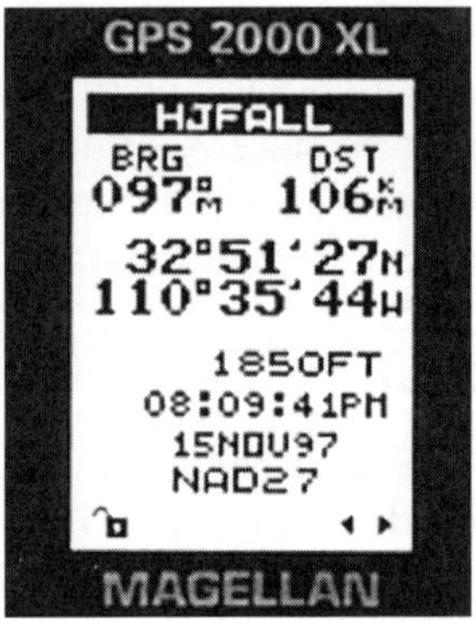

Ejemplo de representación de un waypoint *sobre la pantalla de un receptor. Las coordenadas del waypoint HJFALL están representadas según latitud/longitud.*

A cada *waypoint* se le debe asignar un nombre, si bien la mayor parte de los receptores permiten sólo el uso de hasta seis caracteres. Por eso, para dar un nombre a cada *waypoint,* que le permita identificarlo, debe-

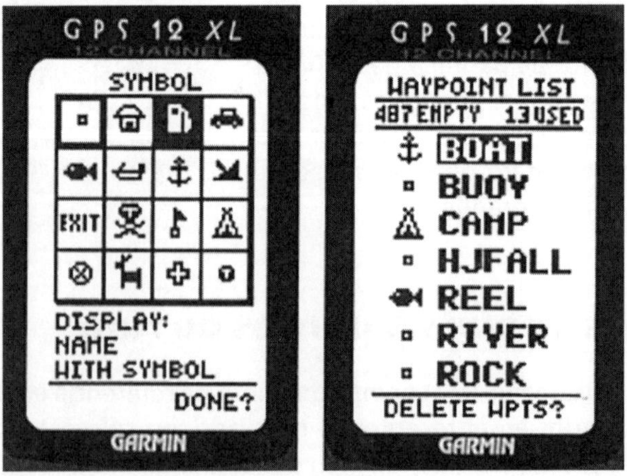

Algunos receptores permiten seleccionar un símbolo por waypoint *que aparecerá junto a su nombre en la lista alfabética.*

rá usted ser creativo. Algunos receptores ofrecen la posibilidad de anotar una breve descripción y/o un símbolo que le ayude a identificarlo.

De todas formas, será aconsejable llevar un cuaderno de notas en el que anotar los nombres dados a los *waypoints*, junto a una descripción suficiente del mismo. Ello le será de gran utilidad, pues relacionará sus comentarios con las distintas posiciones y parámetros de navegación.

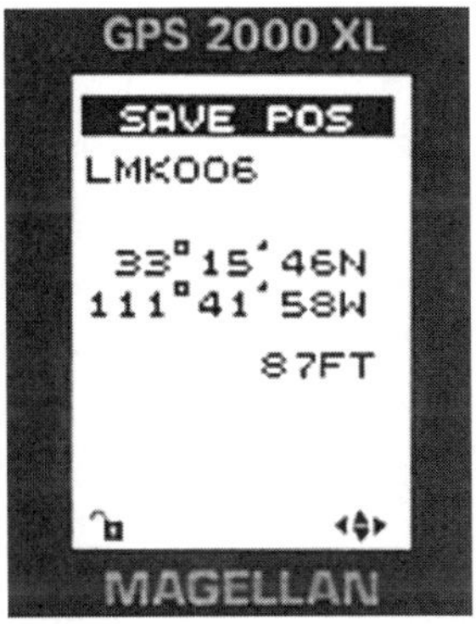

LMK006 es un nombre creado automáticamente.

Si usted no desea escribir un nombre, la mayor parte de los receptores le asignarán automáticamente uno. Por ejemplo, el primero puede ser B01P01, o LMK 001 y el siguiente B01P002 o LMK 002, etc. Si usted está viajando y necesita entrar *waypoints* con rapidez, deje que el receptor les asigne un nombre y, más tarde, cámbielos por otros que usted prefiera.

Las coordenadas de un *waypoint* pueden ser tanto las correspondientes a su situación actual, como las de un punto en cualquier lugar del mundo. Un receptor GPS le permite entrar las coordenadas de un lugar en el que usted nunca ha estado y cuyas coordenadas ha obtenido de un mapa y poder calcular la distancia a que se encuentra de ese lugar y cómo llegar hasta él.

Toda la información –nombre, coordenadas y comentarios– de los *waypoints* queda almacenada en la memoria del receptor. La memoria no se borra, mientras el receptor está apagado y las baterías no están agotadas. Algunos receptores llevan unas pilas auxiliares pequeñas que protegen la memoria, incluso cuando no hay baterías conectadas.

Manipulación de un *waypoint* o de un punto de ruta

Dado que los *waypoints* o los puntos de ruta son parte esencial de la navegación GPS, el receptor debe facilitar al máximo las operaciones para poderlos entrar, recuperar o modificar. Si el receptor le exige apretar muchos botones para cualquier operación, usted no disfrutará usándolo y terminará *arrinconado* y cubierto de polvo. A usted no le interesa un receptor que le exija teclear cada letra del nombre de un *waypoint* antes de que aparezca en pantalla. A continuación se detallan los modos en que muchos receptores le permiten acceder a un *waypoint*:

- Acceso individual al *waypoint* , tecleando los nombres almacenados.
- Lista alfabética de nombres de *waypoints*.
- Relación de *waypoints* en función de la proximidad a la posición actual.

Imagine que tiene usted los siguientes nombres de *waypoints* almacenados en su receptor: BOAT, BUOY, CAMP, REEL, RIVER y ROCK. Veamos ahora cómo accederá un receptor típico a estos *waypoints* de acuerdo con los modos descritos:

Waypoint único

Si usted sabe el nombre del *waypoint* que desea recuperar, la manera más rápida será entrar en la pantalla de *waypoints* de su receptor y teclear su nombre. Una vez que lo haya hecho, le aparecerán en la pantalla las coordenadas del *waypoint*, así como otra información que haya usted guardado. Escribir el nombre entero puede representar una pérdida de tiempo (ver la sección sobre Entrada de Datos, página **91**), pero una característica, llamada *prompting* lo acelerará. El *prompting* permite al receptor acceder a un *waypoint* con sólo teclear las primera letras de su nombre. Los buenos receptores usan el *prompting* siempre que usted necesite especificar el nombre de un *waypoint*, de la misma manera que cuando los selecciona para formar una ruta. Los receptores no son como una máquina de escribir en la que usted puede al azar elegir cualquier letra del alfabeto. Para seleccionar una letra, deberá iniciar en el comienzo del alfabeto e ir pasando letras secuencialmente hasta que le aparezca la que desea. Por ejemplo, usted presiona el botón correspondiente y en el receptor le aparece la letra "A". Vuelve a apretar el botón y le aparece la "B", y luego a "C", etc., hasta alcanzar la letra que usted busca. Ir pasando así las letras es lento, así es que los receptores aceleran la búsqueda de *waypoints* mediante el *prompting* con los nombres almacenados en la memoria.

Por ejemplo, si usted quiere recuperar el *waypoint* "ROCK", deberá recorrer el alfabeto comenzando por la primera letra. La primera letra que le aparecerá al apretar el botón correspondiente será, por tanto, la

"A", luego la "B" y aquí el receptor le recuperará la palabra "BOAT", pues es el primer punto almacenado que empieza por "B". Si le interesara consultar este *waypoint* apretaría el botón "*enter*", pero como está buscando "ROCK", usted sigue apretando el botón y, a continuación, le aparece la palabra "CAMP". Continúa el proceso y le aparece la letra "D". Como no tiene ningún *waypoint* cuyo nombre empiece por esta letra, no le aparecerá ningún nombre en pantalla. De esta manera seguirá usted accionando el correspondiente botón hasta que llegue a la letra "R". Inmediatamente le aparecerá la palabra "REEL", que es la primera que empieza por esta letra. Cuando usted busque la siguiente letra, antes de la "O" le apareerá la "I" y el receptor le mostrará la palabra "RIVER". Como usted busca "ROCK", tendrá que seguir, hasta que le aparezca como segunda letra la "O" en pantalla.

Lista alfabetizada

Normalmente, la manera más rápida de acceder a un *waypoint* es seleccionarlo de una lista alfabética. La lista en el ejemplo presente sería: BOAT, BUOY, CAMP, HJFALL, REEL, RIVER, ROCK, TOWER, TUCMAC, TZEGI, VORTEX, WSRC, XTREE.

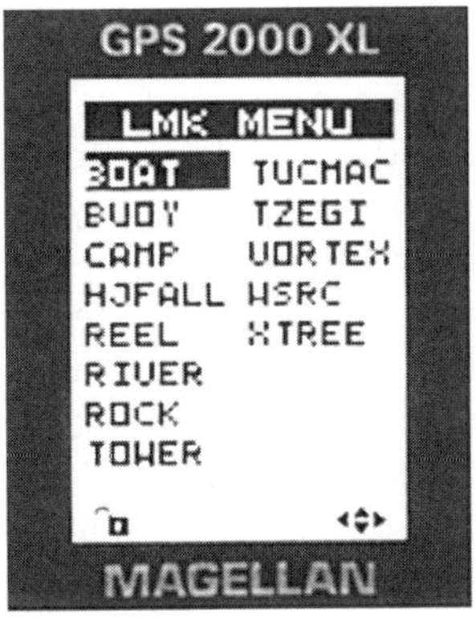

Cuando el receptor le muestra la lista, usted puede seleccionar el *waypoint* BOTE, desplazando el cursor hacia arriba o hacia abajo y seguidamente, apretando el botón correspondiente (habitualmente "*enter*"), le aparecerá en pantalla toda la información de dicho *waypoint*. La lista alfabética le permite un acceso rápido a los *waypoints.*

El *waypoint* más cercano

Si usted tiene un receptor con mucha memoria para almacenar *waypoints*, una lista por orden de cercanía a su posición actual le ayudará a separar *waypoints* de otras áreas. Al estar usted en una posición determinada, probablemente sólo estará interesado en los *waypoints* próximos a ella. Una lista así será muy útil en aquellos receptores que puedan almacenar cientos de *waypoints*, pues le ahorrará el tiempo necesario para recorrer una larga lista hasta localizar el que le interesa. Este sistema es rápido y sencillo para seleccionar, moviendo el cursor hacia arriba o hacia abajo, el *waypoint* que le interese.

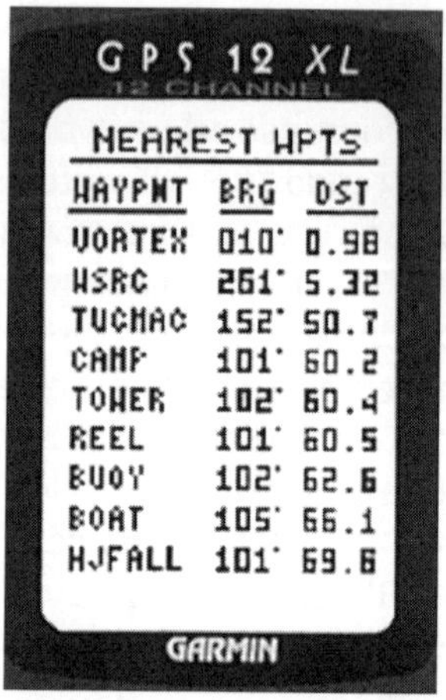

Lista de *waypoints* próximos o peligrosos

Algunos receptores le proporcionan una lista de proximidad para avisarle cuando usted se acerque a lugares peligrosos. Ello puede utilizarse para mantener su bote alejado de aguas poco profundas o a usted de un sumidero. Las coordenadas del punto peligroso deberán entrarse como un *waypoint* y situarlo en la lista de proximidad. Esta lista le permitirá saber cuánto puede usted aproximarse a un objeto antes de que le salte la alarma. Si el receptor estaba ajustado para dar la distancia en millas, la lista mostrada le mantendrá a 0,5 millas (0,81 km) de MINE, a 1,4 millas (2,3 km) de PIT y a 2,0 millas (3,2 km) de SINK-H.

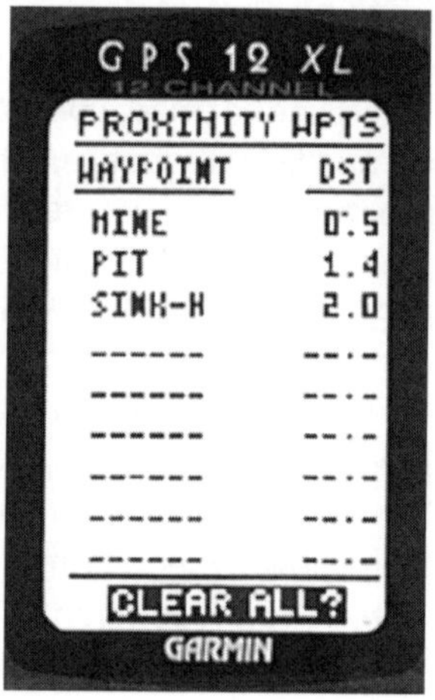

Función GOTO (ir hacia)

La verdadera capacidad y utilidad del receptor GPS se resume en la palabra *GOTO*. Todos los receptores son capaces de conducirle a usted a cualquier lugar que haya especificado, utilizando las funciones *GOTO* o RUTA. Sólo necesita tomar del mapa las coordenadas del punto de destino deseado y entrarlas como nuevo *waypoint* y, a continuación, decirle al receptor que le lleve allí. La función *GOTO* es fundamental en la navegación GPS.

El receptor le guiará usando una pantalla de dirección (*steering screen*). Hay diversas versiones de esta pantalla, muchas de las cuales se describen aquí. Sin embargo, todas hacen fundamentalmente lo mismo: le indican la dirección que tiene que seguir para ir, desde donde está, al punto seleccionado. El receptor, además de indicarle la dirección, le dirá si está fuera de rumbo y, en tal caso, cuán desviado se encuentra, su velocidad, la hora estimada de llegada y otras informaciones descritas en la sección de este libro, titulada "Estadísticas de navegación".

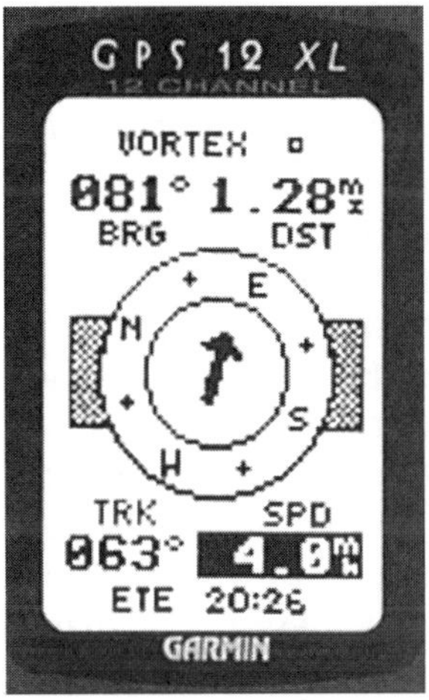

La pantalla de compás muestra cómo ir hacia el waypoint VORTEX.

Muchos receptores tienen un botón especial "*GOTO*". Al apretarlo, el receptor le presenta todos los *waypoints* almacenados. Usted puede seleccionar el que le interesa y, a continuación, seguir las instrucciones de la pantalla de dirección. La función *GOTO* le guiará en línea recta al *waypoint.* Si por cualquier motivo usted no puede seguir esa línea recta, deberá crear una ruta. La función ruta le permite establecer una serie de *waypoints* intermedios entre su posición actual y la de destino y, así bordear zonas difíciles o imposibles de acceder.

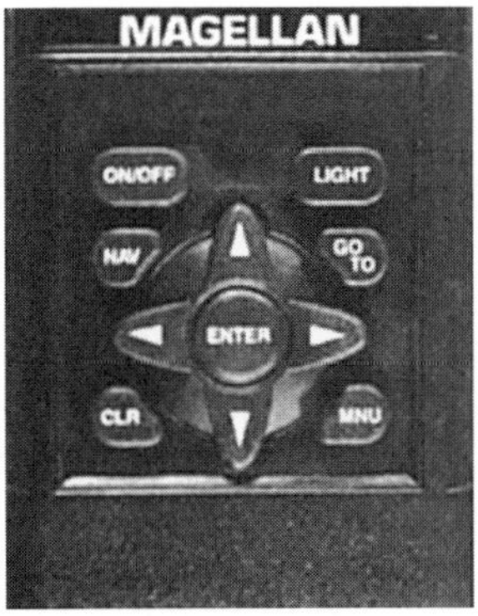

Muchos receptores tienen un mando GOTO para acceso fácil.

Rutas

Una ruta es una relación de *waypoints* que describen el viaje que usted va a hacer. Es como la función *GOTO*, pero le guía secuencialmente a muchos puntos, en vez de a uno solo. La función "ruta" es importante porque capacita al receptor a guiarle, dentro de una ruta, de un punto al siguiente sucesivo hasta alcanzar el destino final. Es similar a la función *GOTO* porque le permite no sólo ir a donde usted quiere, sino que además le permite hacerlo siguiendo el camino que usted considere más apropiado. Cada vez que usted alcanza un punto, el receptor cambia automáticamente para llevarle al siguiente, sin tener que apretar otro botón. Es raro encontrar un receptor que no tenga como mínimo una ruta, mientras que la mayoría permiten programar varias.

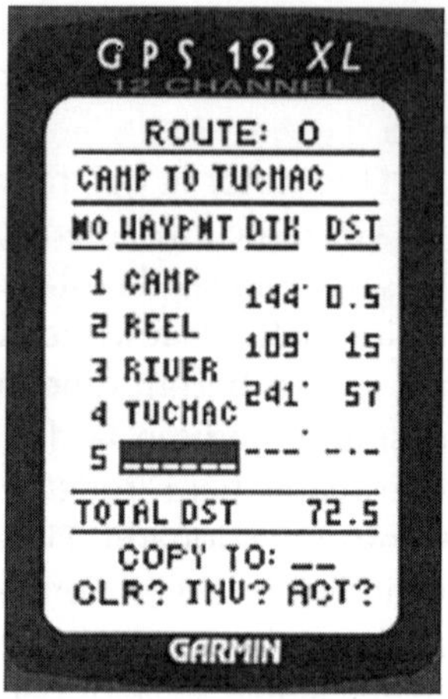

Esta pantalla muestra la ruta desde CAMP a TUCMAC. Da la demora y distancia para cada tramo y también la distancia total.

La función "ruta" debe además ofrecer las siguientes posibilidades:

- Intercalar un mínimo de 10 *waypoints* por ruta.
- Inversión automática de la ruta.
- Representación de la información de la navegación entre puntos

Antes de organizar una ruta, debe usted buscar en el mapa las coordenadas de los *waypoint* deseados e introducirlos en la memoria. A continuación, debe colocarlos por orden en la lista de ruta, según el camino que usted quiera seguir. Es fácil formar una ruta porque el receptor le va indicando los nombres de los puntos almacenados en memoria.

Una vez establecida y activada la ruta, el receptor le marca cómo ir del punto de salida hasta el siguiente. La función "ruta" le mostrará, al igual que la función *GOTO,* la dirección que debe seguir. Una vez alcanzado el segundo *waypoint*, el receptor le informará de cómo seguir hasta el tercero y así sucesivamente, hasta llegar al último.

La inversión de ruta significa que el receptor convierte el punto de llegada en punto de salida y viceversa, invirtiendo igualmente el orden de los demás *waypoints.* Por tanto, no necesitará usted programar una nueva ruta para regresar.

Cuando la ruta ha sido invertida y activada, el receptor le irá llevando nuevamente, y por orden inverso, de un *waypoint* a otro, hasta regresar al punto de partida original.

Todos los receptores calculan la dirección y la distancia entre los *waypoints* que forman una ruta. Ello le da una idea aproximada de la distancia total del viaje.

La función "ruta" es especialmente indicada cuando hay obstáculos entre el punto de salida y el de llegada, cuando tiene que seguir una pista forestal o las calles de una ciudad. El receptor le indicará la línea recta entre cada dos *waypoints*. A partir de ahí será el usuario quien deberá decidir si ese camino es el más adecuado. En los capítulos 5 a 10 se analizan detalladamente las rutas.

Compás

No tire usted su compás, pues le seguirá dando una información que el receptor no está en condiciones de ofrecerle. Todos los receptores le indican la dirección en que se desplaza e incluso algunos le muestran un círculo parecido al de un compás, pero la mayor parte de ellos no son equivalentes a un compás. Un compás usa el campo magnético terrestre para medir la demora respecto del polo magnético. Aunque usted esté parado, el compás siempre le indicará el norte magnético, cosa que no hará el receptor. El receptor sólo puede medir la dirección del movimiento. No espere que le indique dónde está el norte, si usted está parado. Si usted gira sobre sí mismo lentamente, observará que ni la indicación del norte, ni la de demora a un punto le variarán, porque el receptor hace sus cálculos comparando su posición actual, con la última anterior. En el momento de parar, todo lo que conoce el receptor es la dirección que usted seguía momentos antes. En cambio, si usted gira sobre sí mismo y observa el compás que sostiene en la mano, verá cómo la aguja le señala en todo momento el polo magnético. Por tanto, aunque esté usted parado, un compás siempre le orientará.

Hay un receptor en el mercado que incluye un compás electrónico capaz de detectar el campo magnético y que puede ser utilizado igual que un compás manual. El compás electrónico consume muy poca energía, de modo que puede usar el receptor para determinar la demora hacia el siguiente punto y el compás electrónico para mantenerse a rumbo.

Demora (Acimut)

El término demora, utilizado en este libro, es en realidad un acimut. Véanse ambos términos en el glosario, si desea usted una explicación más detallada. Sin embargo, para la mayor parte de las personas, la palabra demora es simplemente la dirección del compás desde su posición actual hacia su destino.

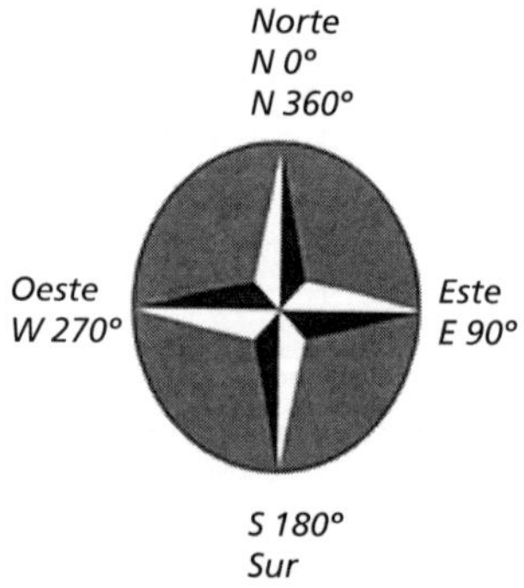

Puntos cardinales

Las demoras correspondientes a las direcciones cardinales del compás (este, oeste, norte, sur) están representadas en la figura. Si usted viaja hacia el este, la demora es 90°.

Las demoras entre los *waypoints* MINE, CAMP y TOWN son:

Salida	**Destino**	**Demora**
MINE	CAMP	30°
MINE	TOWN	295°
CAMP	TOWN	240°
CAMP	MINE	210°
TOWN	CAMP	60°
TOWN	MINE	115°

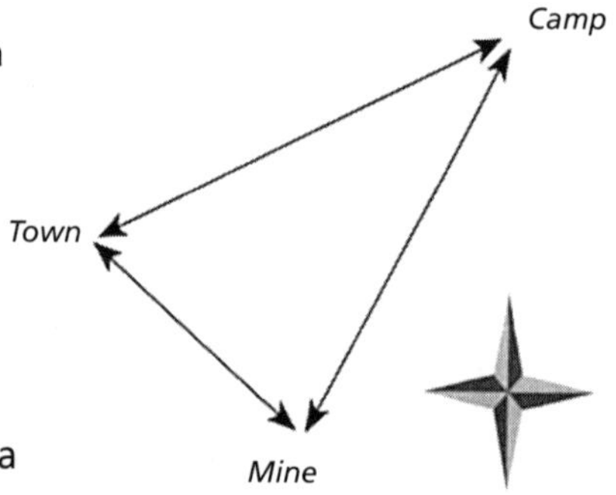

Los receptores pueden indicarle la demora entre su posición actual y cualquiera de los *waypoints* o entre dos *waypoints*. Las demoras pueden estar referidas al polo magnético o al polo terrestre, de manera que deberá asegurarse sobre cuál ha seleccionado, antes de hacer uso de él. Si ha seleccionado el modo magnético, el receptor compensará automáticamente el valor de la declinación magnética de cualquier lugar del mundo. La diferencia entre demoras verdaderas y magnéticas se explica en la sección titulada "Selección del norte".

Es fácil trabajar con demoras, incluso calculando las opuestas en el caso del regreso. Sin embargo, si necesita refrescar las ideas, vaya al capítulo 16, en el que también se muestra la conversión entre las distintas unidades angulares.

Selección del Norte (North Settings)

Hay más de un norte y, por eso, cuando el receptor le facilita una demora, usted necesita saber a qué norte se refiere. No se compre un receptor que no disponga de norte verdadero y de norte magnético. De hecho, muchos receptores ofrecen las siguientes alternativas:

- Norte verdadero.
- Norte magnético.
- Norte definido por el usuario.
- Norte de cuadrícula.

Declinación magnética en Norteamérica.

Antes de explicar los distintos tipos de norte, es importante entender la diferencia entre los dos más importantes: el norte verdadero y el norte magnético. El norte verdadero es aquél que está referido al polo norte, que es el eje que pasa por el centro de la Tierra. El polo magnético está referido al polo magnético, que está situado al sudeste del polo norte geográfico, sobre la Isla de Bathhurst, en el norte de Canadá. La diferencia en grados entre el polo norte y el polo magnético, medida desde la posición del observador, se conoce como declinación magnética. La figura inferior muestra la declinación a lo largo del mundo, mientras que la figura superior muestra gráficamente cómo se determina la declinación. Se la denomina declinación este u

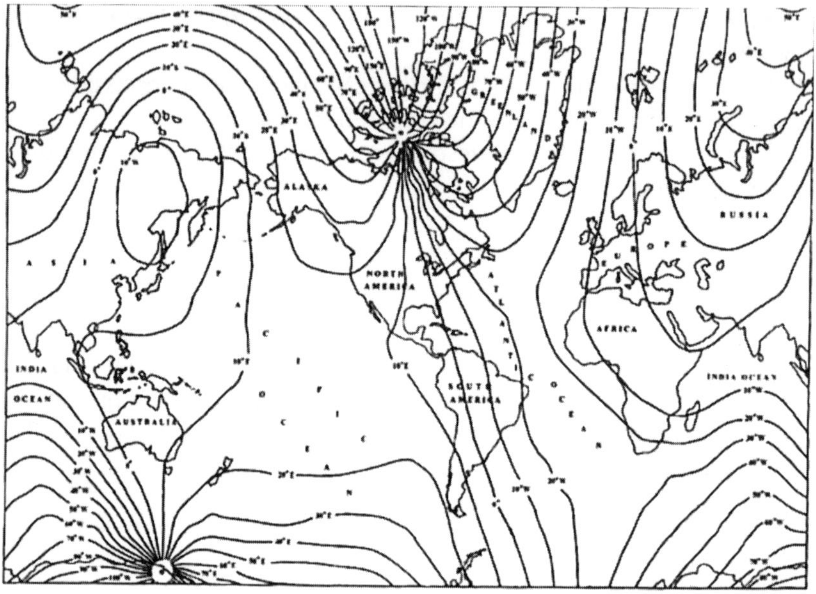

Declinación magnética en el mundo.

oeste, dependiendo de que el polo magnético quede a la derecha o a la izquierda del polo norte, medido desde su posición actual.

Para convertir una demora verdadera (demora sobre el mapa) en una demora magnética (demora de aguja o del compás), recuerde que:

Demora de aguja = Demora verdadera – Declinación magnética, de manera que restaremos la declinación "este" y sumaremos la declinación "oeste".

Por ejemplo:

- Demora de mapa = 50°, declinación = 12° este
  Demora de compás = 50° - 12° = 38°

- Demora de mapa = 275°, declinación = 17° oeste
  Demora de compás = 276° + 17° = 293°

Un receptor ajustado al **norte verdadero** indicará demoras referidas al polo norte. Por tanto, si el receptor le indica una dirección de 0°, significa que usted se dirige hacia el polo norte. Una demora de 180°, en cambio, le llevará hacia el polo sur. Los mapas están orientados al polo norte, de manera que para trabajar sobre un mapa conviene ajustar el receptor al norte verdadero. Una demora verdadera la convertiremos en magnética, cambiando el receptor de modo "norte verdadero" a modo "norte magnético", o bien mediante un simple cálculo como se acaba de mostrar. Muchos receptores proporcionan automáticamente la declinación magnética para cualquier área del mundo.

En el modo **norte magnético,** las demoras van referidas al polo magnético. Cuando el receptor está ajustado al norte magnético, obtendremos demoras de aguja o de compás. Si el receptor le indica que la demora a un destino determinado es 109° y usted desea ayudarse de un compás, ajústelo al rumbo 109°. Para convertir una demora magnética en una demora verdadera cambie simplemente el receptor de "modo magnético" a "modo norte", o bien haga el cálculo antes indicado, en sentido inverso.

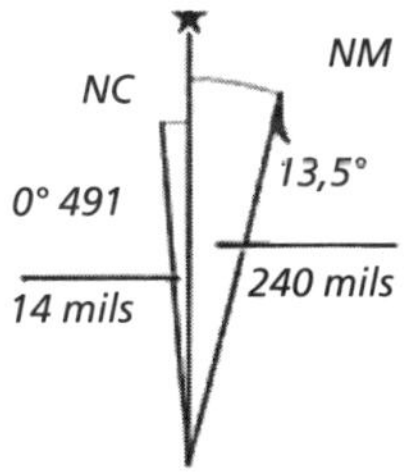

CUADRÍCULA UTM Y DECLINACIÓN MAGNÉTICA NORTE PARA 1974 EN EL CENTRO DE LA HOJA

Diagrama de declinación de un mapa de serie USGS 7,5. La declinación magnética es E 13,5°. La diferencia entre el norte verdadero y el norte de cuadrícula es 14 mils W.

El modo **norte definido** permite al usuario (no al receptor) especificar la declinación.

El modo **norte de cuadrícula** es la dirección con respecto a la cual está alineada la cuadrícula de un mapa. Habitualmente, el norte de cuadrícula coincide con el norte verdadero. Algunos receptores permiten introducir una declinación propia de la cuadrícula, cuando ésta no está alineada con el norte verdadero. En la mayor parte de los casos, la diferencia entre el norte de cuadrícula y el norte verdadero será tan pequeña que puede ser despreciada.

Formato de los datos

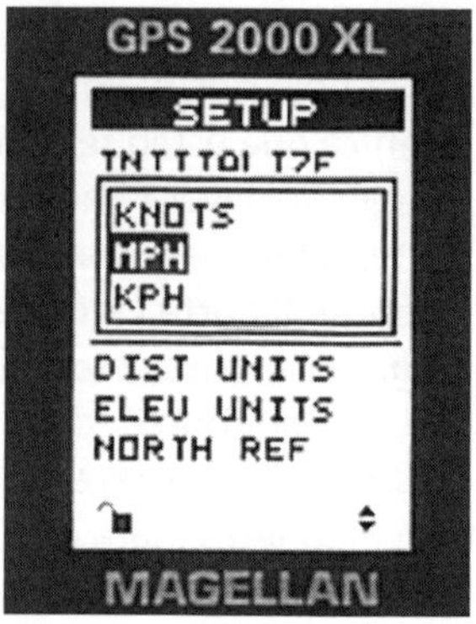

Selección de millas por hora como unidad de velocidad.

Asegúrese de que compra un receptor que le proporciona información sobre velocidad, distancia y demoras en las unidades que usted prefiera utilizar. La mayor parte de los receptores pueden mostrar la velocidad, la distancia, la altura, el *cross track error*, etc., en tres formatos diferentes:

- métrico: kilómetros, kilómetros/hora.
- náutico: millas náuticas, nudos.
- estatutarias (anglosajonas): millas terrestres, millas terrestres/hora.

Es importante que el receptor pueda facilitar la información en todos esos formatos porque cada sistema de coordenadas está basado en una unidad particular. Por ejemplo, las cuadrículas UTM, UPS, MGRS y OSGB están construidas sobre la unidad kilómetro y, por tanto, nos convendrá trabajar con unidades métricas. La cuadrícula latitud/longitud está basa-

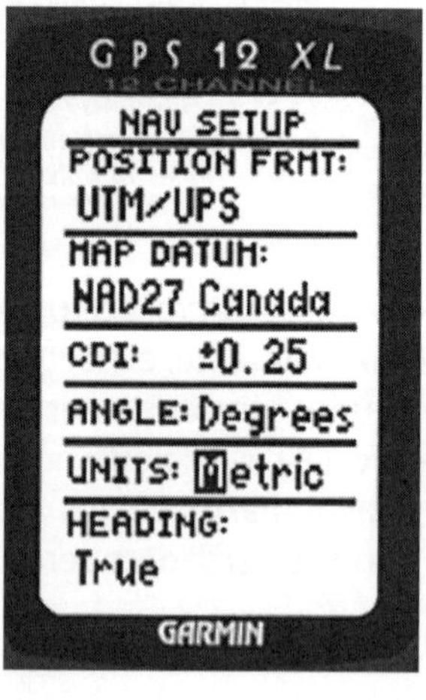

Selección de millas estatutarias como unidad de distancia.

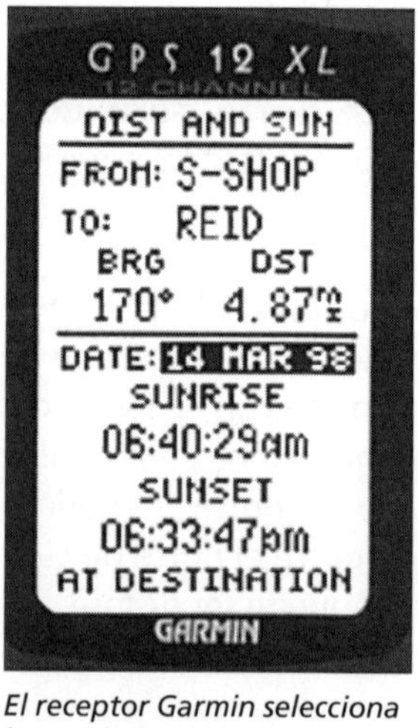

El receptor Garmin selecciona las unidades de manera unitaria. Usted tendrá las mismas unidades para velocidad, distancia, altitud, etc.

da en unidades náuticas, que son las que se utilizan en las cartas náuticas. En cambio, la mayor parte de los aventureros de los Estados Unidos, prefieren usar las unidades estatutarias. Algunos receptores le permiten obtener los datos en distintas unidades, mezclarlos y compararlos.

Hay también algunos receptores que proporcionan dos unidades diferentes para las demoras:

- Grados.
- Mils (unidad angular equivalente a 1/6.400 de 360°).

Normalmente, las demoras se indican en grados, pero está bien tener un receptor que nos facilite la conversión entre los dos sistemas. Para mayor información sobre grados y mils, ver el capítulo 16.

Datos estadísticos de navegación

Conocer la dirección y la distancia a un punto de destino es, sin duda, muy útil cuando usted va a pie. Sin embargo, la velocidad, la hora estimada de llegada y otros valores estadísticos de navegación son datos menos importantes dado que usted avanza lentamente y, posiblemente, tampoco tendrá el receptor siempre conectado. La cosa varía cuando viaja en coche, barco, avión o cualquier otro vehículo en el que usted pueda tener funcionando el receptor todo el tiempo y así obtener un flujo constante de datos que le dicen dónde está usted y cuándo llegará a su destino. En función del uso que quiera hacer del receptor GPS, verá qué valores estadísticos le son más útiles. Conviene leer las descripciones que hay de cada parámetro y luego ver qué receptor tiene las que usted necesita.

Los receptores GPS ofrecen los siguientes datos estadísticos:

- distancia, distancia de viaje u odómetro.
- velocidad, velocidad media, máxima velocidad.
- senda deseada (DTK = *desired track*).
- rumbo efectivo (CMG = *course made good*).
- caída de derrota (XTE = *criss track error*) – indicador de desvío de rumbo (CDI = *course deviation indicator*).
- tiempo estimado en ruta (ETE = *estimated time en route*).

- hora estimada de llegada (ETA = *estimated time of arrival*).
- tiempo de viaje y tiempo transcurrido.
- rumbo a gobernar (CTS = *course to steer*).
- virar (TRN = *turn*).

Distancia

Todas las distancias obtenidas del receptor son distancias en línea recta entre los dos puntos. El receptor carece de la suficiente información para incluir cualquier cambio de elevación en su cálculo, de manera que nos proporciona la distancia real caminada o conducida. Sin embargo, los mapas topográficos electrónicos, descritos en el capítulo 12, incluyen información sobre cambios de elevación para una ruta dada y pueden calcular la distancia real del viaje.

Todas las distancias se indican en las unidades que usted seleccione: estatutarias, métricas o náuticas.

La distancia entre S-SHOP y REID es de 4,87 millas.

Distancia de viaje u odómetro

La mayor parte de los receptores indican la trayectoria recorrida desde la última vez que se ajustó el odómetro.

Velocidad

El receptor mide el tiempo y la distancia entre el punto en el que usted estaba unos segundos antes y el actual y lo divide por el tiempo para obtener la velocidad.

Hay dos maneras distintas de medir la velocidad:

- velocidad base (*speed over ground*).
- velocidad efectiva (*velocity made good*).

Ambas se explican a continuación. La precisión de las señales varía con el tiempo, de manera que algunos receptores le indicarán que usted se está moviendo lentamente, cuando en realidad está quieto. A velocidades lentas, simplemente ignore las fluctuaciones marginales. Las altas velocidades se miden con mayor exactitud porque las variaciones son una proporción menor dentro de la distancia recorrida. También hay que tener en cuenta que los receptores tienen unos límites superiores de velocidad, de manera que si está pensando en viajar a velocidades realmente altas, asegúrese de qué velocidad quiere usted alcanzar, antes de comprarse el receptor. Todas las velocidades le vendrán indicadas en las unidades que usted seleccione: millas por hora, kilómetros por hora o nudos.

Pantalla de compás del receptor Garmin mostrando velocidad y velocidad promedio.

La velocidad (SOG) o velocidad base es exactamente la velocidad que le indica el velocímetro de un coche; simplemente le indica la velocidad que usted está haciendo en cada momento, sin tener en cuenta si está o no sobre su rumbo. Por tanto, es una medida de la velocidad, sin tener en cuenta la dirección.

La velocidad efectiva VMG es la velocidad con la que usted se aproxima a su destino. VMG tiene en cuenta su rumbo actual y su destino. Si usted está sobre el rumbo directo, el valor VMG coincidirá con el SOG, pero si está fuera del rumbo directo, VMG será menor que SOG. La figura muestra la relación entre ambas.

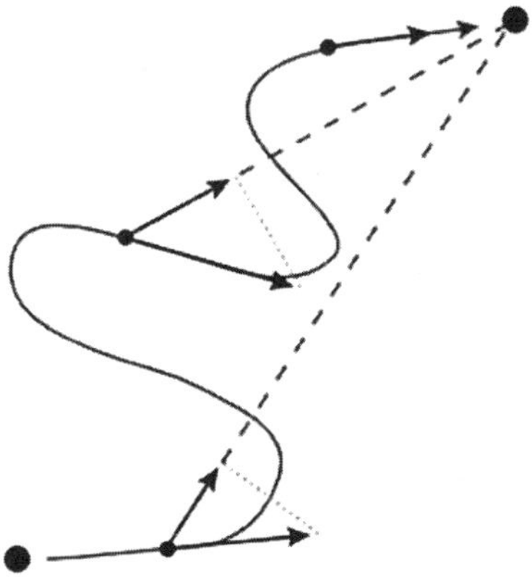
Relación entre velocidad base y velocidad efectiva.

Los cálculos de la hora estimada de llegada ETA y el tiempo estimado en ruta ETE se basan en la velocidad sobre ruta VMG. Si se mantiene usted sobre rumbo, el valor de ETE irá decreciendo hasta ser cero en destino. Si está ligeramente fuera de rumbo, el ETE disminuirá hasta que el receptor determine que usted nunca llegará al punto de destino, de manera que o bien empezará a aumentar o bien desaparecerá por completo. Ver la sección "Horas estimadas".

Velocidad media

La velocidad promedio le indica lo rápido que realmente va en una zona de mucho tráfico. No es lo mismo que la velocidad efectiva SOG. Ésta es la velocidad en cada momento. Si usted va a 25 mph (40,2 km/h) la velocidad base SOG será 25 mph. Si segundos después usted va a 50 mph (80,5 km/h) la velocidad SOG cambiará instantáneamente a 50 mph. En cambio, la velocidad media divide la distancia recorrida por el intervalo de tiempo invertido. Es decir, que al acelerar repentinamente a 50 mph, la velocidad media no cambiará de inmediato, sino que empezará a aumentar paulatinamente. Cuando usted lleve el mismo tiempo viajando a 50 mph, del que llevó a 25 mph, la velocidad media será 37,5 mph (60,4 km/h).

Cualquier receptor que le proporcione la velocidad efectiva debe también medir la distancia recorrida y el tiempo empleado. Normalmente, el contador que mide la duración del viaje sólo trabaja cuando usted está en movimiento. Así puede ocurrir que si se encuentra usted en un atasco de tráfico y va rápido durante un tramo y luego se ve obligado a detenerse un intervalo de tiempo similar o incluso mayor, el contador de tiempo no se mueva y aparezca una velocidad media increíblemente alta.

Velocidad máxima

Es la máxima velocidad instantánea alcanzada por el receptor. Si usted agita un brazo con el receptor en la mano, la máxima velocidad representa lo rápido que haya usted movido sus brazos.

Indicadores de dirección

Todas las direcciones calculadas por el receptor son expresadas como demoras. En el capítulo 16 se describen las demoras. El receptor indica siempre dos direcciones: la correspondiente al rumbo que usted está actualmente siguiendo y la de la dirección que debería seguir para llegar a su destino. La demora que usted sigue en un momento dado puede recibir cualquiera de las siguientes denominaciones:

- rumbo efectivo (CMG = *course made good*).
- senda (TRK = *track*).
- rumbo (HDG = *heading*).

La demora que usted debería seguir para alcanzar su destino puede denominarse:

- rumbo deseado (DTK = *desired track*).
- demora (BRG = *bearing*).

Indicadores de desviación de ruta

Tanto la caída de derrota (XTE = *cross track error*), como el indicador de desvío de rumbo (CDI = *course deviation indicator*), miden lo que usted se ha alejado del rumbo directo entre dos puntos.

La caída de derrota (XTE = *cross track error*) mide la distancia entre su posición actual y el rumbo directo entre el punto de salida y el de llegada indicado receptor. El *cross track error* es especialmente útil al pilotar barcos o aviones, pues en ambos casos hay una libertad de movimientos para mantener el rumbo directo. Aquellos que se desplazan a pie o en vehículos campo a través, tienen que sortear habitualmente muchos obstáculos y no les preocupa tanto lo lejos que están del rumbo directo, sino saber la demora

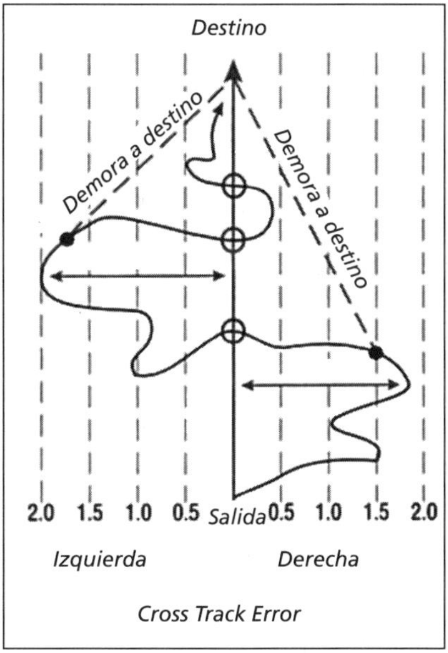

a seguir desde la posición actual, para llegar a su destino. De todas formas, puede que haya ratos en los que usted puede mantener una línea derecha y en los que, por tanto, el XTE será de utilidad. Finalmente, si usted usa el receptor viajando por carretera, el XTE carecerá de interés porque está condicionado por el trazado de la misma. En este caso, una buena pantalla de mapa es más útil.

En la figura tenemos la línea gruesa que marca el rumbo directo entre salida y destino. El receptor siempre intenta conducirle siguiendo una línea derecha entre dos puntos. Cuando usted se desvía, el XTE será la distancia perpendicular entre el rumbo directo y su posición actual. Las líneas discontinuas dibujadas en la figura muestran diversos valores de XTE a izquierda y derecha del rumbo directo. A mayor distancia del mismo, mayor XTE. Los puntos de máximo XTE están marcados en la figura, así como los puntos en los que la ruta seguida corta la línea de rumbo directo y, por tanto, el XTE es cero. Estos puntos están marcados con un círculo.

Desde cualquier posición, usted puede regresar a la línea de rumbo directo, desplazándose en sentido inverso al XTE hasta que éste sea cero. Por ejemplo, si usted se ha desviado hacia la izquierda, deberá viajar hacia la derecha para regresar a la línea de rumbo directo. El XTE vendrá indicado en la unidad que usted haya seleccionado: kilómetros, millas terrestres o millas náuticas.

Por otra parte, y al margen de lo que usted se haya alejado de la ruta inicial, la demora que le mostrará el receptor será la dirección a seguir desde su posición actual hasta la de destino. Si usted se ha alejado mucho de la línea de rumbo directo y no merece la pena regresar a la misma, deberá seguir simplemente la demora que le lleve desde su posición actual a la de destino.

Un **indicador de desvío de rumbo (CDI)** le muestra gráficamente el valor y la dirección de la caída de derrota (XTE). La pantalla CDI alcanza su utilidad máxima cuando el viaje a realizar le permite ir directamente del punto de salida al de destino, como en el caso de un barco o un avión. Para un piloto que deba mantenerse sobre una senda de vuelo prefijada, el CDI es de gran utilidad.

En la figura se muestran las dos maneras más comunes de indicar el XTE. En ambos casos, la pantalla muestra si usted se halla a la derecha o a la izquierda del rumbo directo y cuánto se ha alejado. La tolerancia del

CDI es ajustable y puede ser muy pequeña o grande. El valor será indicado en kilómetros, millas terrestres o millas náuticas, según la unidad seleccionada. La mayor parte de los receptores ofrecen valores desde 0,25 (kilómetros, millas terrestres o millas náuticas) hasta 5. Si usted desea mantenerse estrictamente sobre la línea de rumbo directo, deberá ajustar el CDI a su mínimo valor. En cambio, un límite de CDI grande le permitirá regresar al rumbo directo, aunque se aleje del mismo.

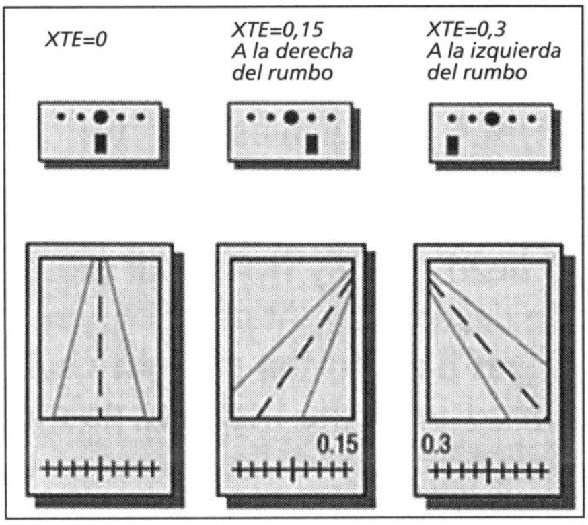

La pantalla de CDI, mostrada en la parte superior de la figura, utiliza el punto para indicarle la dirección y el valor del desvío. El pequeño rectángulo bajo el punto representa su posición actual, mientras que el punto central indica la línea de rumbo directo. Los puntitos a la izquierda y derecha del punto central indican el valor de la distancia a la línea de rumbo directo. En el ejemplo, cada puntito vale 0,15 unidades. Cuando el rectángulo queda justo bajo el punto central, usted está sobre la línea de rumbo directo y su XTE es cero. Si el rectángulo se sitúa bajo el primer puntito a la derecha, como se muestra en la figura, usted se encuentra desplazado 0,15 unidades a la derecha del rumbo directo. Si el rectángulo se desplaza hacia la izquierda, usted se ha desviado a la izquierda del rumbo. En la figura vemos que el rectángulo se encuentra bajo el segundo puntito de la izquierda, lo cual representa que estamos 0,3 unidades caídos a la izquierda del rumbo.

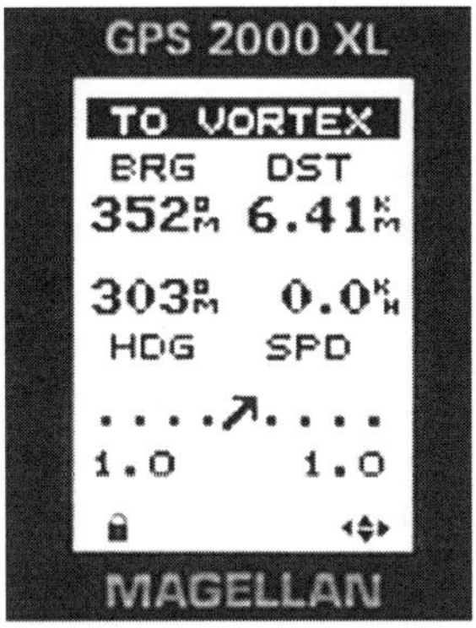

La pantalla CDI basada en puntos puede combinarse con una flecha que muestra la dirección del punto de destino, aparte de la información sobre demora, distancia, rumbo y velocidad.

La segunda pantalla CDI muestra lo que parece una autopista. La línea central representa la dirección directa entre los dos puntos. Esta "autopista" proporciona más información que ninguna otra pantalla, pues no sólo indica la desviación del rumbo, sino que también la dirección a seguir desde la posición actual hasta la de destino. La pantalla superior sólo muestra el XTE. Sin embargo, muchos receptores combinan la pantalla superior con una pequeña flecha que indica la dirección hacia el punto de destino. Las marcas en la parte inferior indican el valor de XTE. La marca central indica su posición actual en relación con la línea de rumbo directo. Al estar usted desviado a la derecha del rumbo, la marca se desplaza hacia la derecha, como se muestra en la figura y su valor será 0,15 unidades.

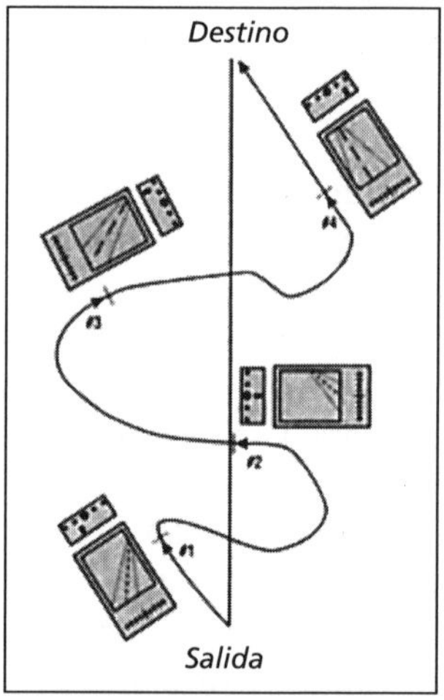

Es muy instructivo ver el aspecto de las distintas pantallas en una ruta que no se parece en nada a una línea recta. La figura muestra las pantallas correspondientes a cuatro puntos distintos. Observe que la "autopista" siempre le indica la dirección que debe tomar para encarar directamente el punto de destino desde la posición actual. Al estar en la posición P4, usted renuncia a regresar a la línea de rumbo directo y simplemente cambia de rumbo hasta enfilar la línea central de la autopista y dirigirse derecho al destino final. En P4 usted tiene un error de caída de derrota (XTE), pero como ha puesto ya rumbo al punto de destino, la "autopista" le muestra el camino a seguir.

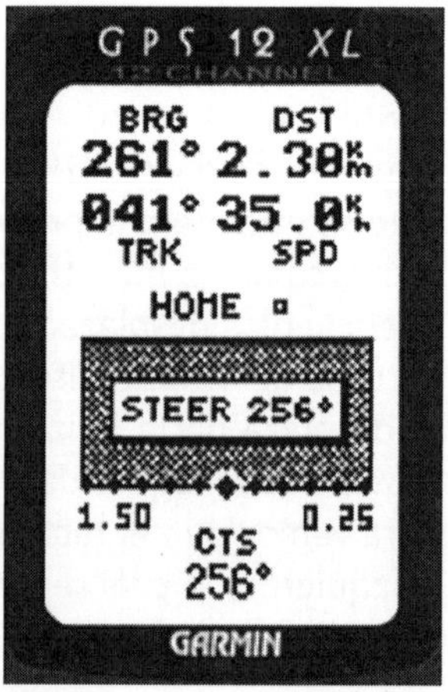

El rumbo a seguir es 256°.

Rumbo a gobernar

Cuando usted se ha desviado de la línea de rumbo directo entre dos puntos, el receptor calcula la dirección más eficiente para regresar al rumbo. Cada tipo de receptor determina el rumbo a gobernar (CTS = *course to steer*) de manera distinta, pero habitualmente le ofrece dos posibilidades: volver a la línea de rumbo inicial o dirigirse directamente al punto de destino.

Virar

El valor estadístico "virar" indica cuántos grados, a la derecha o la izquierda usted debe virar para encarar directamente el punto de destino. Como muestra la figura "virar" simplemente le da el valor del ángulo entre su dirección actual y la dirección hacia el punto de destino.

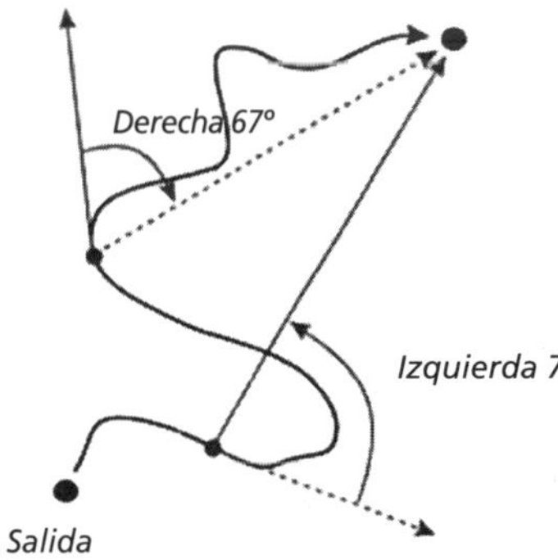

Esta figura muestra los ángulos de virada. Observe que una virada no es una demora, sino un cambio de dirección angular.

Hora y tiempo estimados

La mayor parte de los receptores proporcionan la hora estimada de llegada (ETA = *estimated time of arrival*) y el tiempo restante estimado en ruta (ETE = *estimated time en route*) o el tiempo para llegar (TTG = *time to go*). Sin embargo, su precisión depende de que usted se dirija directamente al punto de destino. ETA es la hora del día a la que usted llegará a su destino, como por ejemplo: 10.15. ETE y TTG le indican cuánto tiempo debe pasar todavía hasta llegar y se

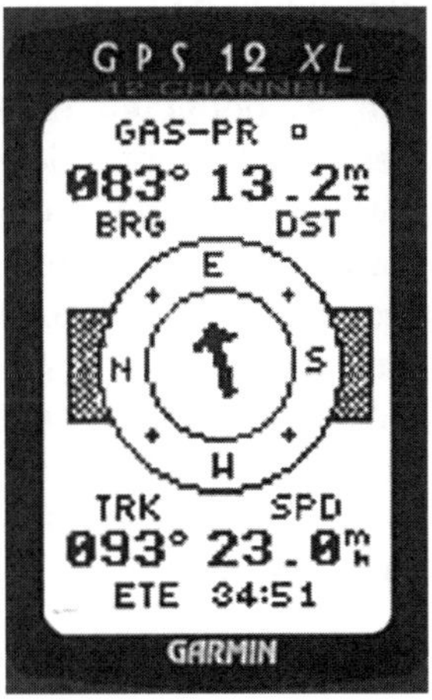

El ETE se muestra en la parte inferior de la pantalla de navegación de compás.

miden en minutos u horas. Ambos tiempos estimados se calculan usando la velocidad sobre ruta VMG, ya explicada. ETA y ETE sólo son útiles en aquellas circunstancias en las que usted puede viajar directamente, como a bordo de un barco o de un avión, hasta su destino, sin rodeos. Cuando se utiliza un receptor, yendo a pie o en coche, podrá usted fraccionar la ruta en multitud de *waypoints*, pero el ETA o el ETE se referirán al tiempo entre dos *waypoints* sucesivos. Así, una vez alcanzado un punto, le indicarán la hora de llegada o el tiempo que falta para llegar al próximo, pero no al punto de destino final.

Cronómetros

Muchos receptores llevan un cronómetro incorporado. Uno común es la función "tiempo transcurrido" (*elapsed time*). Simplemente cuenta el tiempo transcurrido desde la última vez que se activó. Hay otro que es la función de "tiempo en viaje" (*trip timer*), que registra el tiempo que lleva usted en movimiento: empieza a contar cuando usted se pone en marcha y se detiene cuando se para. Una buena manera de medir cuánto tiempo ha perdido, detenido ante semáforos o aparcado junto a la carretera, es poner en marcha simultáneamente ambos antes de empezar el viaje. Al llegar a destino, la diferencia entre los dos tiempos es el tiempo que ha permanecido parado. Habitualmente, la velocidad media *(average speed)* se mide con el cronómetro de "tiempo en viaje". Dado que sólo funciona cuando usted se mueve, en el caso de haber tenido que detenerse con frecuencia por la densidad del tráfico, la velocidad media indicada puede ser artificialmente alta.

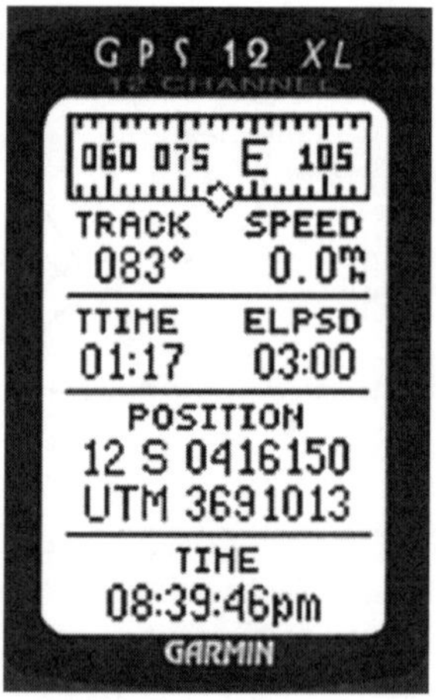

El tiempo de viaje se muestra a la izquierda y el tiempo transcurrido la derecha.

Pantallas de navegación

Pantalla de posición

La pantalla de posición le informa de su posición actual, de la altitud y la demora. Las coordenadas de posición usan el formato de cuadrícula que usted haya elegido. El tiempo le aparecerá en Tiempo Universal Coordinado (UTC = *Universal Time Coordinated)* aparecerá también en todo caso en la pantalla. Si el receptor dispone de pantallas acomodables *(customizable screens)*, la pantalla de posición le puede proporcionar muchos otros datos como tiempo, odómetro, etc. Ver la sección de pantallas acomodables.

Pantallas de gobierno

Hay tres tipos de pantallas de gobierno.

La **pantalla de navegación por compás** *(Compass Navigation Screen)* es la mejor cuando usted no pueda proceder directamente al punto de destino, sino que deba bordear obstáculos. Los excursionistas lo encontrarán especialmente útil si además usan un compás de bolsillo. El receptor usa un círculo o semicírculo para representar un compás con una flecha que constantemente indica la dirección, desde su posición actual, a la de destino. Muchos receptores muestran también numéricamente su rumbo y la demora a destino.

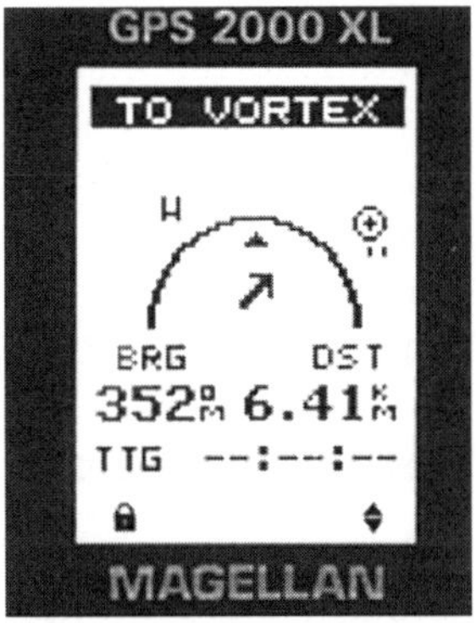

El compás muestra su dirección como noroeste. La flecha le indica que debe virar hacia la derecha para alcanzar su destino.

La **pantalla de navegación de "autopista"** fue diseñada para aquellos que pueden ir directamente a destino y que quieren mantenerse lo más cerca posible de la línea derecha entre los puntos de salida y de llegada. Es de uso sencillo, porque simplemente ha de seguir la carrete-

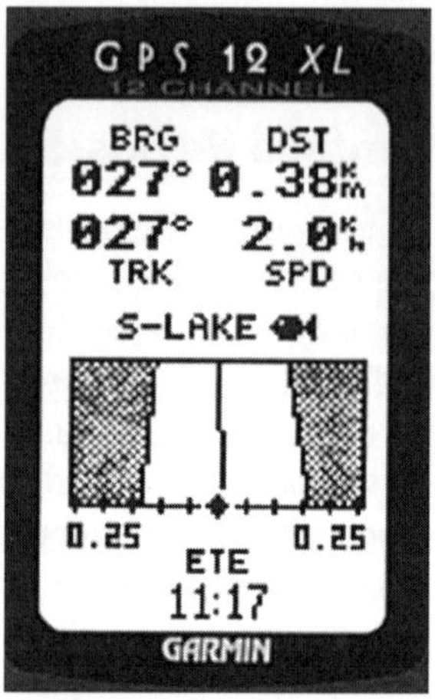

Su lugar de destino está a 380 metros por delante suyo.

ra. Si usted viaja directamente hacia su destino, la "autopista" le lleva derecho. Si se ha desviado a la derecha, la "autopista" apunta hacia la izquierda para llevarle de nuevo hacia su destino. Ya se habló de esta pantalla en la sección del indicador de desvío de rumbo *(Course Deviation Indicator)*, dado que normalmente se relaciona con la información de caída de derrota *(Cross Track Error)*.

Algunos receptores usan la pantalla de indicador de desviación de rumbo, comentada en la sección de indicador de desviación de rumbo, para orientar al usuario. En la página 75 hallará un dibujo de esta pantalla. Consiste en unos puntos, de los cuales, el central es la línea derecha que va desde la salida hasta el punto de llegada. Su posición en relación con la línea derecha está representada por un rectángulo. Si usted se desvía del rumbo directo, el rectángulo se mueve hacia la izquierda o la derecha del centro. Usted regresará a rumbo, moviéndose en la dirección opuesta hasta que el CDI sea cero, a partir de donde volverá a encarar el punto de destino. La mayor parte de las pantallas de navegación le proporcionan también la demora desde su posición actual hasta la de destino.

Pantalla de mapa

Las pantallas de mapa son muy útiles porque le muestran visualmente dónde está en relación con los *waypoints* almacenados en la memoria. Si se han introducido en el receptor mapas de carreteras, como el mostrado en el capítulo 12, la navegación en coche resulta muy sencilla. La mayor parte de los receptores ofrecen muchas opciones en la pantalla de mapa.

Pantalla de mapa en escala de 40 km, mostrando nombres y símbolos de waypoints.

La orientación va referida según cómo el mapa es mostrado en la pantalla. A continuación se explican las tres orientaciones más comunes.

Orientación norte arriba: La parte superior de la pantalla representa el norte. Use esta orientación cuando compare el mapa de la pantalla con un mapa de papel. El norte siempre estará arriba, al margen de cuál sea la dirección en que se mueva.

Orientación rumbo arriba: La dirección en la que usted se desplaza apunta hacia la parte superior de la pantalla. Si cambia de dirección, todos los *waypoints* de la pantalla se moverán en relación con su posición y el rumbo que sigue. Si usted viaja en un coche, campo a través y su destino queda a la derecha, aparecerá a la derecha de la pantalla. Esta pantalla reproduce siempre el entorno a su alrededor, tal como lo ve. Por tanto, si un objeto aparece en la parte superior de la pantalla, quiere decir que está por delante de usted. Si aparece en la parte inferior, quiere decir que está detrás suyo, etc. No use esta pantalla si el terreno le obliga a cambiar continuamente de dirección, pues entonces los *waypoints* o el mapa sobre la pantalla estarán continuamente cambiando de situación y el resultado será confuso. En estos casos es mejor usar el norte o el rumbo deseado arriba.

Orientación de rumbo directo: El punto de destino aparecerá siempre en la parte superior de la pantalla. Si usted se dirige a alguna parte y el camino es tortuoso o si tiene completa libertad de movimientos y puede ir enmendando su rumbo, use esta pantalla y vaya vigilando su posición con respecto a la parte superior de la misma.

Si el símbolo que representa su posición se desplaza hacia la derecha de la pantalla, significa que usted está hacia la derecha del rumbo directo y que debe girar hacia la izquierda.

Líneas de senda: La mayor parte de los receptores dibujan líneas sobre la pantalla de mapa para mostrar la senda seguida en su viaje y la línea de rumbo directo hacia su destino. Ajuste su receptor para que siempre registre su senda, pues es muy útil poder ver dónde ha estado, en relación con los *waypoints* marcados en la zona. Deje que el receptor le muestre la ruta hacia el destino, en aquellos casos en los que usted pueda dirigirse directamente allí, sin necesidad de bordear obstáculos. Si la pantalla resulta confusa por el exceso de líneas, puede desconectar la línea de ruta y borrar el registro de su senda.

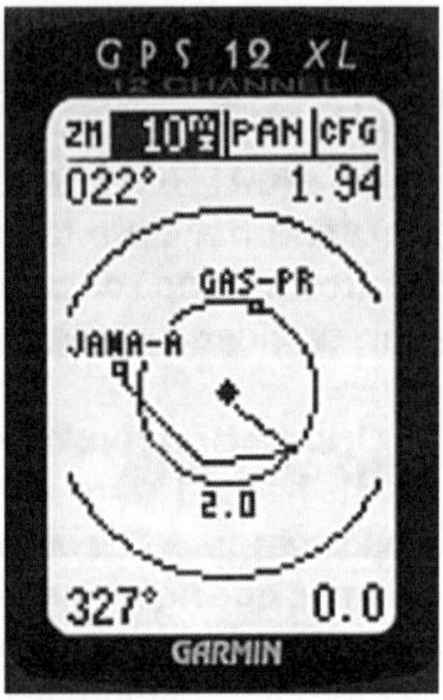

La línea de senda se extiende desde JANA-A hasta el diamante en el centro.

El registro de senda es una relación de posiciones almacenadas en la memoria que registra y reproduce sobre la pantalla sus movimientos, tal y como ya se ha descrito. Puede trabajar en dos sistemas: "reinicio" o "a tope". La memoria de registro de senda es limitada y sólo puede grabar un cierto número de posiciones. En el momento en que la memoria está llena, el modo "a tope" manda al receptor utilizar el último resto de memoria e, inmediatamente después, deja de grabar sus movimientos, es decir completa la memoria y para. En el modo "reinicio", el receptor no deja de grabar su posición cuando la memoria está llena, sino que simplemente vuelve al principio y comienza a sobreescribir sobre datos viejos. De esta manera, desaparece la línea del comienzo de su viaje y es utilizada para ir grabando las nuevas posiciones.

En este caso, será absurdo pretender utilizar el registro de senda para regresar, pues podremos haber perdido datos si lo hemos saturado o se ha escrito sobre ellos. Sin embargo, algunos receptores pueden convertir el registro de senda en una ruta. Una ruta es permanente y no se puede grabar sobre sus datos. Si su aventura le lleva por una ruta desconocida y quiere usar su receptor para que le lleve automáticamente de regreso, debe marcar *waypoints* a lo largo del camino o bien adquirir un receptor que sea capaz de convertir el registro de senda en una memoria permanente.

Anillos: Son unos círculos concéntricos, alrededor de su posición actual, que le ayudan a calcular la distancia a los *waypoints* cercanos.

Escala: La escala del mapa puede graduarse desde décimas hasta cientos de millas. Esto es útil porque si tiene muchos *waypoints* en una zona, la pantalla puede quedar abarrotada. Si, después de aumentar la escala, la pantalla sigue saturada, suprima los nombres de los *waypoints* y recupere la línea de ruta que le indica su destino.

Pantallas acomodables (*Customizable Screens*)

Muchos receptores permitan seleccionar los valores de navegación que desean ver reproducidos sobre la pantalla. El medio de viaje elegido, sea a pie, vehículo, barco o avión, así como sus preferencias personales, determinarán la información que usted considera más importante.

Pantallas conmutables (*Flip Screens*)

Los receptores que disponen de pantallas conmutables permiten elegir si la imagen que aparece es de tipo alargado o panorámico. Las pantallas de los receptores de mano suelen ser rectangulares. Los términos alargado o panorámica se refieren a la forma de la imagen en la pantalla cuando usted la visiona. Muchos receptores presentan la información en el modo alargado, siendo la imagen más larga que ancha. En cambio, en el modo panorámico es más ancha que larga. Una pantalla conmutable le permite elegir y es especialmente útil al usar la pantalla de mapa porque le permite decidir el aspecto de la imagen que desea ver. Si usted coloca la pantalla de mapa en el modo de rumbo directo, el modo alargado le permite ver más lejos por delante y detrás, mientras que el modo panorámico le permitirá abarcar más a los lados. Es decir, que una pantalla conmutable le ofrece más posibilidades de visión.

La imagen alargada es la más común. La imagen panorámica se muestra abajo.

Pantallas multitono o pantallas de cristal líquido LCD a color (Multitone or Color LCD Screens)

El agua puede distinguirse de la tierra, si la pantalla dispone de escala de grises.

La mayor parte de las pantallas de los receptores ofrecen dos colores: blanco y negro. Las pantallas multitono o pantallas de cristal líquido a color son más caras, pero facilitan mucho la lectura de la información. Los colores o, incluso una escala gris, pueden hacer que el mapa en pantalla sea mucho más real y también estéticamente más agradable. La figura muestra un mapa representado en cuatro tonalidades de gris. De esta manera, el agua se distingue de la tierra.

Fuentes de energía

Baterías

A pesar de que muchos receptores modernos pueden aguantar hasta 24 horas con un juego nuevo de baterías, hay algunas pocas cosas que usted hacer para economizar energía. Si usted viaja a pie, use el receptor sólo cuando necesite fijar una posición para situarse en el mapa. Muchos receptores utilizan un tipo de pantalla llamada de cristal líquido (LCD = *liquid cristal display)*. Si desea ver la pantalla de noche, deberá accionar una pequeña bombilla interior, situada tras la pantalla y llamada *backlight* (luz trasera). Pero debe de tener en cuenta que esta luz agota rápidamente las baterías y que, por tanto, hay que usarla restrictivamente. Si viaja en coche, puede comprarse un adaptador para conectarlo al encendedor eléctrico.

Si va a usar el receptor cuando hace frío, cambie las baterías alcalinas por baterías de litio, pues éstas tienen una vida más larga a bajas temperaturas.

Cambio de baterías

No tema perder información cuando deba de cambiar las baterías. Muchos receptores disponen de una pequeña batería interna que conservarán los datos almacenados, incluso después de extraer las baterías AA durante un período largo de tiempo. Otros receptores tienen un condensador interno, que mantiene la información durante unos minutos, mientras usted hace el cambio de baterías.

Alimentación externa

Si dispone de una fuente externa de alimentación, como el encendedor de un vehículo, úselo. Habrá de comprar el cable y adaptador correspondientes, pero ello le permitirá tener el receptor todo el tiempo funcionando, incluso con la luz encendida. La alimentación externa le ahorra el cambio frecuente de baterías y permite convertir su receptor en una auténtica ayuda a la navegación, que cada vez le resultará más valiosa.

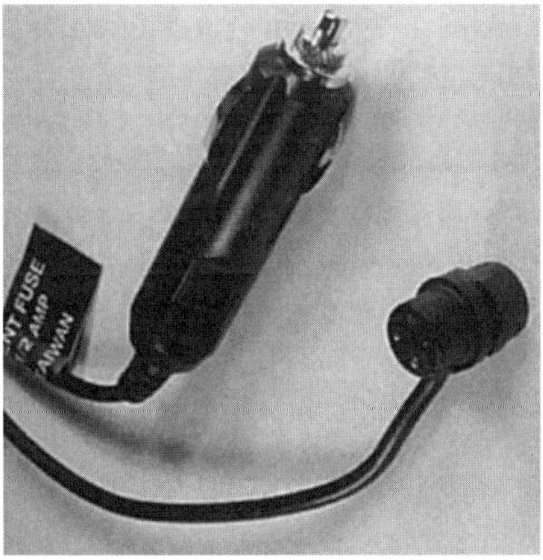

Un extremo del cable se conecta al receptor y el otro extremo al encendedor del vehículo.

Funciones varias

Inicialización

Cuando un receptor se pone en marcha por primera vez o, después de varios meses de no usarse, necesita saber la posición aproximada para ser capaz de captar los satélites. La mayor parte de los receptores lo resuelven fácilmente, permitiéndole seleccionar su posición de entre una lista de países y ciudades de todo el mundo. Otra posibilidad es entrar las coordenadas aproximadas de su posición.

Límites de temperatura

Los receptores tienen unos límites máximos y mínimos de temperatura, no pudiendo garantizar sus prestaciones fuera de ellos. Si tiene usted que trabajar a temperaturas extremas, compre un receptor especialmente preparado para ello.

El factor que motiva esta limitación en un receptor GPS es la pantalla de líquido de cristal (LCD). Las bajas temperaturas la hacen oscurecerse y trabajar lentamente. Si la temperatura es suficientemente baja, puede congelarse. Las pantallas gráficas funcionan peor a bajas temperaturas que las simplemente alfanuméricas. Por este motivo no debe sorprenderse si un receptor especial para bajas temperaturas ofrece una imagen limitada a una línea recta.

Hombre al agua (Man-Over-Board = MOB)

La función de "hombre al agua" es muy útil para el caso de que usted tenga que marcar rápidamente un lugar, para poder regresar más tarde a él. Imagine que está en su barco, navegando de noche por un lago, cuando oye de repente un grito que le indica que alguien acaba de caer al agua. Inmediatamente usted pulsa el botón MOB. En ese mismo instante el receptor graba su posición actual e instantáneamente cambia a la pantalla de navegación que le dirigirá directamente de regreso a dicha posición. Entretanto usted ha moderado velocidad y comenzado a dar la vuelta. El receptor le estará ya señalando la dirección y la distancia al punto al que debe regresar. Cuando se encuentre en el punto MOB podrá iniciar la búsqueda.

La función MOB no es sólo útil para embarcaciones. Supongamos que es usted un arqueólogo. Acaba de localizar algo que podría ser un antiguo templo maya, justo en el momento en el que recibe por radio una llamada procedente del campamento base. Se trata de una emergencia grave y tiene que regresar, sin tiempo que perder. Pulsa el botón MOB, salta al jeep y regresa a toda velocidad. Cuando más tarde quiera volver a las ruinas descubiertas, el receptor le guiará directamente a ellas.

Montaje

Todos los fabricantes venden accesorios para montar los receptores. Se ha mencionado ya que la mayor parte de los receptores pueden instalarse en el salpicadero de un coche y captar las señales de los satélites a través del parabrisas. Con ello, el receptor quedará fijo al vehículo, de manera que ante un frenazo o cambio brusco de dirección, no saltará por los aires. Monte el receptor al alcance del conductor o piloto, de manera que pueda pulsar los botones y tenga un buen ángulo de visión. Si el receptor se instala en una zona más interna del vehículo, no podrá captar las señales de los satélites y será necesario colocar una antena externa. Así es que convendrá que compre tanto el equipo de montaje como la antena.

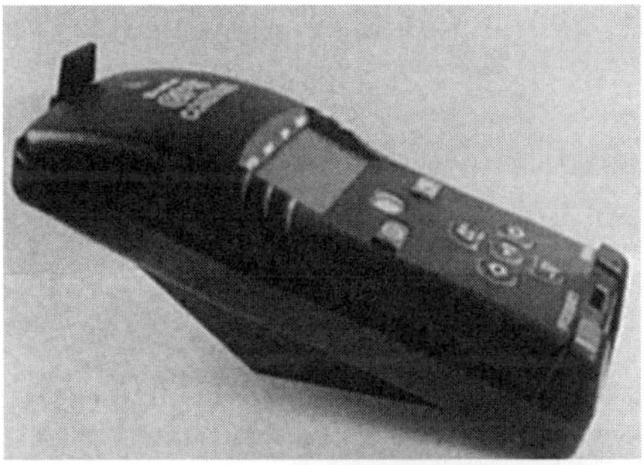

Soporte de montaña sosteniendo el receptor.

Mandos para entrar datos

Algunos receptores pueden programarse para que cada vez que apretamos un botón, emitan un sonido. Si utiliza la luz del receptor, ésta le iluminará la pantalla, pero no los mandos. Si suena un pitido cada vez que usted acciona un botón del receptor, sabrá que lo ha pulsado, aunque esté oscuro y no pueda ver los mandos.

Los mandos de los receptores de bolsillo son pequeños y si los quiere manejar en tiempo frío, utilizando guantes, será mejor usar un lápiz o algo similar para pulsarlos.

Los mandos pequeños en la mayor parte de receptores requieren cuidado si han de ser manejados con guantes en tiempo frío. Mandos de un Magellan 2000 XL.

Cálculos

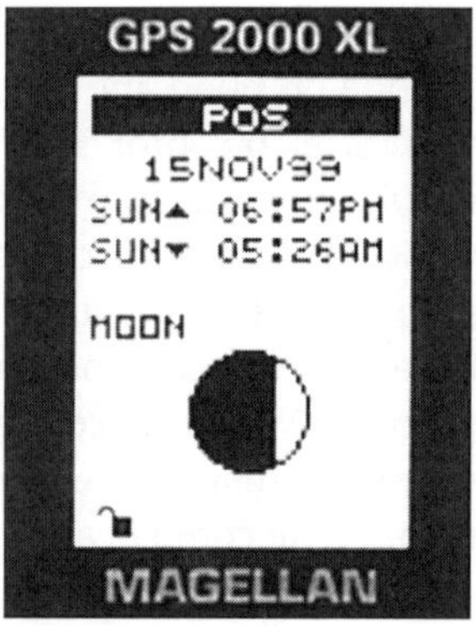

La luna le alumbrará poco durante el viaje.

Cálculos del sol y de la luna

Muchos receptores pueden calcular las horas de salida y puesta del sol y de la luna, así como la fase de la luna, de acuerdo con la fecha y la posición. Cuando proyecta un viaje a zonas desconocidas, o lo hace con meses de antelación, le interesará saber a qué horas es de día o de noche y si tendrá iluminación lunar por la noche.

Coordenadas de referencia o de proyección

Las coordenadas de un *waypoint* pueden calcularse especificando la demora y distancia de un *waypoint* a otro. Imaginemos que está usted en patrulla de seguridad en una pista de esquí, cuando llega a su garita un esquiador exhausto. El esquiador le informa de que ha ocurrido un accidente y todo lo que puede decir es que viene de tal dirección y que ha esquiado durante aproximadamente una hora para llegar hasta el puesto de vigilancia.

Usted toma su compás para medir la demora de la dirección indicada por esa persona y hace una estimación rápida de la velocidad a que ha podido viajar y la distancia correspondiente. Las coordenadas de la garita las tiene almacenadas en el receptor, de manera que a partir de ahí, en base a la distancia estimada y la demora considerada, el receptor calculará el *waypoint* del accidente. De esta manera, podrá usar las coordenadas de dicho punto para situarlo sobre un mapa y organizar la operación de rescate en la zona próxima al lugar probable del accidente.

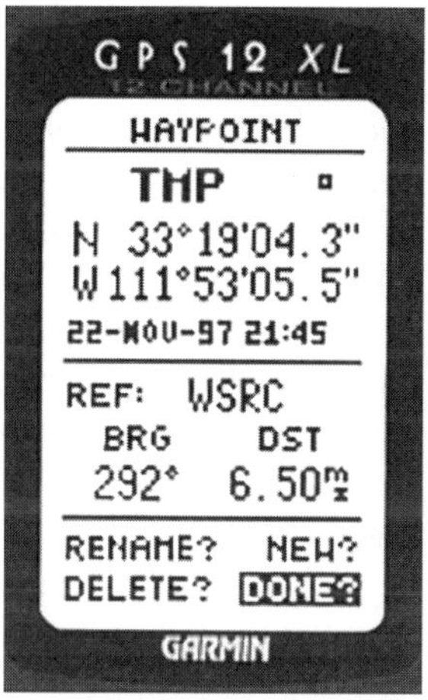

El waypoint TMP está a 6,5 millas (10,5 km) de WSRC y a una demora de 292°.

Cálculos punto a punto

El receptor puede indicarle la demora y la distancia entre dos puntos cualesquiera. Algunos receptores tienen una pantalla aparte que permite especificar esos puntos y realizar el cálculo. Cualquier receptor que tenga la función ruta calculará como mínimo la distancia entre el comienzo y el final de la ruta. Algunos receptores indican la demora y la distancia entre cada uno de los puntos de la ruta. Esta información resulta muy práctica si usted quiere saber qué parte del viaje será la más larga y dura.

Otra aplicación el cálculo punto a punto es como elemento de aprendizaje. Si quiere utilizar un receptor GPS, pero carece de medios de navegación manual, puede utilizar el receptor para aprender a usar un compás

El cálculo punto a punto le muestra la distancia y la demora entre PUEBLO y KORKY.

y un mapa. Mide la demora entre dos puntos de un mapa, toma sus coordenadas, las entra en el receptor y cuando éste le calcula la demora, puede compararla con la obtenida manualmente y comprobar si lo ha hecho correctamente. Asimismo, cuando utiliza un compás para medir y seguir una demora, puede usar el receptor para comprobar que la dirección tomada tiene por valor la demora medida. En el caso en el que quiere convertir una demora del mapa en demora magnética o viceversa, puede pedir al receptor que haga la misma conversión y verificar que ha aplicado adecuadamente la declinación.

Cálculo de área

Sólo algunos receptores están capacitados para calcular el área formada entre distintos *waypoints.* El cálculo de áreas y su utilidad son explicados en el capítulo 12. Para los usuarios profesionales esta función es de gran utilidad.

Tiempo

En el capítulo 1 se discutió la importancia de una sincronización precisa entre los satélites GPS. Las tolerancias de tiempo son tan ajustadas que cada satélite va provisto de relojes atómicos ultra precisos. El tiempo mantenido por los satélites se denomina tiempo GPS, pero cada receptor sabe como convertir el tiempo GPS en tiempo universal coordinado (UTC=*Universal Time Coordinate)*, que es en realidad el tiempo medio en Greenwich (GMT=*Greenwich Mean Time*). Hay una diferencia entre tiempo GPS y tiempo UTC. En diciembre de 1992 la diferencia era de 7 segundos, lo cual no parece una diferencia importante para la mayor parte de las situaciones. Sin embargo, no debemos cometer el error de usar tiempo GPS como tiempo UTC a la hora de hacer observaciones celestes. De todas formas, la mayor parte de los receptores permiten al usuario obtener el tiempo UTC equivalente al tiempo

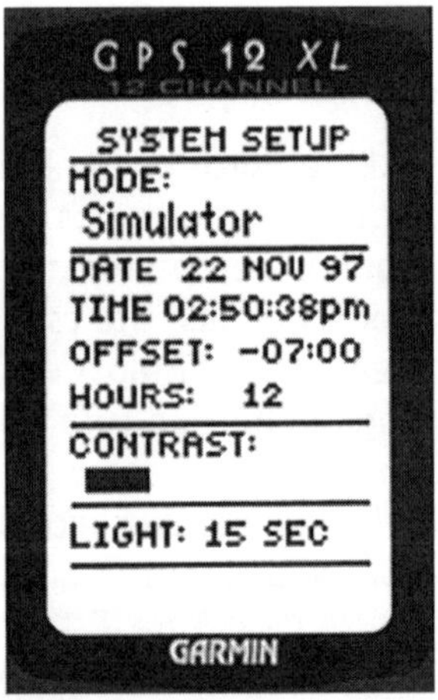

La hora está ajustada a la esfera de 12 horas, con una diferencia horaria de –7 con respecto al tiempo UTC.

local de zona, lo cual hace que el reloj del receptor sea correctamente utilizable. La hora puede ser, por otra parte, indicada en formato de 12 o de 24 horas.

Entrada de datos

Los receptores GPS de bolsillo están diseñados para ocupar el menor volumen posible de manera que no tienen un teclado como el de una computadora. Cada cosa debe ser simbolizada por una letra o un número a una hora, salvo que los datos hayan sido pasados de un ordenador al receptor. La entrada de datos es directa y rápida, pues los receptores recorren a alta velocidad el alfabeto cuando los mandos se mantienen pulsados.

La entrada de datos se explicó brevemente en el apartado de manejo de *waypoints* o puntos de ruta. Los receptores requieren no sólo las letras y números de las coordenadas, sino también un nombre. A continuación se expone un ejemplo de cómo entrar un *waypoint.*

Supongamos que usted quiere marcar su posición actual y darle el nombre de CATLAN. En el momento en que pulsa el botón *mark* (marca), algunos receptores están ya preparados para aceptar la entrada de datos, mientras que otros requieren que adicionalmente se pulse el mando *ENTER* (entrar). Una vez que el receptor está listo para aceptar caracteres, pulse la flecha superior una vez y le aparecerá en la pantalla la letra "A", como primera letra.

En la pantalla aparecerá:

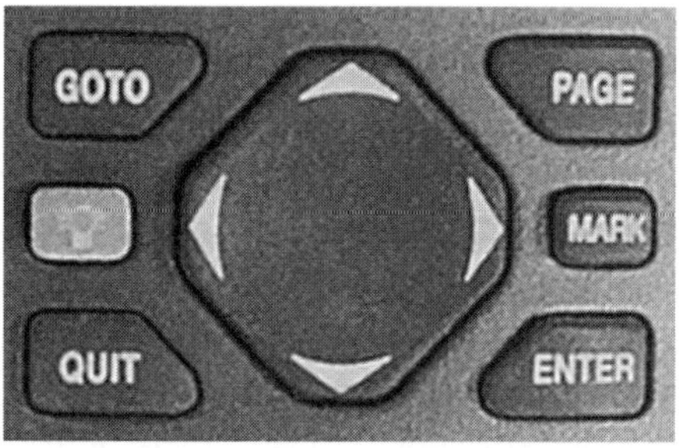

Normalmente hay cinco mandos para entrar datos: cuatro signos de flecha y uno para confirmar la entrada. En este caso, el mando ENTER confirma la entrada en un Garmin 12 XL.

A_ _ _ _ _

Cada vez que apretemos la flecha superior, aparecerá siguiente letra del abecedario. Si apretamos la flecha inferior aparecerá la letra previa. Así es que, después de la "A", pulsaremos nuevamente la flecha superior y tendremos la letra "B" y, si volvemos a pulsar, llegaremos a la letra "C", que es el primer carácter de la palabra que queremos escribir. En la pantalla tendremos, pues:

C_ _ _ _ _

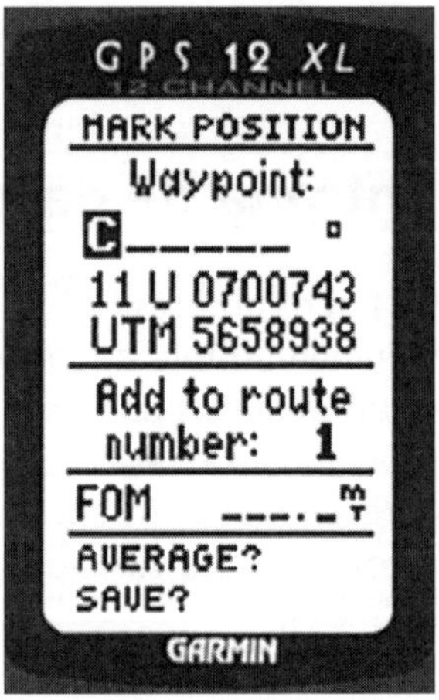

Una vez introducida la primera letra, pulse la flecha y repita el proceso para obtener la segunda letra.

Seguidamente pulsaremos la flecha de la derecha para desplazarnos al espacio correspondiente al segundo carácter. Nuevamente usaremos las flechas superior e inferior para seleccionarlo. En este caso, al ser la letra "A", será la primera que nos aparecerá al pulsar la flecha superior. Mediante la flecha de la derecha nos desplazaremos al espacio correspondiente al tercer carácter. Éste es la letra "T" y para que le aparezca en pantalla tendrá que pulsar la flecha superior 20 veces. Este proceso será muy lento si tiene que apretar el mismo número de veces ese mando. Por suerte, todos los receptores están diseñados para recorrer rápidamente el alfabeto, si mantenemos apretada la flecha superior o la inferior.

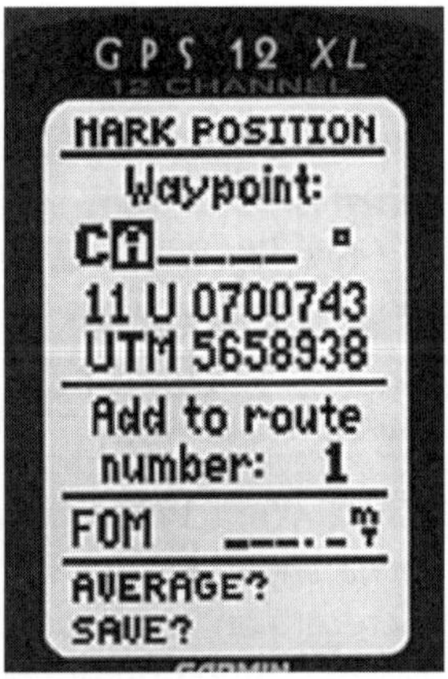

En cuanto a la letra "T", como ésta se encuentra hacia el final del alfabeto, en vez de buscarla pulsando la flecha superior, podemos hacerlo mediante la inferior. En tal caso nos aparecerá primero una secuencia descendente de números del 9 al 0 y, a continuación, la letra "Z" que dará comienzo a un recorrido en sentido inverso del abecedario. Si se realiza esta operación por el sistema rápido, es decir, manteniendo el mando correspondiente apretado, es posible que le cueste detenerlo justo en la letra que busca. Entonces, por ejemplo, se detiene en la "U" y luego, con una pulsación más llegará a la "T". En la pantalla le aparecerá ahora:

CAT _ _ _

Entraremos el resto de las letras siguiendo el mismo procedimiento.

1. Use la flecha superior o la inferior para recorrer el alfabeto. Mantenga pulsado el botón para un avance rápido.
2. Use la flecha de la derecha para desplazarse al espacio del siguiente carácter.
3. Vuelva al paso 1° y vaya repitiendo el proceso hasta tener todo el nombre escrito sobre la pantalla.

Algunos receptores le permiten añadir un nuevo waypoint *a una ruta. Use el mando de signos de flecha para desplazarse hacia la parte inferior de la pantalla, entre el número de ruta y pulse ENTER para guardar el* waypoint *en la memoria del receptor.*

Una vez que todas las letras han aparecido sobre la pantalla, apriete el botón para aceptar el nombre del *waypoint*.

5 Uso de coordenadas UTM en una excursión

A la hora de planear una excursión campo a través, lo primero que necesitamos es un mapa para decidir adónde ir y qué camino seguir. En una zona desconocida, no siempre se puede saber de antemano si la ruta es factible, de manera que convendrá contemplar alternativas. Es el

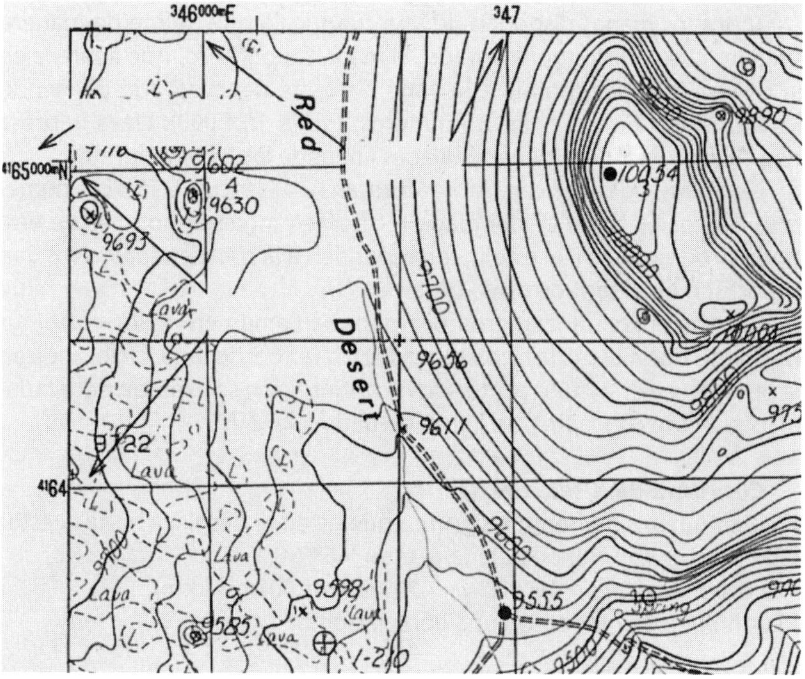

mismo proceso que seguirá si utiliza un receptor GPS para viajar. Usted tomará del mapa las coordenadas de los puntos más relevantes y los almacenará en la memoria del receptor. Una vez emprendida la excursión, irá combinando la información del receptor GPS con métodos de navegación tradicionales para poder hallar el camino. Después de explicar lo que significa una cuadrícula UTM, este capítulo se concentrará en cómo entrar *waypoints,* cómo formar una ruta que su receptor pueda utilizar y, finalmente, cómo usar su receptor durante una excursión.

Introducción a la cuadrícula UTM

En este capítulo se ofrece suficiente información sobre las coordenadas UTM para que usted pueda determinar en un mapa las coordenadas de cualquier punto y aplicarlas a un receptor GPS. En el capítulo 6 se dan explicaciones adicionales sobre la cuadrícula UTM, mientras que en el capítulo 8 se habla de la cuadrícula latitud/longitud.

Todos los mapas disponen de una cuadrícula que define de manera singular cada punto representado. El mapa topográfico, que aparece en la página **95**, corresponde a la zona noroeste del cuadrado de Henrie Knolls, Utah (divisiones de 7,5 minutos, escala 1:24.000). Lleva impresa una cuadrícula UTM y tiene señaladas líneas de latitud y longitud.

Las líneas indicadas con flechas forman la cuadrícula UTM. Los números en la parte superior del mapa reciben en inglés el nombre de *eastings* (progreso hacia el este) y corresponden a la coordenada X. Nos dan la posición en el sentido este - oeste.

Los números a la izquierda del mapa se llaman en inglés *northings* (progreso hacia el norte) y correspodnen a la coordenada Y. Nos indican la posición en el sentido norte-sur. A continuación se explican detalladamente ambos conceptos, así como la cuadrícula UTM.

Coordenada X *(eastings)*

- Si los números aumentan, significa que usted se desplaza hacia el este.
- Número de coordenada plena al este: $^{3}\mathbf{46}^{000m.}$E.
- La distancia entre : $^{3}\mathbf{46}^{000m.}$E. y : $^{3}\mathbf{47}^{000m.}$E. es 1.000 m (1 km).
- Los números grandes son una abreviación.

- En este mapa:

  46 significa : ^{3}**46**$^{000m.}$E.
  47 significa : ^{3}**47**$^{000m.}$E.
  La distancia entre 46 y 47 es 1.000 m (1 km).

- Los últimos tres números representan metros.

  La distancia entre ^{3}**47**$^{180m.}$E. y ^{3}**47**$^{721m.}$E.es 541 m.
  La distancia entre^{3}**47**$^{180m.}$E. y ^{3}**52**$^{721m.}$E es 5,541 km.

Coordenada Y *(northings)*

- Si los números aumentan, significa que usted se desplaza hacia el norte.
- Número de coordenada plena al norte: ^{41}**65**$^{000m.}$N.
- La distancia entre ^{41}**64**$^{000m.}$N y ^{41}**65**$^{000m.}$N es 1.000 m (1 km).
- Los números grandes son una abreviación. En este mapa:

  64 significa ^{41}**64**$^{000m.}$N.
  65 significa ^{41}**65**$^{000m.}$N.
  La distancia entre 64 y 65 es 1.000 m (1 km).

- Los últimos tres números representan metros.

  La distancia entre ^{41}**64**$^{300m.}$N. y ^{41}**64**$^{560m.}$N. es 260 m.
  La distancia entre ^{41}**64**$^{300m.}$N. y ^{42}**02**$^{560m.}$N. es 38,260 km.

La cuadrícula UTM está basada en metros y sus líneas están siempre separadas 1 kilómetro (0,62 millas terrestres) entre sí en mapas de escala grande. Es fácil estimar la distancia en un mapa con cuadrícula UTM, porque se conoce la distancia entre sus líneas. Como se verá en el capítulo 8, no se pueden apreciar las distancias tan fácilmente en una cuadrícula de latitud/longitud.

Coordenadas UTM

- La configuración de unas coordenadas UTM es: zona, coordenada X *(eastings)* y coordenada Y *(northings).*
- La zona va impresa en el mapa. En este caso es la 12.
- Para algunos receptores la zona es "12 S" o "12 N". Ver el capítulo 6.
- Las coordenadas UTM completas de la colina 10.054 pies es

12 ^{3}**47**$^{400m.}$E. ^{41}**64**$^{900m.}$N., o bien, incluyendo la letra de la zona
12 S ^{3}**47**$^{400m.}$E. ^{41}**64**$^{900m.}$N.
Abreviado: **47**^{4} E. **64**^{9} N.

- Las coordenadas UTM completas de la confluencia de dos carreteras no urbanizadas, cuya elevación es de 9.555 pies, es:

12 ^{3}**46**$^{900m.}$E. ^{41}**63**$^{600m.}$N., o bien, incluyendo la letra,
12 S ^{3}**46**$^{900m.}$E. ^{41}**63**$^{600m.}$N.
Abreviado: **46**^{9} E. **63**^{6} N.

Encontraremos una explicación sobre la letra de zona "S" en las páginas **117-120**.

Las guías de viaje que utilizan mapas con cuadrícula UTM identifican a veces los puntos innominados con sus coordenadas UTM abreviadas. Consecuentemente, la intersección entre las dos carreteras recibiría la referencia de cuadrícula (*Grid Reference*) GR 469636 y la colina GR 474649.

Precisión de las cuadrículas UTM

Algunos usuarios aficionados cuestionan la precisión de las cuadrículas UTM. La cuadrícula UTM es una proyección de superficie curvada de la Tierra sobre una hoja plana de papel y, como consecuencia, se producen ciertas inexactitudes en cada una de las 60 zonas (ver la explicación de las zonas en el capítulo 6). Sin embargo, el error es tan pequeño que no debe preocupar a usuarios de receptores de bolsillo civiles.

Si usted necesita corregir las imprecisiones de la cuadrícula, encontrará en algunos receptores la posibilidad de entrar un valor por declinación de la cuadrícula, que es la diferencia entre el norte de cuadrícula y el norte verdadero. Algunos mapas, incluyendo muchos de la serie USGS 7,5 minutos, llevan impresa la diferencia angular entre ambos. (Ver la figura de la página 67).

UTM y el receptor GPS

Usted ya sabe lo suficiente sobre la cuadrícula UTM como para hacer lecturas de coordenadas de un mapa. Sin embargo, hay algunas consideraciones que hacer sobre el uso de coordenadas UTM en un receptor.

- Los receptores GPS necesitan el número completo de las coordenadas. Las abreviaciones son sólo para los mapas. Por ejemplo, las coordenadas para RIVER se entran como

  12 N 0544296E 3629614N

- Al entrar las coordenadas, no se incluyen la "m.E." o "m.N". Si son mostradas por el receptor como parte de las coordenadas, aparecerán automáticamente, sin que usted tenga que hacer nada.
- Algunos receptores requieren siete dígitos para la coordenada X *(eastings)*, mientras que otros sólo requieren seis. El primer dígito en una serie de siete siempre será cero.
- A pesar de que la precisión de un receptor es de hasta 15 m, es aceptable redondear las coordenadas a los 50 o 100 m más próximos, pues es más fácil de visualizar en el mapa sin usar una regla. Por ejemplo, si las coordenadas exactas de un punto del mapa son

  12 S 506913m. E. 4615672m. N.

Se pueden entrar en el receptor como

  12 S 506900 4615700
  o
  12 S 506900 4615650

- A la hora de medir coordenadas en un mapa usted puede utilizar una regla para

Pantalla de un receptor Eagle mostrando las coordenadas de RIVER.

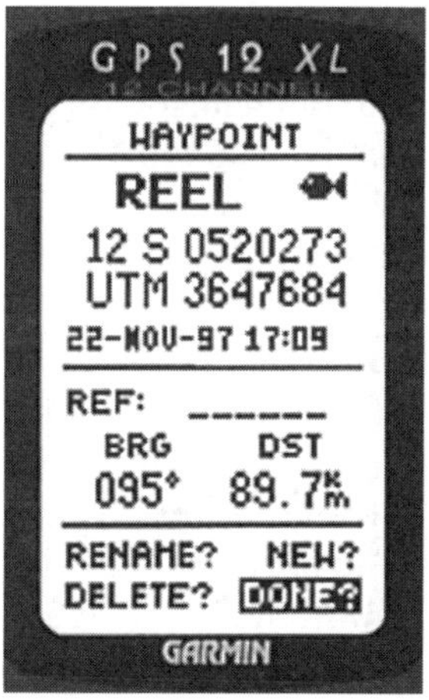

Pantalla de un receptor Garmin mostrando el número de guía cero por delante de la coordenada X.

medir las coordenadas hasta la unidad de metro o, simplemente, estimar a ojo las coordenadas a los 50 o 100 m más próximos, según se ha descrito. Esta aproximación introducirá un error de hasta 25 m (82 pies). Si este error puede ser problemático, use entonces una regla y no redondee.

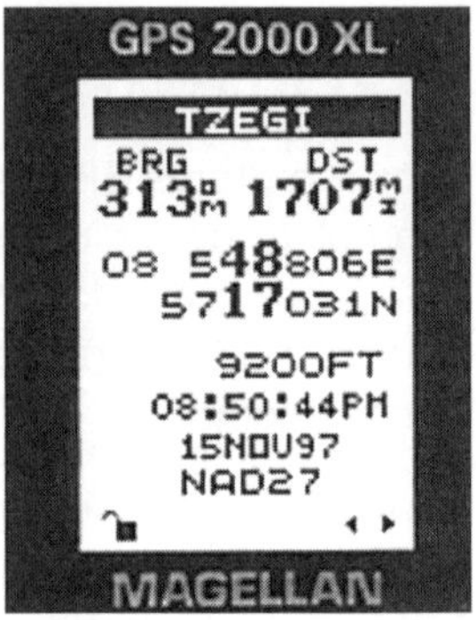

La pantalla del receptor Magellan no lo muestra.

Una excursión a las montañas

Plan de navegación

La ruta utilizada en este ejemplo podría ser navegada usando sólo un compás debido a que los puntos de referencia, montañas y ríos son fácilmente visibles. Sin embargo, con ella podemos ilustrar cómo un receptor GPS complementa su sistema de navegación y le da una mayor precisión. Veremos cuándo y por qué debe usted basarse sólo en el receptor y cuándo es aconsejable usar un compás y un altímetro. El ejemplo nos muestra también que no todos los aspectos de un viaje puede planearse previamente. Tal vez ocurra que usted deba cruzar un río, pero que nunca haya estado allí y no sepa cuál es el mejor lugar para hacerlo. Su plan le permitirá buscarlo y al mismo tiempo permanecer en el rumbo correcto.

Los *waypoints* del viaje están marcados en el mapa de la página 102. El plan de viaje prevé que usted llegará en helicóptero al lago cercano junto al punto #1 a finales de junio, a última hora de la tarde. Usted querrá levantar el campamento antes de que el sol se ponga y, en consecuencia, utilizará su receptor para calcular las horas de salida y de puesta del sol. El receptor le dice que el sol saldrá a las 4.30 de la mañana y que se pondrá a las 9.28 de la tarde. Con esta información, usted acuerda la hora de salida del helicóptero de tal manera que le deje en ese lugar dos horas antes de la puesta del sol. Al mismo tiempo decide que, a la mañana siguiente, se levantará con el sol para poder pescar algún pez en el lago. El final de su excursión está situado en el punto #8, pero usted ha previsto dos días para llegar allí, pues por el camino desea fotografiar flores silvestres y disponer también de tiempo para buscar la rara especie de la amapola alpina que crece en Calumet Ridge. El primer día de excursión le conducirá del punto #1 al #6, donde pasará la noche. Al día siguiente continuará hasta el punto #8, donde espera encontrarse con sus colegas de estudios botánicos, para permanecer allí durante cuatro semanas en un campamento bien montado. Es una zona densamente poblada de abetos, de manera que decide permanecer el mayor tiempo posible por fuera de la línea de árboles.

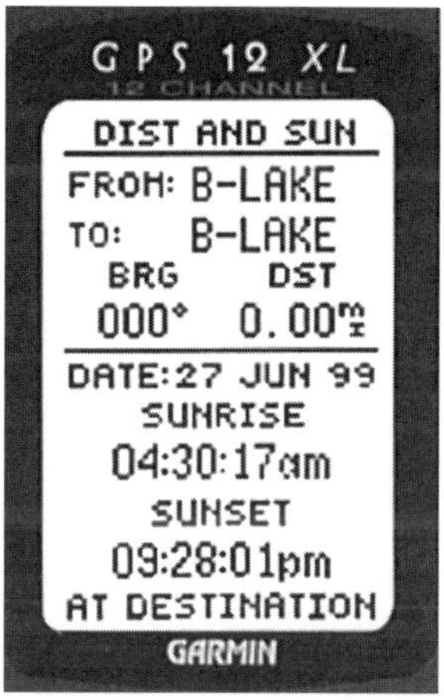

Pantalla de horas de salida y puesta del sol para el punto #1 en un receptor Garmin.

Su plan de navegación prevé combinar el uso del receptor GPS con un compás y un altímetro, por tres razones: La primera es el administrar las baterías del receptor, pues va a estar allí un mes y sólo tendrá un juego de baterías para el viaje de regreso. La segunda es el hecho de que parte del viaje es a través de bosque y no está seguro de si el receptor podrá captar las señales de los satélites a través de la maleza. La tercera es la posibilidad de disponer de un medio de navegación alternativo para el caso de que un caribú pise su receptor o éste se rompa por cualquier otro motivo.

El terreno determinará, sobre la marcha, la herramienta de navegación que le conviene utilizar. Sin embargo, usted hace ya una primera previsión.

- **Tramo del punto #1 al punto #2**
  Uso de GPS durante todo el trayecto.
  Prescindir del compás, pues se trata de dirigirse directamente al lago.

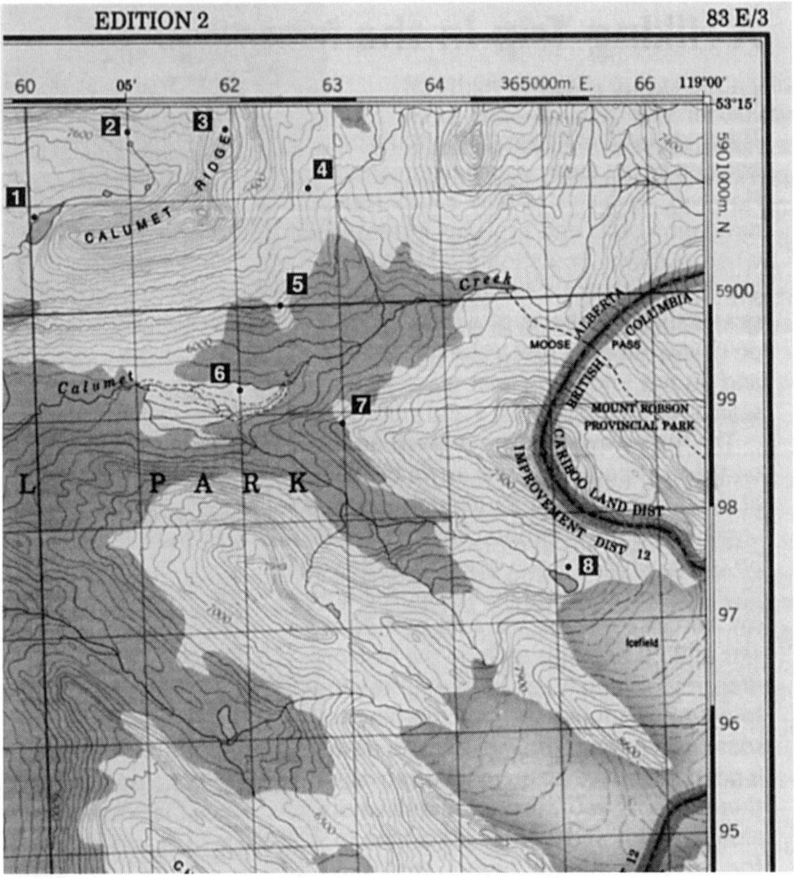

Esquina nordeste de Mount Robson, Bristish Columbia, Canadá (escala 1:50.000).

El receptor nos mantendrá en el curso correcto a la vez que ahorramos tiempo y energía.

- **Tramo del punto #2 al punto #3**

  Uso del GPS durante todo el trayecto.

  Se trata de llegar directamente a la cima del cerro. El receptor nos mantendrá en el rumbo correcto a la vez que ahorramos tiempo y energía.

- **Tramo del punto #3 al punto #4**

  Uso del compás y el altímetro.

  No es necesario llegar exactamente hasta #4. Habrá que descender la escarpada ladera de guijarros, bordeando algunos despeñaderos. Con neblina será una tarea difícil y entretenida.

  Convendrá usar el compás para caminar hacia #4 hasta alcanzar la altitud de 6.800 pies.

- **Tramo del punto #4 al punto #5**

  Use el altímetro y ocasionalmente el receptor GPS. Hay que hacer el trayecto siguiendo una línea lo más recta posible desde #4 hasta #6. El punto #5 está situado justo en el comienzo de la arboleda. Conviene llegar lo más cerca posible de #5. Habrá que usar el altímetro para descender gradualmente hasta 6.400 pies y aproximarse a los árboles.

  Una vez allí, habrá que comprobar la posición con el receptor. Si es necesario, usaremos la función "*Goto*" ("ir hacia") para guiarnos durante el último tramo de camino hasta #5

- **Tramo desde el punto #5 al punto #6**

  Usaremos el compás.

  Hay que caminar entre árboles y no sabemos si el receptor funcionará. Por este motivo debemos fiarnos del compás.

  Caminaremos siguiendo la demora entre #5 y #6.

  Una vez alcanzado el claro, usaremos el receptor para confirmar la posición.

- **Tramo desde el punto #6 al #7**

  Usaremos el compás y el altímetro. Es difícil saber por qué lugar se podrá cruzar Calumet Creek, pues la corriente es fuerte. Habrá que irlo remontando hasta encontrar un lugar apropiado para cruzarlo. Una vez pasada a la otra orilla intentaremos obtener la posición mediante el receptor.

  Si podemos captar los satélites, fijaremos una posición y seguiremos la demora desde ésta hacia la línea de árboles junto a #7. Si los árboles tapan las señales de los satélites, diríjase hacia el sudeste, referido al norte verdadero (no el magnético), hasta llegar a la línea de árboles.

- **Tramo desde el punto #7 al #8**
  Usaremos el compás y el receptor. Siga la línea de árboles y la corriente hasta llegar al valle superior en donde el terreno se nivela. Obtendremos alguna posición ocasional con el receptor, pero por lo demás seguiremos la corriente hacia el lago. Con buen tiempo podemos realizar esta navegación a simple vista. Sin embargo, si está muy nublado o llueve a cántaros, el receptor nos será muy útil.

Entrar waypoints

El plan trazado parece factible, así es que ahora hay que entrar todos los *waypoints* en el receptor. Aunque no vayamos a usar el receptor para llegar a cada *waypoint*, hay varias razones de peso para tenerlos todos almacenados en la memoria del receptor. La primera es que el receptor calculará automáticamente la demora entre cada punto. Por supuesto, que podríamos medirlas sobre el mapa, pero es mucho más fácil leerlas directamente en el receptor, especialmente si éste nos corrige automáticamente la declinación magnética. El receptor puede también indicar la distancia entre los puntos. El único tramo, que va del punto #7 al #8 no es directo. En cualquier caso, la suma de las distancias parciales que da el receptor nos aproximará mucho a la distancia total recorrida. En cuanto a los cambios de altitud, el receptor no los tiene en cuenta a la hora de calcular las distancias, por lo cual no podremos apreciar bien el grado de dificultad de la excursión. Muchos receptores proporcionan también una pantalla de mapa que le mostrará su posición actual y todos los *waypoints* almacenados en la memoria. Una razón final para almacenar las coordenadas de cada punto en la memoria es el estar prevenidos para el caso de que a causa del mal tiempo dependamos de las indicaciones del receptor, más de lo que habíamos previsto.

Usaremos el mapa para estimar las coordenadas UTM de cada punto, aproximando a los 50 o 100 metros. Cien metros es una décima parte del cuadrado de la cuadrícula UTM, mostrada en el mapa. Los *waypoints* están representados por puntos próximos a los números marcados. Las coordenadas UTM de cada punto, redondeada a la centena de metros, se indican a continuación:

Punto	Zona	Coordenada X *(esasting)*	Coordenada Y *(northing)*	Nombre
#1	11 U	$^{3}\mathbf{60}^{100m.}$E.	$^{59}\mathbf{00}^{800m.}$N.	B-LAKE
#2	11 U	$^{3}\mathbf{61}^{100m.}$E.	$^{59}\mathbf{01}^{600m.}$N.	S-LAKE
#3	11 U	$^{3}\mathbf{61}^{900m.}$E.	$^{59}\mathbf{01}^{800m.}$N.	CRIDGE
#4	11 U	$^{3}\mathbf{62}^{700m.}$E.	$^{59}\mathbf{01}^{100m.}$N.	FLAT
#5	11 U	$^{3}\mathbf{62}^{400m.}$E.	$^{59}\mathbf{00}^{000m.}$N.	WOODS
#6	11 U	$^{3}\mathbf{62}^{000m.}$E.	$^{58}\mathbf{99}^{300m.}$N.	STREAM
#7	11 U	$^{3}\mathbf{63}^{000m.}$E.	$^{58}\mathbf{98}^{800m.}$N.	ORIDGE
#8	11 U	$^{3}\mathbf{65}^{200m.}$E.	$^{58}\mathbf{97}^{500m.}$N.	CAMP

Antes de entrar estos datos ajuste los siguientes parámetros:

- **Datum del mapa: North American Datum 1927 (NAD 27)**
  Si su receptor le ofrece la posibilidad de seleccionar, dentro del NAD 27, distintas opciones como Alaska, Canadá, America Central, etc., eligirá en este caso NAD 27 - Canadá. En otro caso seleccione simplemente NAD 27.

- **Unidades métricas**
  La cuadrícula UTM está calculada en metros, por lo cual será lo más práctico trabajar con unidades métricas.

- **Sistema de coordenadas: UTM**

- **Orientación del norte: Norte magnético**
  El compás se usa entre algunos puntos. Si el receptor está preparado para referir las direcciones al norte magnético, podremos usarlas directamente sobre el compás, sin necesidad de compensar por la declinación.

- **Límite CDI: pequeño**
  Si podemos seleccionar la tolerancia del Indicador de Desvío de Rumbo (CDI), la ajustaremos a un valor entre 250 y 500 m. La función *"Goto"* (ir hacia) del receptor, será utilizada para navegar entre los puntos #2 y #3. Un límite de CDI de 250 a 500 m representa que el receptor no nos avisará de que nos estamos apartando del rumbo, mientras no nos hallemos alejados a más de 250 o 500 m del mismo.

Una vez ajustados estos parámetros, podemos entrar las coordenadas de cada punto en el receptor. Con dichos puntos formaremos una ruta, no porque necesariamente vayamos a usar la función "ruta", sino porque de esta manera el receptor calculará automáticamente la distancia y demora entre los distintos puntos. De esta manera sabremos la dirección a seguir con el compás. Cada receptor muestra las rutas de manera diferente, pero todos ellos proporcionan la información que se muestra a continuación. La senda deseada es la demora correspondiente a la línea derecha entre dos puntos. La distancia se expresa en kilómetros, puesto que ajustamos el receptor a unidades métricas.

Nombre	Punto	Rumbo deseado	Distancia (km)
B-LAKE	#1		
		25°	1,2
S-LAKE	#2		
		54°	0,9
CRIDGE	#3		
		108°	1,1
FLAT	#4		
		172°	1,1
WOODS	#5		
		186°	0,8
STREAM	#6		
		93°	1,1
ORIDGE	#7		
		97°	2,6
CAMP	#8		

Cada segmento de ruta se llama tramo. La distancia de los cinco primeros tramos, desde B-LAKE hasta STREAM, es de 5,1 km (3,2 millas), mientras que la distancia total, suponiendo que pudiéramos recorrer todos lo tramos en línea recta, sería de 8,8 km (5,5 millas). El receptor está listo para el viaje.

Sobre el terreno

Finalmente llega el día. Después de un vuelo espectacular, el helicóptero aterriza cerca del lago y usted desembarca con tiempo de sobra para poder plantar el campamento. Según lo planeado, a las 4.00 de la mañana siguiente, usted ya está pescando en el lago y consigue un buen desayuno. Cuando es ya hora de partir, pone usted en marcha su receptor, si bien tarda más de lo habitual en captar los satélites. Cuando un receptor de canal único pierde su memoria, no ha sido usado durante unos pocos meses, o bien ha sido desplazado más de 450 km de el último lugar en que fue conectado, puede necesitar hasta 12,5 minutos hasta ser capaz de fijar una posición. El tiempo transcurrido desde que conectamos el receptor hasta que capta los satélites es conocido como *Time To First Fix (TTFF),* que significa "tiempo para fijar la primera posición", que ya fue descrito en el capítulo 1.

Los receptores de multicanal también necesitan un tiempo para fijar la primera posición, pero son mucho más rápidos, ya que pueden leer en paralelo la información de almanaque de diversos satélites. Al poner en marcha su receptor, usted observa también que la altitud que le indica, no es ni parecida a la que indica el mapa. De todas maneras, como usted ya sabía que la precisión de la altitud dada por el receptor no iba a ser suficientemente buena, se ha equipado con un altímetro electrónico, que es parecido a un reloj. En el mapa lee que su altitud deber de 7.200 pies, de manera que calibra su altímetro a esa altitud. Al final del libro hay una relación de fabricantes de altímetros electrónicos.

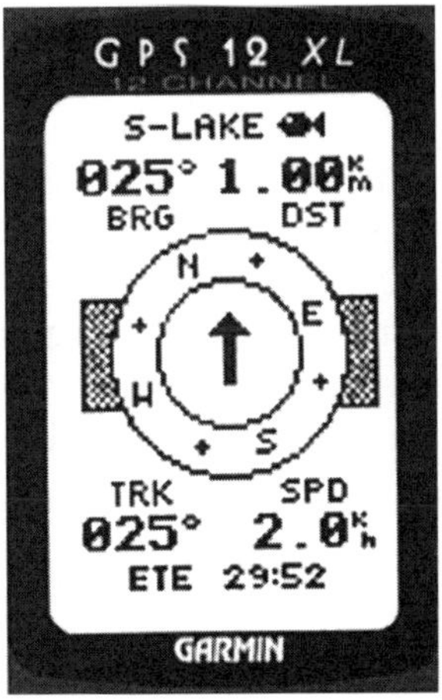

Bien, ya es hora de iniciar el viaje. Activa la función *Goto* ("ir hacia") y le indica al receptor que le guíe al punto #2, llamado S-LAKE. A medida que va caminando, el receptor le informa de que, como usted ya sabía, el rumbo deseado es 25° y, la senda que usted sigue es asimismo 25°. En la pantalla de navegación de compás la flecha señala hacia arriba, lo cual indica que está sobre el rumbo correcto.

Pasado un rato, deja de prestar atención al receptor y empieza a mirar a su alrededor en busca de flores silvestres. Cuando, finalmente, consulta el receptor, se da cuenta de que su dirección es ahora de 38° y que la flecha sobre la pantalla de compás le señala hacia la izquierda. Esto significa que debe girar hacia la derecha para dirigirse directamente al punto S-LAKE. En cuanto a la demora para proceder a dicho punto ha cambiado de 25° a 24°.

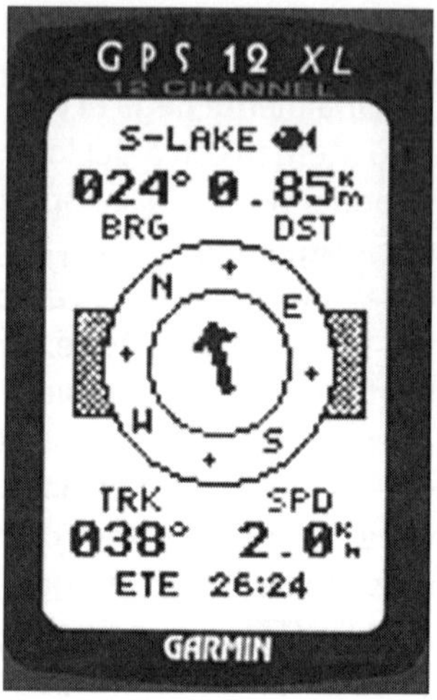

Antes de corregir el rumbo, cambia a la pantalla de "autopista" y continúa caminando para ver qué ocurre. Después de recorrer una pequeña distancia, la pantalla le muestra que está caído 0,11 km de la línea derecha del rumbo. El símbolo de diamante situado sobre la "T" de ETE representa su posición y le indica que se encuentra 0,11 km desplazado a la derecha de la línea central de la "autopista". Las zonas sombreadas representan que está apartado del rumbo 250 m (820 pies), que es el valor ajustado como límite CDI. Usted se da cuenta de que se ha apartado tanto de la ruta que ahora la demora a S-LAKE es 16° y no 24°.

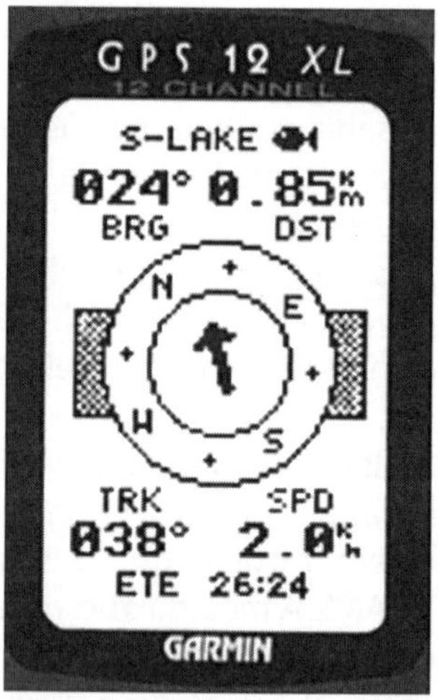

Seguidamente, cambia a la pantalla de mapas de su receptor, que le muestra los puntos B-LAKE y S-LAKE. Su posición, marcada con el símbolo de diamante se encuentra a la derecha de la línea recta que une ambos puntos. No es ningún problema: simplemente ha de ajustar su dirección a la nueva demora de 16° y continuar adelante. La flecha del compás le señala nuevamente hacia arriba y su senda (TRK) coincide con la dirección deseada (BRG), así es que todo está en orden. Usted observa también que el tiempo estimado en ruta (ETE) es de aproximadamente 18 minutos y que, por tanto, no tardará mucho en llegar a S-LAKE.

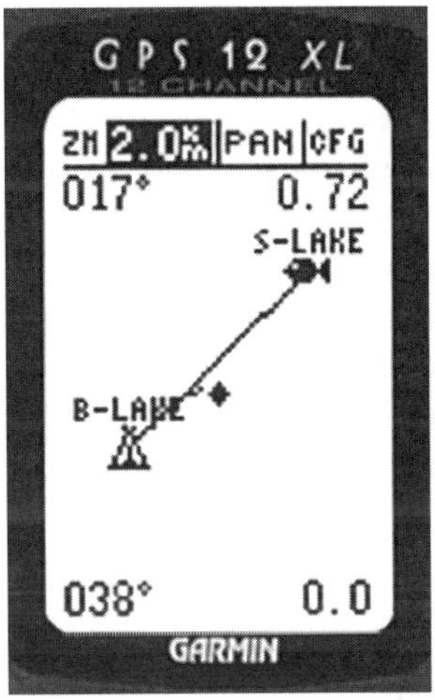

Pero justo entonces se lleva una sorpresa: hay mayor cantidad y variedad de flores de lo que había supuesto. Así es que, después de un par de paradas y de tomar algunas fotos rápidas, se encuentra con que está siguiendo una demora de 352° y que la flecha de la pantalla de compás señala hacia la derecha. Por tanto, deberá seguir la dirección indicada por la flecha para dirigirse a S-LAKE. Está haciendo más camino de lo previsto, pero es que hay demasiadas cosas para ver y para hacer.

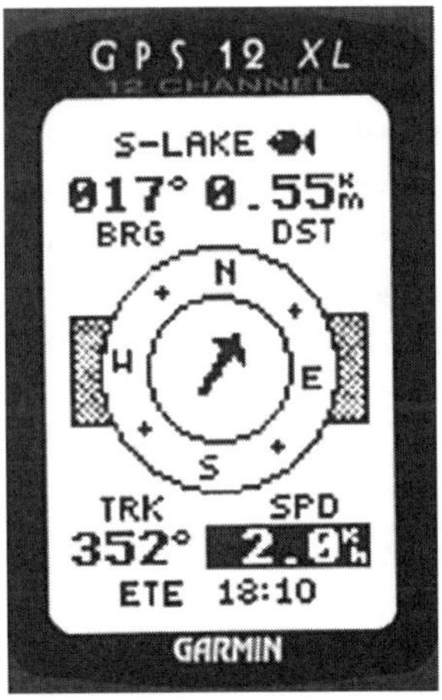

Nuevamente cambia a la pantalla de "autopista". Como de momento continúa desplazándose según la demora de 352°, su caída de rumbo (XTE) disminuye y pronto se encuentra tan sólo ligeramente situado a la derecha de la línea de autopista. Si mantiene su rumbo actual, cruzará la línea de "autopista" y pronto estará situado a la izquierda de la misma con un XTE que aumentará rápidamente.

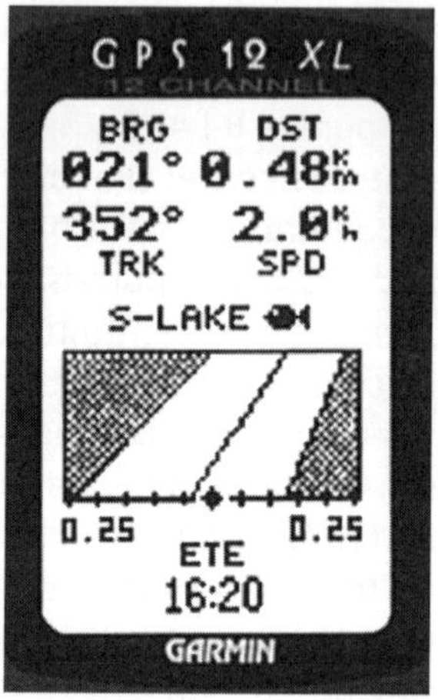

Sigue la demora de 352° hasta que el diamante se encuentre directamente sobre la línea central de la autopista. En ese momento su XTE será cero, pero la demora a S-LAKE será 27°. Cambia a este rumbo y la "autopista" vuelve a apuntar hacia arriba. En estos momentos está usted justo a rumbo, sin error de caída de rumbo (XTE).

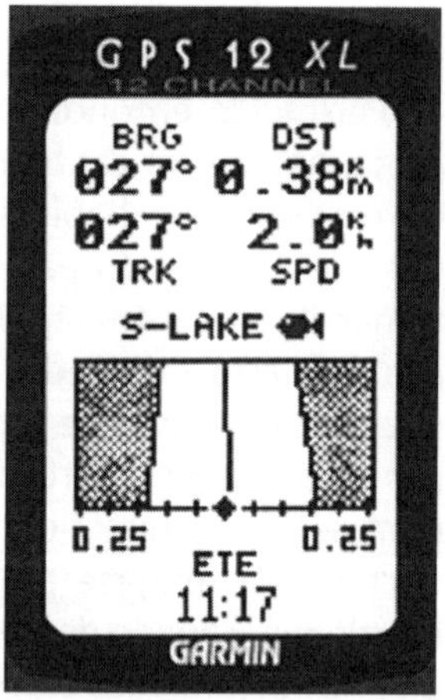

Ahora decide empezar a prestar más atención al receptor. Durante unos pocos minutos le aparece una línea que cruza en sentido transversal la pantalla de "autopista". Esta línea representa el destino y usted se encamina derecho a él.

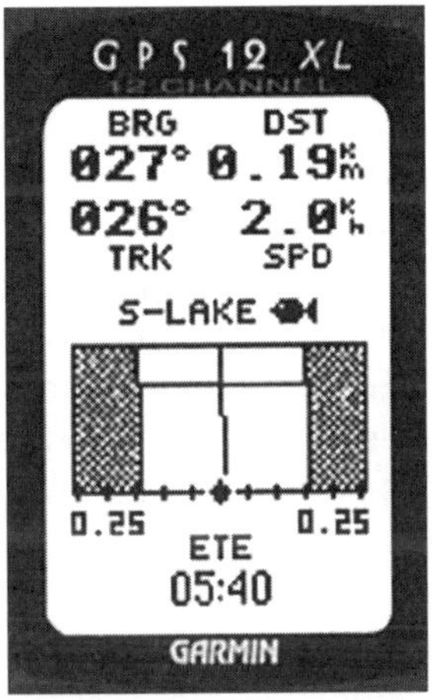

Al cabo de un rato suena una alarma, acompañada de un mensaje centelleante, que le anuncia su proximidad al punto de destino. Un minuto más tarde llega al punto S-LAKE. Una vez allí, decide usar la función *Goto* para ir de S-LAKE hasta CRIDGE. Así es que activa *Goto* y selecciona CRIDGE como destino. Inmediatamente, le aparece la pantalla de navegación y le muestra la dirección.

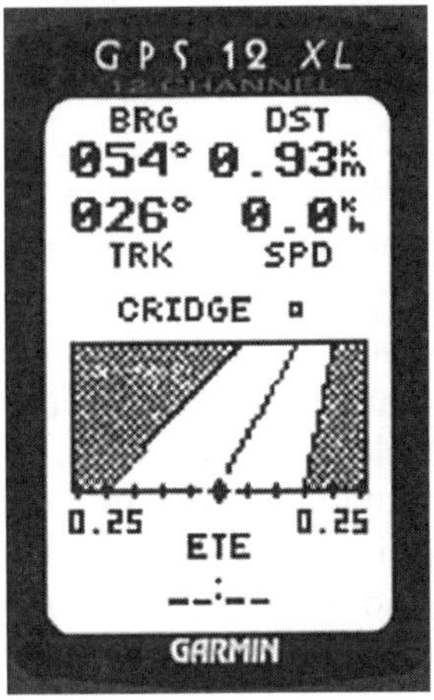

Ahora ya va comprendiendo usted mucho mejor cómo realizar navegación básica con su receptor GPS. Comienza midiendo en el mapa las coordenadas del punto que quiere visitar, las entra en la memoria del receptor y activa la función de navegación *Goto*. El receptor le guía a ese punto a lo largo de una línea derecha, desde su posición actual hacia la de destino. Si no viaja directamente hacia ese lugar, el receptor le indica no sólo cuánto se ha apartado del rumbo, sino también qué corrección debe introducir para dirigirse de nuevo directamente al destino.

Usted seguía una demora de 26° cuando llegó a S-LAKE, pero ahora la demora de S-LAKE a CRIDGE es 54°, con lo cual, la "autopista" de la pantalla de navegación le indica que debe cambiar el rumbo hacia la derecha.

En este tramo, presta mucha más atención al receptor y de esa manera es capaz de mantenerse sobre la demora exacta. Avanza con precisión hasta la mitad del camino a CRIDGE, momento en que encuentra una zona de terreno pantanoso. Sus pies se hunden tanto en el lodo, que duda de ser capaz de cruzarlo sin caerse. Mira a su alrededor y descubre a lo lejos y a la derecha un paso de tierra firme.

Decide mantener su receptor en marcha para observar las indicaciones de la pantalla de navegación, mientras bordea la zona pantanosa. Para alcanzar el paso de tierra firme camina formando un ángulo de 90° con la línea directa entre S-LAKE y CRIDGE, lo que supone una demora de 234°. La flecha de la pantalla de navegación de compás apunta totalmente a la derecha, pero no puede seguir las indicaciones del receptor, mientras esté bordeando el pantano. Ahora cambia a la pantalla de "autopista" y se da cuenta de que se ha desviado tanto del rumbo que ni siquiera ve la línea central de la autopista, sino que aparece una señal que le indica que debe arrumbar al 90° para regresar a la ruta inicial.

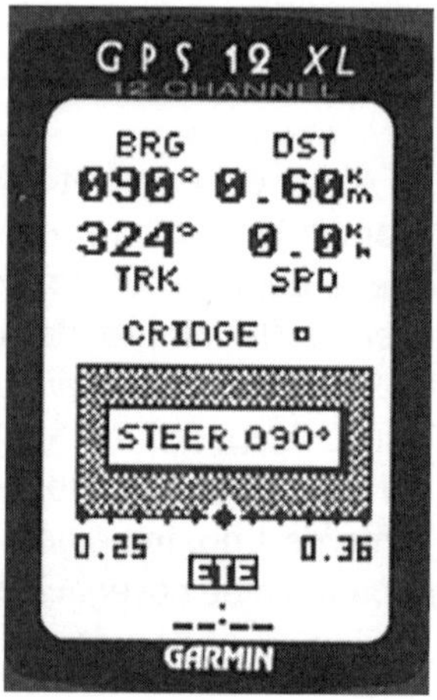

Finalmente, alcanza el paso de tierra firme y comprueba que realmente se ha alejado mucho de su camino. Sin embargo, lo magnífico del receptor GPS es que usted sabe exactamente dónde está y que la demora desde ahí hasta CRIDGE es ahora de 97°. Hacer un seguimiento del desvío sufrido, con la sola ayuda del compás, para a continuación, encaminarse a CRIDGE, sería mucho más difícil. El resto del camino es de suelo firme, de manera que no debería haber ningún problema para dirigirse ya directamente al punto de destino. Observa la pantalla de "autopista" y sólo puede ver, en la esquina superior derecha, una pequeña parte de la "autopista". El límite de CDI está ajustado a 250 m, por lo que resulta evidente que se ha desviado bastante más que eso.

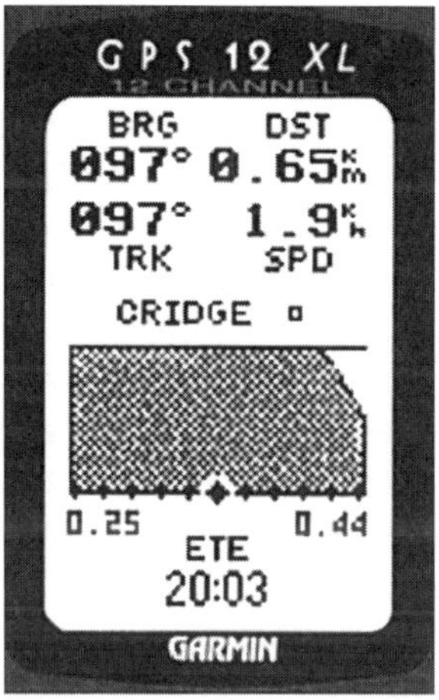

Ahora cambia el límite de CDI a 1,25 km. La "autopista" se desplaza hacia la izquierda y usted puede ver que se encuentra desplazado 0,38 km (0,24 millas) a la izquierda del centro de la "autopista". La línea que cruza la pista desde un extremo a otro representa su destino. Por tanto, puede comprobar que se va acercando a su destino, si bien la pantalla de "autopista" tal como la ve ahora no le dice realmente si se halla sobre el rumbo correcto. Sí puede ver que su punto de destino está por delante y dentro de la tolerancia del CDI, pero la única manera de saber que se dirige hacia el punto #3 es el hecho de que la demora coincide con la senda deseada.

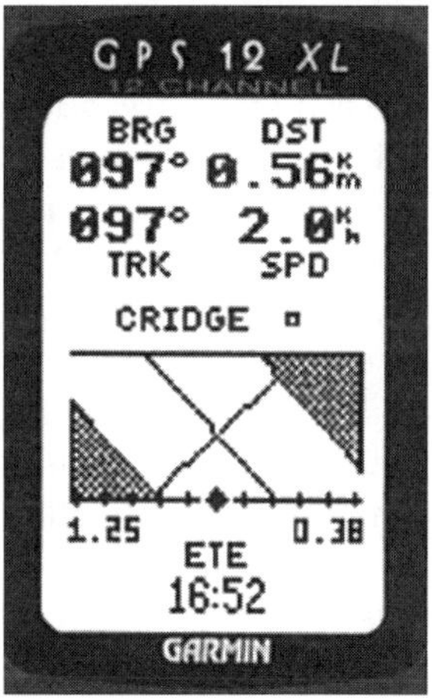

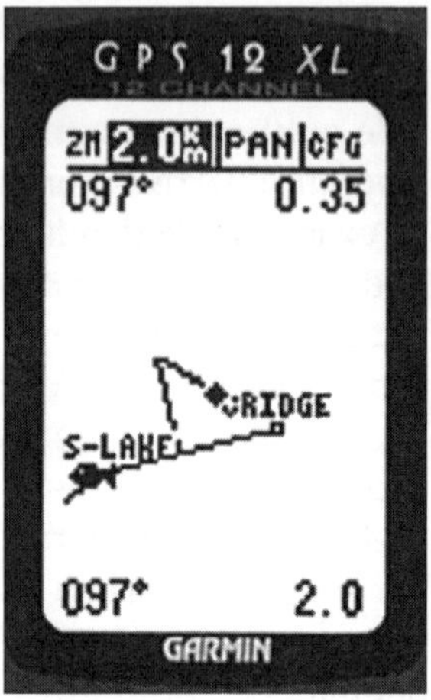

Cada una de las pantallas, tanto la de compás como la de "autopista", juegan su papel. La pantalla de "autopista" le indica lo cerca que está de la línea directa entre dos puntos, mientras que la pantalla de compás le señala la dirección a seguir, al margen de su proximidad al rumbo directo. La pantalla de "autopista" es la idónea cuando usted tiene la libertad de movimientos necesaria para mantener el rumbo directo a destino, como sería en el agua o en el aire. En cambio, la pantalla de compás es especialmente apropiada para situaciones en las que tiene que bordear obstáculos. Prestando la debida atención, llega pronto a CRIDGE. Si echa un vistazo a la pantalla de mapas, verá la vuelta que ha dado.

El plan para llegar a FLAT es caminar en la dirección general hasta alcanzar una altitud de 6.800 pies. La demora entre CRIDGE y FLAT es de 108°, referida al polo magnético, de manera que gira el compás hasta que el número 108 quede alineado con la dirección de la flecha y empieza a caminar. Su altímetro marca 8.180 pies, lo cual coincide bastante con las indicaciones del mapa. El punto CRIDGE no coincide de hecho con ninguna línea de nivel, pero usted sabe que está entre las líneas de 8.100 y 8.200 pies. El altímetro actualiza su lectura electrónica sólo una vez cada dos minutos, pero como el descenso no es excesivamente marcado, las lecturas se actualizan suficientemente. Cuando el altímetro señala 6.900 pies, se toma un descanso de dos minutos, al cabo de los cuales comprueba que su altitud actual es realmente de 6.860 pies. El receptor le avisa de que está dentro de los 100 m de distancia a FLAT. Su compás le muestra una demora de 172° y camina manteniendo un ojo sobre el altímetro. Al alcanzar los 6.400 pies, se halla próximo a los árboles y la pantalla de mapas le muestra que se encuentra muy cerca del *waypoint* WOODS, punto #5 del mapa. Lo próximo será seguir una demora de 180° y sumergirse en el bosque, camino de STREAM. La vegetación es mucho más espesa de lo que usted pensaba y se plantea si no hubiese sido más rápido haber bordeado el bosque y haber seguido río arriba hacia STREAM. Ahora deberá prescindir del receptor, pues no puede captar señales entre un follaje tan denso. Tampoco hay claros que pueda aprovechar para fijar una posición GPS. Por tanto, intenta mantenerse al máximo en la demora. Pronto sale del bosque, su receptor vuelve a captar señales y la función *Goto* le guía hasta el *waypoint* STREAM, #6 del mapa, en donde pasará la noche.

La pantalla de mapas le muestra su posición en forma de diamante y también la posición de los otros puntos. Sin embargo, la línea que muestra el camino seguido entre los *waypoints* no aparece como lo hizo entre S-LAKE y CRIDGE, porque no ha usado el receptor para cubrir esos tramos.

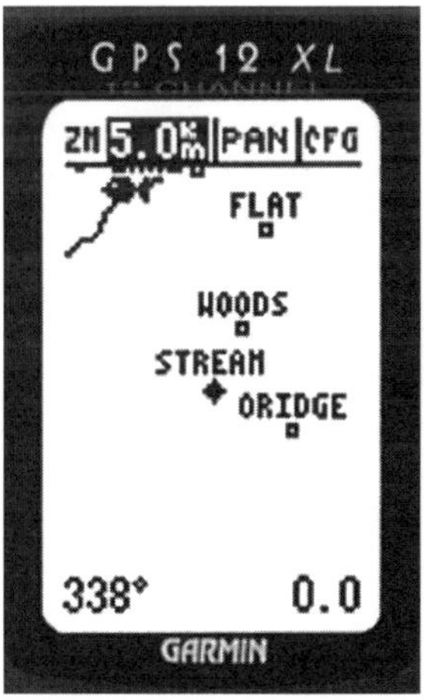

A la mañana siguiente ejecuta su plan, por cuanto sigue la corriente hasta alcanzar un buen lugar para cruzar el río. Una vez más, el receptor no le funcionará en la maleza, por lo cual sigue el plan de contingencia consistente en caminar hacia el sudeste para evitar los árboles. Sin embargo, debe ajustar su compás para hacer una lectura correcta. Usted sabe que la declinación magnética en ese lugar es de 22° al este y que el rumbo verdadero debe ser 135°. Recuerda lo aprendido: "Este menos, Oeste más" para convertir las demoras verdaderas (referidas al norte verdadero) a magnéticas (referidas al norte magnético). Por tanto, si la demora verdadera es 135° y la declinación 22° este, habrá que restar este valor de aquél y obtendremos que la demora magnética, la dirección de compás a seguir, será 113°. Con ayuda del compás cruza la zona de árboles lo más rápido posible. Después sigue la línea de la arboleda y luego la de la corriente, directamente hacia el lago, sin hacer uso del receptor, del compás o del altímetro. A lo largo del próximo mes, instalado en el campamento, usará el receptor para grabar las posiciones de los lugares en los que encuentre flores silvestres y para explorar los campos de hielo al sur y al este.

Llegado el día de regresar al helicóptero, hará uso del mapa para proyectar una nueva ruta de regreso al lago, que le permita evitar las zonas boscosas.

6 Más sobre UTM y recogida de muestras de agua en el desierto

Lo bueno de la cuadrícula Universal Transversa de Mercator (UTM) es su facilidad de uso. Es sencillo medir coordenadas directamente del mapa, sin necesidad de la ayuda de una regla. Sin embargo, hay elementos de la cuadrícula UTM que requieren más explicación como, por ejemplo, el origen del número de zona y de las letras usadas en el capítulo anterior.

La cuadrícula UTM fracciona el mundo en 60 zonas, cada una de ellas de 6° de amplitud. La zona 1 comienza en longitud 180° oeste, que es lo mismo que 180° este, según se muestra en la figura de la página **118.**

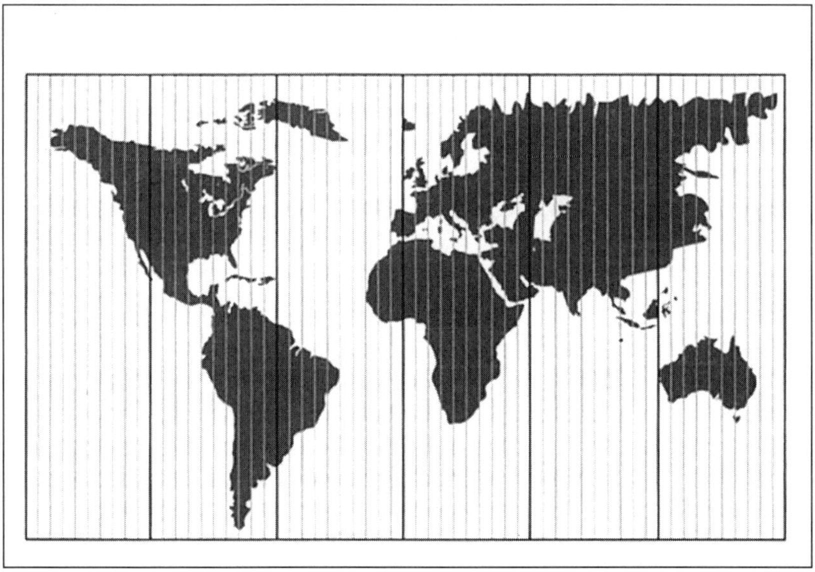

Las 60 zonas UTM.

El número de zona aumenta en una unidad por cada 6° de intervalo, hasta cubrir toda la circunferencia y alcanzar la última zona, la número 60. Dado que cada zona representa una zona aplanada de esfera, sufre una deformación y, por eso, las coordenadas UTM son llamadas falsas coordenadas, distintas de la cuadrícula de latitud y longitud, que corresponde a coordenadas geográficas. De todas formas, al reducir las zonas a 6° de amplitud, se reduce la deformación que se produce al aplanarlas. La proyección Transversa de Mercator proporciona una cuadrícula uniforme para toda la Tierra. Los mapas UTM no cubren áreas de la zona polar norte, a partir de los 84° de latitud Norte, ni de la zona polar sur, a partir de 80° de latitud Sur. Estas zonas se representan mediante la proyección Estereográfica Polar Universal (UPS), de la cual se habla en el capítulo 14.

Cada zona UTM tiene líneas verticales y horizontales de referencia. Las coordenadas X *(eastings)* se miden a partir la línea vertical central de la zona, llamada meridiano de zona. Cada zona de 6° está directamente dividida en dos mediante este meridiano. La zona 1, tal y como se muestra en la figura de la derecha, está limitada por el meridiano de 180° a la izquierda y el de 174° W a la derecha. El centro de la zona tiene una longitud de 177°, es decir, 3° hacia el centro de ambos extremos. La zona 2 es la comprendida entre los meridianos W 174° y W 168°, siendo el meridiano central el de W 171°, y así en cada zona.

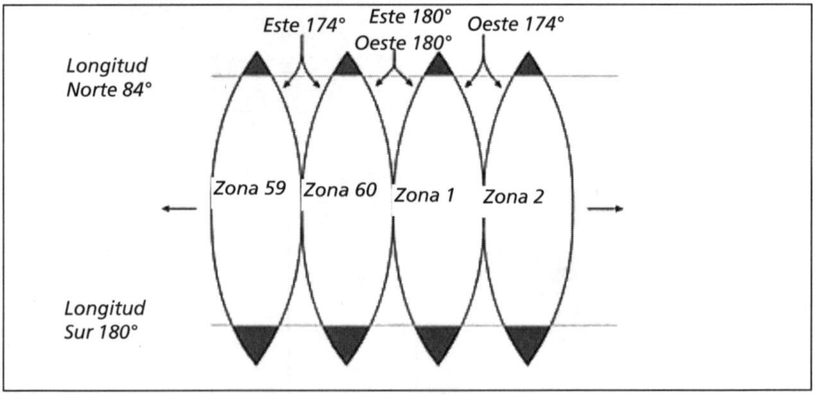

El meridiano central de cada zona va siempre etiquetado como $^{5}\mathbf{00}^{000m.}$E. Hacia el este del meridiano nos dará un valor superior a $^{5}\mathbf{00}^{000m.}$E, mientras que hacia el oeste el valor disminuirá. El valor de una coordenada X *(eastings)* nos revelará la distancia en metros desde el meridiano central. $^{5}\mathbf{01}^{560m.}$E significa que estamos a 1.560 m al este del meridiano, ya que es mayor que $^{5}\mathbf{00}^{000m.}$E, mientras que $^{4}\mathbf{85}^{500m.}$E. representa 500.000 - 485.500 = 14.500 m al oeste del meridiano central. Esta zona podrá abarcar longitudes válidas que no sean inferiores a $^{1}\mathbf{66}^{640m}$E. o mayores que $^{8}\mathbf{33}^{360m.}$E. Las coordenadas aumentarán a medida que se desplace usted hacia el este y disminuirán si se desplaza hacia el oeste.

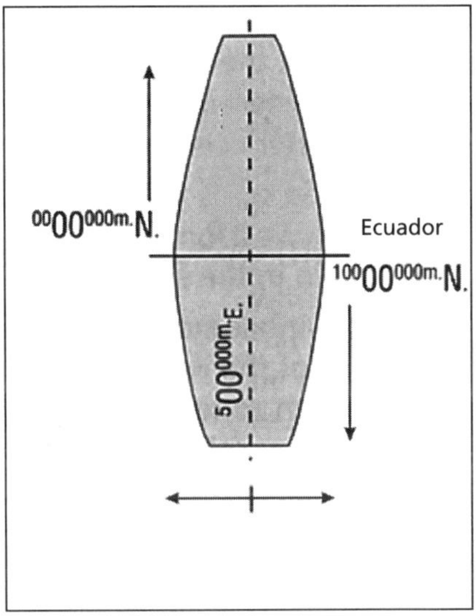

Meridianos de zona UTM.

Las coordenadas hacia el norte, se miden siempre desde el ecuador, que es la línea horizontal de referencia en cada zona. El valor asignado al ecuador es $^{00}\mathbf{00}^{000m.}$N. para posiciones al norte del ecuador y $^{100}\mathbf{00}^{000m.}$N para posiciones al sur del ecuador. Usted debe saber si está por encima o por debajo del ecuador. A continuación se detallan los métodos para saber si una posición está por encima o por debajo del ecuador. Una coordenada al norte del ecuador es simplemente la distancia sobre el ecuador. Un valor $^{58}\mathbf{97}^{000m.}$N. significa que el punto está situado 5.897.000 m al norte del ecuador. Cualquier posición válida por encima del ecuador valdrá entre $^{00}\mathbf{00}^{000m.}$N. y $^{93}\mathbf{34}^{080m.}$N.

Las coordenadas al sur del ecuador definen también la distancia a éste, pero aquí el ecuador tiene un valor de es $^{100}\mathbf{00}^{000m.}$N. El punto $^{58}\mathbf{97}^{000m.}$N se encuentra a 10.000.000 – 5.897.000 = 4.103.000 metros al sur del ecuador. Las coordenadas válidas para el hemisferio sur estarán comprendidas entre $^{11}\mathbf{10}^{400m.}$N. en el extremo más al sur y $^{100}\mathbf{00}^{000m.}$N en el ecuador. Al margen de que usted esté por encima o por debajo del ecuador, los valores de esta coordenada aumentarán cuando usted se desplaza al norte y disminuirán cuando se desplace al sur.

Los receptores GPS usan tres modos distintos para expresar el hemisferio en las coordenadas UTM. A continuación se detallan las tres maneras de expresar una misma coordenada de la zona 11.

11 ^{3}**60**$^{100m.}$E. ^{59}**00**$^{800m.}$N.
11 N ^{3}**60**$^{100m.}$E. ^{59}**00**$^{800m.}$N.
11 U ^{3}**60**$^{100m.}$E. ^{59}**00**$^{800m.}$N.

La primera expresión de coordenadas no nos dice visualmente nada sobre el hemisferio. A la hora de entrar la coordenada en el receptor, éste nos habrá preguntado por el hemisferio y lo habrá almacenado en su memoria, pero no lo muestra en la pantalla. El "N" del segundo sistema indica que estamos en el hemisferio norte (nos aparecería una "S" si la situación estuviera al sur del ecuador). La "U" del tercer sistema corresponde al sistema de referencia de la cuadrícula militar (MGRS) y se refiere a la posición al ecuador.

La cuadrícula MGRS divide cada zona UTM horizontalmente en secciones de 8° y les asigna unas letras, según se muestra en la figura. La letra "U" indica que su posición se encuentra en algún lugar entre las latitudes de 48° y 56°. La palabra norte comienza con "N", que pretende recordarle que en el sistema MGRS tanto la letra "N" como cualquier otra posterior (siguiendo el abece-

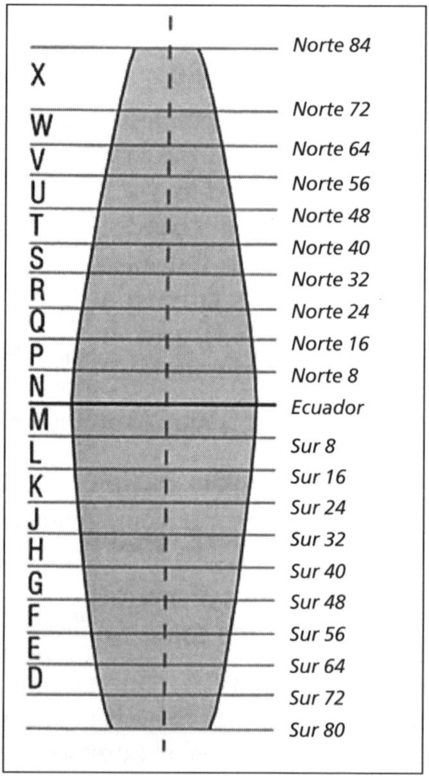

Letras MGRS aplicadas a una zona.

dario) indican situaciones al norte del ecuador. No se debe confundir la letra "S" con la indicación de hemisferio sur, propia de otros sistemas.

Reglas UTM

Ya se ha dicho que las coordenadas UTM pueden leerse fácilmente a ojo en un mapa de escala grande. Sin embargo, hay algunas reglas que hacen más fácil el uso de la cuadrícula. Los proveedores de reglas para mapas se encuentran al final del libro. En el capítulo 8 se explica el uso de la Topo Companion, mientras que la UTM Grid Reader se explica en el capítulo 10.

Una típica regla 1:24.000 para UTM.

La esquina de la regla se coloca sobre la posición cuyas coordenadas usted quiere medir. Las líneas de la cuadrícula UTM interseccionarán con las escalas horizontal y vertical de la regla. La figura nos muestra la medición de las coordenadas UTM de un edificio sobre el mapa topográfico del USGS Long Branch, NJ. Vemos cómo la escala horizontal corta una línea vertical (eje X) de cuadrícula. La coordenada correspondiente la obtenemos sumando el número de la escala horizontal, que corta con la línea vertical de cuadrícula, al número de ésta. En este caso, en la escala leemos 480 y la línea vertical de la cuadrícula es $^{5}\mathbf{75}^{000}$. Por tanto, la coordenada X será:

$$^{5}\mathbf{75}^{000m.}\text{E.} + 480 = {}^{5}\mathbf{75}^{480m.}\text{E.}$$

Por su parte, la línea horizontal (eje Y) de la cuadrícula corta la escala vertical y la coordenada horizontal correspondiente se halla por el mismo procedimiento que la coordenada vertical. En este ejemplo, la escala vertical marca 650 en el punto de corte con la línea horizontal de cuadrícula $^{44}\mathbf{58}^{000m.}$N. Por tanto la coordenada X será:

$^{44}\mathbf{58}^{000m.}$N + 650 = $^{44}\mathbf{58}^{\ 650m.}$N

Las coordenadas del punto serán, pues:

18 T $^{5}\mathbf{75}^{480m.}$E. $^{44}\mathbf{58}^{\ 650m.}$N.

Las coordenadas de cualquier otro punto se calculan por el mismo sistema.

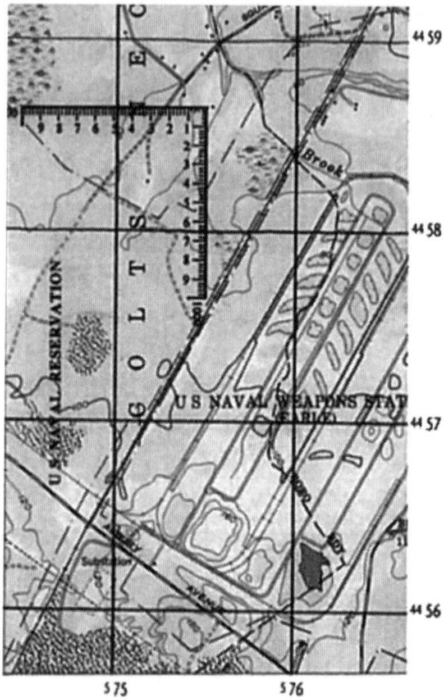

Long Branch, NJ USGS Topo.

Buscando muestras de agua en el desierto

Vamos ahora a hacer otro viaje haciendo uso de las coordenadas UTM. Usted tiene que tomar muestras de agua de diversas fuentes en el desierto de Arizona (Arizona Superstition Wilderness). Allí hay marcas y relieves del terreno que ayudan a orientarse, pero la mayor parte del territorio es muy igual y no es difícil perderse. El receptor GPS no sólo le ayudará a no perderse, sino también a seguir la ruta más efectiva.

Los vehículos a motor no están normalmente autorizados a penetrar en esa área protegida, pero usted ha obtenido permiso para usar su todo terreno, que es similar a una motocicleta, pues el trabajo a realizar requiere rapidez. El receptor está montado sobre el manillar y está alimentado por la batería del vehículo, de manera que podrá tenerlo todo el tiempo funcionando. Ante todo, deberá entrar en la memoria del receptor las coordenadas de todos los puntos que ha de recorrer y con ellos creará una ruta. En el momento de iniciar el recorrido, usted activará la ruta y la pantalla de navegación le guiará de un punto a otro, sin necesidad de tocar ningún botón, de manera que podrá conducir y navegar al mismo tiempo. Como va a tener que bordear obstáculos y no podrá dirigirse directamente a los puntos, decide que la mejor pantalla será la de compás, dado que lo que realmente le interesará en todo momento es, esté donde esté, saber la dirección al próximo punto y esta pantalla se lo indicará.

Una vez más, el viaje se iniciará ante un mapa. El mapa topográfico USGS de Pinyon Mountain, Arizona (escala 1:24.000) cubre esa zona. Es un mapa viejo y no dispone de la cuadrícula UTM, de manera que usted traza las líneas de cuadrícula siguiendo las marcas de los márgenes. Para ello utiliza una regla larga y une con una línea las marcas de igual número de los márgenes opuestos. Al igual que en el ejemplo del capítulo anterior, la cuadrícula formará cuadrados de 1 km (0,62 mi) cuadrado. El número de la zona, el 12, está impreso en el mapa. Sin embargo, si su receptor necesita la letra MGRS para identificar el hemisferio y usted la ignora, puede encontrarla en la figura de la página **120** o simplemente usar la letra "N" para indicar al receptor que se halla al norte del ecuador. Una vez que haya entrado el resto de la coordenada, el receptor cambiará automáticamente la "N" por una "S", que es la que corresponde a la latitud de la zona en el sistema de letras MGRS.

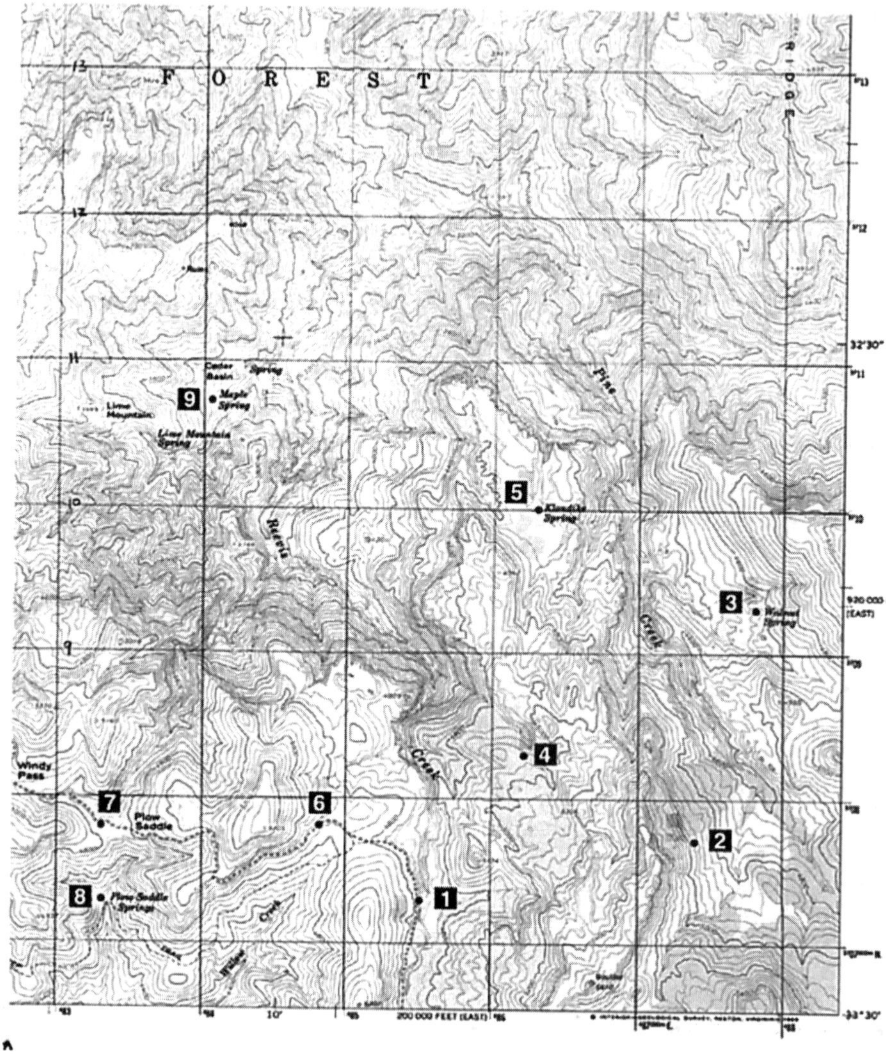
F O R E S T
RIDGE
Cedar Basin
Spring
Maple Spring
Lime Mountain
Lime Mountain Spring
Klondike Spring
Walnut Spring
Pine
Creek
Creek
Windy Pass
Plow Saddle
Plow Saddle Springs
Walnut
Creek
1
2
3
4
5
6
7
8
9
32°30"
200 000 FEET (EAST)

Punto	Zona	Coordenada Y	Coordenada X	Nombre
#0	12 S	^{4}**85**$^{410m.}$E.	^{37}**04**$^{000m.}$N.	W-00 fuera del mapa
#1	12 S	^{4}**85**$^{510m.}$E.	^{37}**07**$^{300m.}$N.	W-01
#2	12 S	^{4}**87**$^{390m.}$E.	^{37}**07**$^{710m.}$N.	W-02
#3	12 S	^{4}**87**$^{800m.}$E.	^{37}**09**$^{300m.}$N.	W-03
#4	12 S	^{4}**86**$^{210m.}$E.	^{37}**08**$^{300m.}$N.	W-04
#5	12 S	^{4}**86**$^{300m.}$E.	^{37}**10**$^{000m.}$N.	W-05
#6	12 S	^{4}**84**$^{810m.}$E.	^{37}**07**$^{800m.}$N.	W-06
#7	12 S	^{4}**83**$^{300m.}$E.	^{37}**07**$^{800m.}$N.	W-07
#8	12 S	^{4}**83**$^{300m.}$E.	^{37}**07**$^{290m.}$N.	W-08
#9	12 S	^{4}**84**$^{050m.}$E.	^{37}**10**$^{740m.}$N.	W-09

Como de costumbre, deberemos ajustar el receptor adecuadamente antes de entrar los *waypoints.*

- **Datum del mapa: North American Datum 1927 (NAD 27)**
  Si su receptor le ofrece la posibilidad de seleccionar, dentro del NAD 27, distintas opciones como Alaska, Canadá, America Central, etc., elija NAD 27 – CONUS (Continental US). En otro caso seleccione simplemente NAD 27.

- **Unidades: métricas**
  La cuadrícula UTM está calculada en metros, por lo cual será mucho más sencillo si su receptor se las indica también en metros. Por tanto, ajuste el receptor para trabajar con unidades métricas.

- **Cuadrícula de coordenadas: UTM**

- **Orientación del norte: Norte magnético**
  Como usted no va a utilizar un compás para navegar, ajuste la referencia norte al norte verdadero, de manera que las demoras coincidan con las del mapa.

- **Límite CDI: pequeño**
  El receptor le va a guiar a todos los puntos, pero usted considera que en este caso lo importante es saber siempre, desde cualquier posición,

la dirección al próximo punto y que la distancia que se aleje de la línea de rumbo directo no tiene importancia. Por tanto, introduce un límite de CDI de 5 km de manera que si, por cualquier razón, desea echar un vistazo a la pantalla de "autopista", ésta sigue apareciendo como tal, aunque usted se haya alejado mucho del rumbo inicial.

Elegirá sobre el mapa los *waypoints* cercanos a las fuentes y situados sobre terrenos que parezcan accesibles a su vehículo. En la regla encontrará la escala 1:24K UTM y con ella medirá las coordenadas. Con ella podrá fácilmente obtener las coordenadas con una precisión de aproximadamente 10 m (32,8 pies). La relación de las coordenadas correspondientes a los números marcados en el mapa, junto con sus nombres, ha sido ya expuesta en la página anterior. El *waypoint* #0 está sobre la carretera, al sur del #1, quedando fuera del mapa. En realidad hay más fuentes en el área, que deberían ser analizadas, pero los *waypoints* marcados son ya suficientes para el trabajo de una mañana.

La ruta de este viaje es diferente de la expuesta en el capítulo anterior, pues hay *waypoints* que se van a usar más de una vez. Por ejemplo, la ruta proyectada le lleva de #2 a #3 y luego, de regreso, a #2, antes de seguir hasta #4. Cada receptor representa las rutas de distinta manera, pero la información que proporcionan es siempre la misma, según se muestra a continuación. La senda deseada es la demora entre dos puntos adyacentes. A la hora de leer la demora recuerde que está referida al norte verdadero.

Nombre	**Punto**	**Dirección**	**Distancia en km**
W-00	#0		
		2°	3,3
W-01	#1		
		78°	1,9
W-02	#2		
		14°	1,6
W-03	#3		
		194°	1,6

→

Nombre	Punto	Dirección	Distancia en km
W-02	#2		
		297°	1,3
W-04	#4		
		3°	1,7
W-05	#5		
		288°	2,4
W-09	#9		
		108°	2,4
W-05	#5		
		183°	1,7
W-04	#4		
		250°	1,5
W-06	#6		
		270°	1,5
W-07	#7		
		180°	0,5
W-08	#8		
		0°	0,5
W-07	#7		

El viaje total, según lo planeado, desde W-00 a W-07, incluyendo las idas y venidas entre *waypoints* supone 21,9 km (13,6 millas). La altitud a lo largo de la ruta no varía mucho, de manera que la distancia calculada por el receptor será muy parecida a la real, si el terreno permite seguir la línea recta entre *waypoints*.

El plan de navegación prevé usar el receptor durante todo el viaje, puesto que le ayudará a acabar mucho antes que si usa sólo el compás. Utilizará, dentro de lo posible, la carretera mostrada en el mapa. Para ir del punto W-00 al W-01 y del W-06 al W-07, le conviene mantenerse sobre la carretera, sea cual sea la indicación de la pantalla de navegación. En cambio, al llegar a W-01 deje la carretera y siga lo más fielmente posible la dirección del receptor. Lo mismo deberá hacer al llegar a W-07. De todas formas, conviene que lleve consigo el mapa y el compás, por si algo le sucediera al receptor.

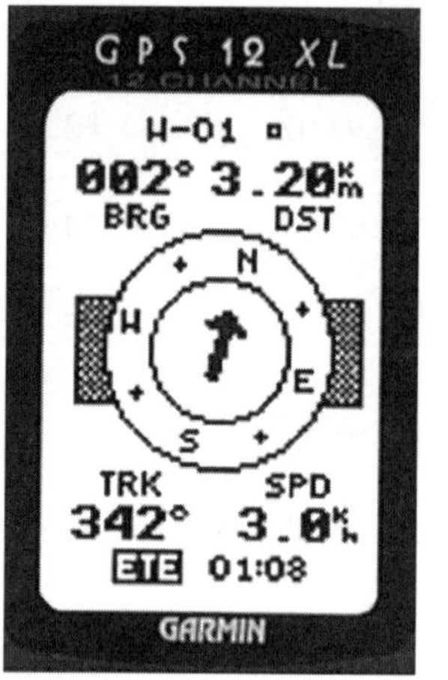

Llega el día y, después de un buen descanso nocturno en W-00, pone en marcha su vehículo todo terreno y conecta el receptor. El sol está saliendo y los cactus saguaro proyectan largas sombras. Va a ser un día muy caluroso, pues no hay nubes en el cielo. Usted busca en la memoria del receptor la ruta formada con los *waypoints* que ha de recorrer y la activa. Al iniciar el recorrido por la carretera, la flecha de la pantalla de compás le señala hacia adelante, indicando que su dirección es la correcta. Sin embargo, al llegar a la primera curva hacia la izquierda, su dirección indica 342° y la flecha se desplaza claramente a la derecha, indicándole el camino a seguir para ir derecho a W-01.

Hace caso omiso de la flecha, pues sabe que debe seguir la carretera hasta W-01. Más adelante la carretera gira a la derecha y la flecha salta ahora hacia la izquierda, pero usted prosigue su camino. Cuando está dentro de los 0,25 km (0,16 millas) de W-01, aparece centelleante en la pantalla un mensaje que le indica la proximidad de dicho punto. Usted reduce velocidad y se prepara para seguir las indicaciones de la flecha. Una vez alcanzado W-01, la flecha de la pantalla de navegación salta hacia la derecha mostrándole la nueva demora que debe seguir: 78°. Ahora, abandona la carretera y gira hacia la derecha en dirección a W-02. Al principio no tiene prácticamente problemas para mantener el rumbo directo, pero al llegar a la mitad del camino descubre que el terreno a la derecha es mucho más llano que la ruta planeada. Se detiene para consultar el mapa y decide desviarse a la derecha hasta que la demora para alcanzar W-02 sea de 0°, es decir, hasta estar al sur del *waypoint*. Una vez alcanzada esa posición,

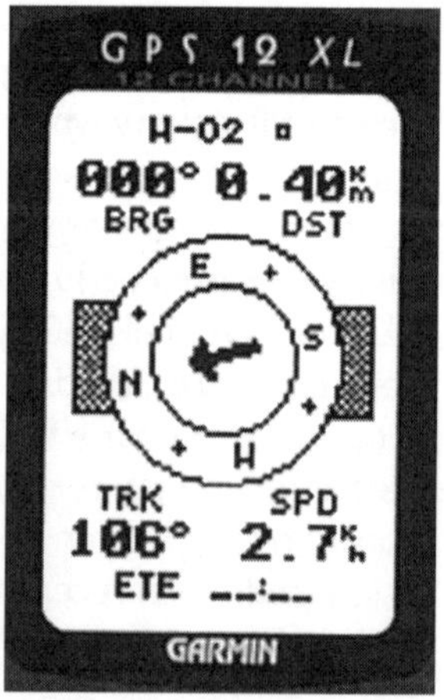

pondrá rumbo norte hasta llegar a W-02. Intenta seguir el camino más fácil y comprueba que la nueva demora es aproximadamente 106°. Al proyectar la ruta había pensado en la posibilidad de desplazar el punto W-02 más hacia el sur, pero finalmente lo colocó donde está, pensando que era lo correcto. Ahora, sin embargo, sobre el terreno, ha comprobado que la ruta sur es mucho mejor. Mantiene un ojo en la demora a W-02 y en el momento en que indica 0°, gira ampliamente a la izquierda hasta que la flecha del compás señale hacia arriba, indicando que va directo a W-02.

Movido por la curiosidad, quiere echar un vistazo a la pantalla de mapas, así es que detiene su vehículo y observa el mapa dibujado en su receptor. Un símbolo de diamante le indica su posición actual, justo al sur de W-02, que es a donde usted exactamente quería llegar.

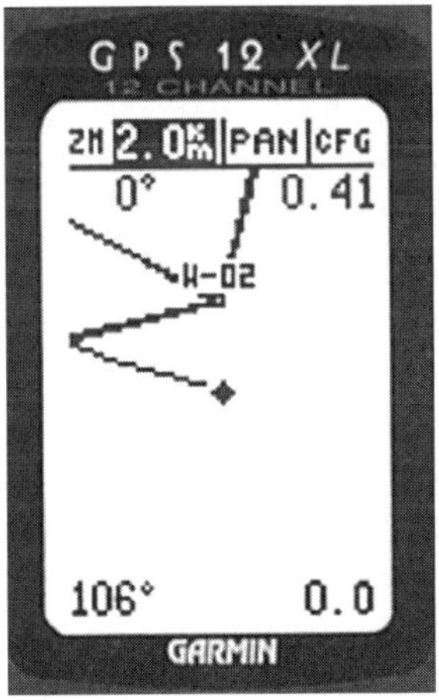

Una vez alcanzado el punto W-02, el receptor empieza a guiarle automáticamente hacia W-03, con lo cual la demora que debe seguir cambia a 14° y la flecha señala hacia la derecha. A medida que usted empieza a girar a la derecha, la flecha se mueve hasta apuntar justo a la parte superior de la pantalla y su rumbo es 14°. Cuando lleva recorrido un tercio del camino hacia W-03, comprueba que hacia el este el terreno es más accesible y decide hacer lo mismo que antes: desviarse hacia la derecha hasta que la demora para proceder a W-03 sea 0°y luego

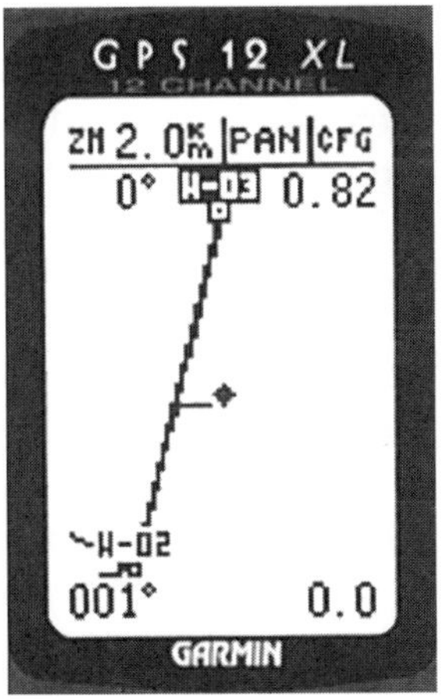

poner rumbo norte para llegar al *waypoint.* En consecuencia, gira a la derecha y va vigilando ocasionalmente la pantalla hasta que la demora a W-03 es 0°. En ese momento emprende rumbo norte. Un vistazo rápido al mapa del receptor le muestra que el desvío ha sido pequeño y que - W-03 está justo por delante suyo. En unos minutos llega a Walnut Spring y toma las muestras necesarias.

El receptor le indica ya el camino de regreso a W-02, dirección 194°. Sin embargo, usted mantiene el rumbo 180° hasta que el terreno mejora y puede seguir la dirección de la flecha hacia W-02. Antes de eso, la flecha le habrá estado señalando hacia la derecha. Una vez alcanzado W-02, el receptor le invita a girar hacia la derecha para dirigirse a W-04, pero al ver las condiciones del terreno y recordando lo observado a la ida, usted sabe que le conviene proceder al sur de W-02, hasta donde el terreno es más llano y entonces encarar el punto W-04. De momento ignora la flecha y presta atención a la propia demora para asegurarse de que sea 180°.

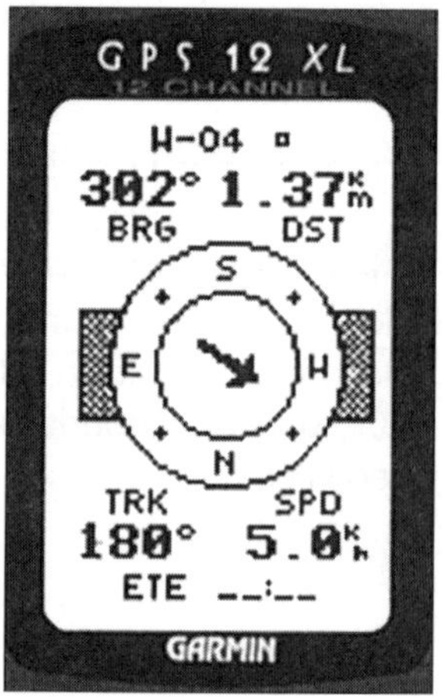

El receptor muestra que la distancia a W-04 aumenta, pero tan pronto deja atrás la pequeña colina y puede dirigirse directamente a W-04, la demora indicada es 311° y la distancia al punto 1,45 km (0,9 mi). Una vez llegado a W-04 el receptor le señala el camino a W-05. El nuevo rumbo es 3° y, a la vista del terreno, el tramo hasta Klondike Spring en W-05 va a ser en línea recta.

Después de tomar muestras de agua de la fuente, se da cuenta de que el terreno a W-09 es mucho más abrupto de lo que parecía en el mapa. Echa otro vistazo al mapa y decide tomar rumbo oeste hasta pasar Reevis Creek y luego girar al norte hasta W-09. No presta mucha atención a la flecha del compás hasta que la demora a W-09 es aproximadamente 350°. Sin embargo, el mapa del receptor le habrá resultado muy útil durante estas maniobras, por lo que decide ir siguiendo el camino más apropiado según las características del terreno e ir registrando sus movimientos en la pantalla de mapas. Después de un rato de viaje, echa un vistazo a la citada pantalla y comprueba que, a pesar de haberse desplazado primero hacia el oeste y después al sudoeste, algo ha avanzado, pues está más cerca de W-09.

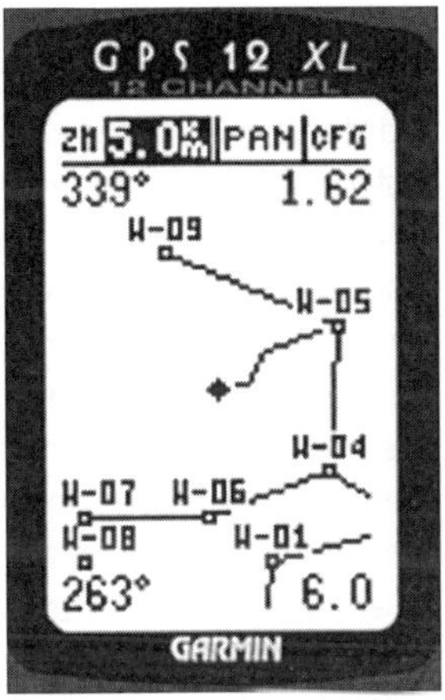

Sigue avanzando y, cuando la demora a W-09 es 350°, pone rumbo derecho hasta llegar al *waypoint.* Una vez allí observa sobre la pantalla de mapas el camino seguido para llegar hasta ahí.

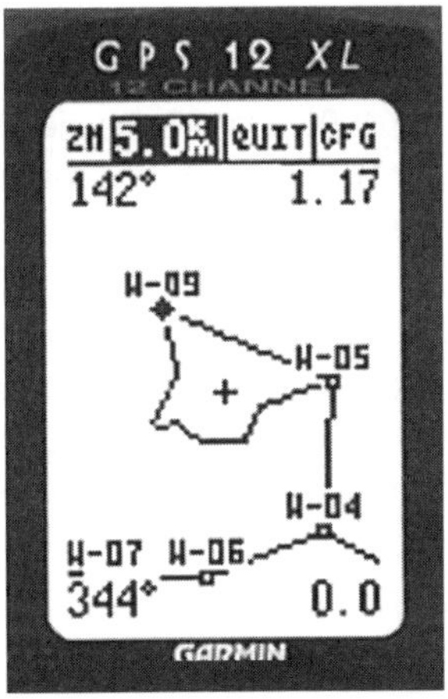

Después de tomar las muestras de agua de Maple Spring, el receptor le está señalando ya la línea directa a W-05. Sin embargo, decide repetir a la inversa el camino seguido a la ida. Para llegar a W-09 había ajustado su receptor de manera que el norte quedara en la parte superior de la pantalla. Ahora, en cambio, decide que la parte superior de la pantalla señale siempre la dirección a la que usted se dirige. Es lo que se llama el modo de "rumbo arriba" (*track up*), que le permite en todo momento saber cuándo tiene que cambiar de rumbo para mantenerse sobre la ruta dibujada en el mapa.

El tramo de regreso de W-05 a W-04 puede hacerse en línea recta porque el terreno es liso, así es que cambia a la pantalla de compás y pronto se encuentra ya en W-04. El receptor le señala ahora el rumbo directo a W-06. Después de consultar el mapa, comprueba que para llegar a W-06 tiene que cruzar Reevis Creek. La ruta planeada es bastante empinada en comparación con el terreno bastante más al sur. Sin embargo, decide seguir las indicaciones del receptor hasta que la ruta se vuelva inaccesible y entonces desviarse en busca de una zona transitable y posteriormente seguir de nuevo las indicaciones del receptor. Al llegar a Creek, ve que realmente el terreno se vuelve demasiado empinado y cambia el rumbo hacia el sur hasta encontrar por donde pasar. Una mirada al mapa del receptor le indica que se encuentra en la dirección que va a W-01. Podría continuar a ese rumbo siguiendo las indicaciones del receptor y luego tomar la carretera que va a W-06, pero usted decide cruzar el marisma y proceder directamente a W-06. La flecha de la pantalla de navegación le muestra la ruta directa, por lo que cambia al rumbo al 272°, en dirección a W-06. El plan consiste en tomar la carretera que va de W-06 a W-07. Desde ahí, sigue las indicaciones de la flecha del receptor hacia W-08, en donde toma una muestra del agua de Plow Saddle Spring. A continuación, el receptor le lleva de regreso a W-07. La ruta ha sido ya completada, por lo cual la desactiva. Ahora ya no necesita el receptor, pues todo lo que tiene que hacer es seguir la carretera de regreso al campamento. En cualquier caso, activa la función *Goto* y selecciona el punto W-00 para, mediante el ETE (tiempo estimado en ruta), saber el tiempo que tardará en llegar.

7 Navegación GPS con visibilidad cerrada

En los dos capítulos anteriores, hemos aprendido cómo usar un GPS y un mapa para preparar una ruta. Otro uso práctico de la tecnología GPS es como medio de navegación auxiliar en caso de mal tiempo. Supongamos que usted proyecta llevar a unos amigos a la cima del Monte Columbia, en las Montañas Rocosas de Canadá. Para alcanzar la cumbre es necesario cruzar los campos de hielo de Columbia, cuya altitud oscila entre los 3.038 y los 3.353 metros (10.000 a 11.000 pies) y donde, como ocurre en las zonas de alta montaña, frecuentemente la visibilidad es mala y la navegación extremadamente difícil. Por otra parte, como las nubes no afectan a las señales de los satélites, el uso de un receptor GPS resulta perfectamente indicado.

La mayor parte de los que escalan el Monte Columbia instalan el campamento base en la cara nordeste del campo de hielo. Si al llegar el tiempo es malo, se quedan en el campamento y esperan, pero si el tiempo es bueno, cargan únicamente con el equipo de supervivencia y se apresuran a cruzar el hielo en dirección a la cima. Sin embargo, a pesar de que durante el ascenso el cielo esté despejado, es frecuente que, procedentes de los valles, asciendan rápidamente nubes que cierren la visibilidad en el camino de vuelta. Antes de abandonar el campamento base, deben tomarse medidas de precaución para asegurarse de que será posible encontrar el camino de regreso aunque la visibilidad sea mala. Para ello se clavan en la nieve varas de bambú. El sistema de navegación tradicional en estas condiciones, sin receptor GPS, consiste en usar un compás y situaciones de estima. No es una empresa fácil caminar 7 u 8 km (4,4 a 5 millas) a través de un campo de hielo, con visibilidad nula. Si es capaz de navegar con precisión, podrá cruzar el campo de hielo, siguiendo las varas de bambú hasta llegar al campamento base. Pero la navegación puede ser tan difícil que la expedición puede verse obligada a pasar la noche atrincherada en la nieve, en espera de que el sol de la mañana disipe las nubes.

En el primer día de viaje, esquiarán el glaciar Athabasca arriba hasta los campos de hielo de Columbia, remontando una rampa de nieve entre grandes grietas y levantarán el campamento base. Éste debe situarse donde sea fácil de localizar la cima de la rampa, incluso con mal tiempo. El segundo día cruzarán el llano y monótono campo de hielo hasta la base de la cumbre, en donde dejarán los esquís y comenzarán a escalar. Camino de la cima, se ven obligados a cruzar una brecha en el campo de hielo, formada donde dos glaciares llenos de grietas se separan hacia los extremos. Para avanzar fácilmente y con seguridad, deben localizar el punto más alto de la brecha, donde las grietas sean menores. Usted ha hecho esta excursión ya varias veces y está muy familiarizado con el camino, por lo cual no ha entrado previamente los *waypoints* en su receptor. Sin embargo, decide almacenar aquellos puntos críticos del camino a la cima, para el caso de que, debido a las condiciones del tiempo, necesite usarlos en el camino de vuelta.

Llega el día previsto y, después de un largo viaje, llegan a la zona de aparcamiento. A pesar de que está usted familiarizado con la ruta a seguir, saca el mapa y el compás, este último para el caso de que el receptor falle. Antes de abandonar el vehículo, conecta el receptor e introduce los siguientes parámetros:

- **Datum del mapa: North American Datum 1927 (NAD 27)**
  Si su receptor le ofrece la posibilidad de seleccionar, dentro del NAD 27, distintas opciones como Alaska, Canadá, America Central, etc., elegirá el NAD 27 - Canadá. En otro caso seleccione simplemente NAD 27.

- **Unidades: métricas**
  La cuadrícula UTM está calculada en metros, por lo cual será lo más práctico trabajar con unidades métricas.

- **Sistema de coordenadas: UTM**

- **Orientación del Norte: Norte magnético**
  Puede ser que use el compás entre los distintos puntos. Si el receptor está preparado para referir las direcciones al norte magnético, podremos usarlas directamente sobre el compás, sin necesidad de compensar por la declinación.

- **Límite CDI: pequeño**
  Si podemos seleccionar la tolerancia del Indicador de Desvío de Rumbo (CDI), la ajustaremos a un valor entre 250 y 500 m. La función *Goto* (ir hacia) del receptor, será utilizada para navegar en caso de mal tiempo. Un límite de CDI de 250 a 500 m representa que el receptor sólo nos avisará de que nos estamos apartando del rumbo, cuando nos hallemos alejados a más de 250 o 500 m. del mismo.

Después de que haya ajustado su receptor, lo guardará en su mochila y se colocará los esquís. No se preocupará de marcar la posición de su coche pues usted sabe que, incluso con muy mal tiempo, no tendrá ningún problema en hallar el camino de regreso del glaciar Athabasca hasta el lugar de estacionamiento.

Así es que usted y sus amigos emprenden el camino y enseguida llegan a la cima de la rampa en la pared frontal, que es el primer punto que conviene registrar. Aprovechando un momento de descanso, saca su receptor de la mochila, lo pone en marcha y, en cuanto empieza a captar las señales de los satélites, introduce el primer punto del viaje:

#1 11U $^{4}\mathbf{81}^{019m.}$E. $^{57}\mathbf{79}^{434m.}$ N. RAMP

Desde la cima de la rampa, van esquiando por el campo de hielo de Columbia hasta la zona llana al sur de Snowdome. Ahí levantan el campamento y sitúan una línea de varas como medida de precaución para el viaje del próximo día. Asimismo, entrará usted en su receptor la situación del campamento:

#2 11U $^{4}\mathbf{78}^{327m.}$E. $^{57}\mathbf{78}^{541m.}$ N. CAMP

Con el sol naciente del nuevo día, usted y sus amigos están ya listos y comenzando a cruzar el campo de hielo. El tiempo es magnífico. Como medida de precaución lleva un juego de baterías de repuesto en su mochila, dado que si el tiempo se pone mal necesitará usar el receptor con la luz interna activada y eso consume mucha energía. También se llevan un juego extra de varas de bambú, pues aunque el receptor les guiará con seguridad y exactitud, en caso de visibilidad nula les será muy útil disponer de varas en los extremos de la brecha y a ambos lados del paso más conveniente.

La segunda jornada transcurre según lo planeado y avanzan rápido hacia la cima del campo de hielo, lugar en el que giran hacia la derecha para encarar la brecha. Aprovechando un breve descanso, graba esa posición como un nuevo *waypoint*:

#3 11U $^{4}\mathbf{77}^{016m.}$E. $^{57}\mathbf{75}^{836m.}$N. R-TURN

Pronto alcanzan la brecha y se detienen un rato en busca del lugar más estrecho para cruzar. Una vez hallado, colocan estratégicamente unas varas y usted entra la posición como nuevo *waypoint*:

#4 11U $^{4}\mathbf{76}^{328m.}$ E. $^{57}\mathbf{75}^{207m.}$N. TREN-E

Al cruzar el surco, van colocando varas para señalizar el lugar de paso. Usted establece un paralelismo entre el aumento de precisión que proporcionan las varas y el del GPS Diferencial: Si se encuentra junto a una vara, usted sabe exactamente dónde se encuentra, aunque el receptor le indique algo distinto. El receptor le llevará hasta muy cerca del lugar, pero la vara le da la máxima precisión para cruzar la brecha con seguridad. El papel importante del receptor es que le llevará lo suficientemente cerca de la brecha, como para poder localizar las varas, cosa que no podría conseguir con la simple ayuda de un compás. Una vez cruzado el surco, entra un nuevo *waypoint:*

#5 11U ^{4}**75**$^{542m.}$E. ^{57}**75**$^{023m.}$N. TREN-W

Ahora tiene ya señalizados los márgenes este y oeste de la brecha. Si la visibilidad se cierra, el receptor le ayudará a localizar la parte más estrecha de la misma, para cruzarla. Antes de llegar a la base del Monte Columbia tienen que recorrer 5 km (3,1 mi) y ascender 610 m (2.001 pies), así es que usted guarda el receptor y se ponen de nuevo en marcha. Una vez alcanzada la base del Monte Columbia, se quitan los esquís y sacando otra vez el receptor anota el siguiente *waypoint*:

#6 11U ^{4}**70**$^{518m.}$E. ^{57}**74**$^{345m.}$N. BASE-C

Escalan los últimos 370 m (1.214 pies) hasta la cumbre, con mucho cuidado de no caerse por la doble cornisa. Una vez arriba, pueden disfrutar de la maravillosa vista de las montañas de alrededor, con el Monte Robson, que como un diente blanco resplandece al norte. En ese momento, usted saca el receptor de la mochila y registra la posición de la cumbre, no porque la necesite para navegar, sino como recuerdo de haber estado en uno de los lugares más hermosos de la Tierra:

#7 11U ^{4}**69**$^{906m.}$E. ^{57}**74**$^{327m.}$N. SUMMIT

Decide ahora hacer una ruta para el viaje de regreso, simplemente con la intención de obtener las distancias y demoras entre *waypoints*. El mapa le muestra todos los *waypoints* excepto los dos últimos. Las distancias vienen dadas en kilómetros y las demoras son magnéticas.

Nombre	Punto	Demora	Distancia km
SUMMIT fuera del mapa	#7		
		68°	0,6
BASE-C fuera del mapa	#6		
		62°	5,1
TREN-W	#5		
		56°	0,8
TREN-E	#4		
		27°	0,9
R-TURN	#3		
		5°	3
CAMP	#2		
		51°	2,8
RAMP	#1		

La suma de las distancias le da 10,4 km (6,5 millas). En realidad no necesita la función ruta para regresar, pero ahora ya conoce la distancia total desde el campamento base a la cima.

Al levantar la vista del receptor, observa una nube que desde el valle va subiendo por el glaciar hacia el campo de hielo. Ya está cubriendo la brecha, lo que significa que es hora de ponerse rápidamente en marcha. Guarda el receptor en su mochila y, junto a sus amigos, comienza el descenso a la base. Al llegar al lugar en el que dejaron los esquís, están ya inmersos en una nube espesa y el viento va levantando nieve y cubriendo la ruta de ida. Sin embargo, usted no se preocupa: con la ayuda del receptor, el camino hasta el campamento podrán hacerlo en un tiempo récord y no van a tener que pasar una noche fría a la intemperie.

Una vez puestos los esquís, toma el receptor, lo pone en funcionamiento, enciende la luz interna y aprieta la función *Goto*. Deben dirigirse desde la base de la montaña al extremo oeste de la brecha, así es que selecciona TREN-W como *waypoint* al que hay dirigirse. Selecciona la pantalla de compás, que le informa del rumbo que lleva a cada instante y del que debe hacer para llegar al citado *waypoint*. En realidad, va a ser lo mismo que orientarse con un compás, tal y como ya lo ha hecho en ocasiones anteriores, pero con la ventaja de que, aunque se desvíe del rumbo, siempre conocerá la demora correcta para llegar a destino.

El receptor le indica una demora de 62° y se ponen en marcha en esa dirección.

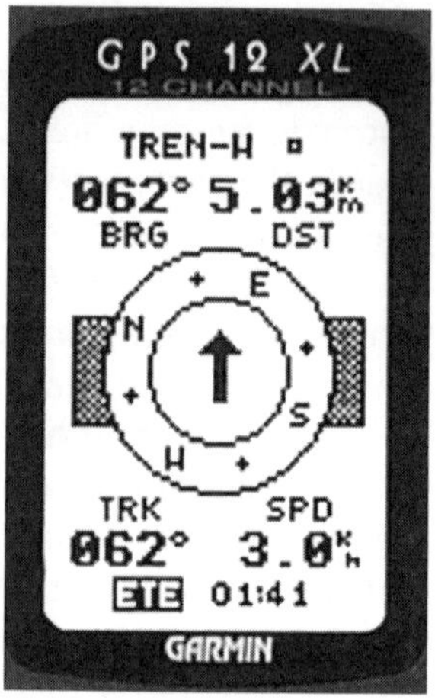

Una ojeada al "tiempo estimado en ruta" (ETE) en la parte inferior de la pantalla, le indica que, a la velocidad actual, si se mantienen a rumbo, tardarán aproximadamente 1 hora y 40 minutos en llegar a la brecha. A medida que descienden esquiando, comprueba que mantienen el rumbo razonablemente bien, por lo que apaga la luz del receptor y sólo la enciende de vez en cuando para comprobar que siguen a rumbo. Aunque lleva un juego de baterías de repuesto, considera prudente ahorrar energía. Cuando en una de sus comprobaciones sobre el receptor, observa que están fuera de rumbo, conecta la pantalla de "autopista" para ver el error de caída de derrota *(Cross Track Error)*.

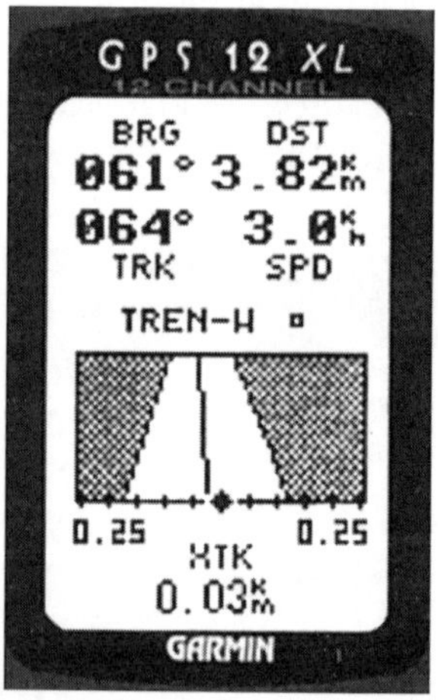

En un cierto momento observa que se encuentra a 0,03 km (30 m o 98,4 pies) a la derecha de la derrota directa a TREN-W y que la "autopista" apunta hacia la izquierda, indicándole que debe enmendar su marcha hacia la izquierda para volver al rumbo inicial. Está asombrado, pues antes, sin visibilidad, nunca se había mantenido tan próximo a la demora correcta y ahora, más que estar sobre ella, sabe exactamente cuánto se ha alejado y qué dirección exacta debe seguir para corregir su rumbo. Así es que ajusta su demora a 61° y continúan la marcha.

La siguiente vez que consulta el receptor detecta que se han vuelto a desviar, aunque esta vez hacia la izquierda, hallándose a 0,02 km (20 m o 65,6 pies) de la línea de rumbo directo.

La demora a TREN-W señala ahora 62°. Por tanto, giran ligeramente hacia la derecha hasta arrumbar la nueva demora. En esos momentos la distancia a la brecha es de poco más de 2 km (1,2 millas), información de

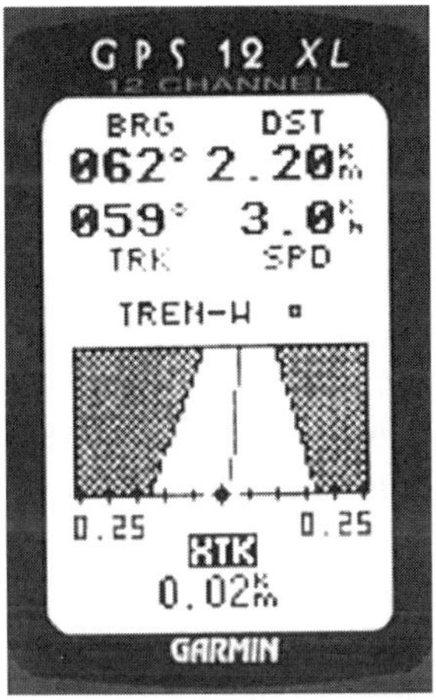

la que antes, sin receptor GPS, nunca disponía. Finalmente, después de diversas correcciones de rumbo, dos horas después de haber dejado la base del Monte Columbia, llegan al extremo oeste de la brecha y localizan sus varas.

Mientras preparan las cuerdas para cruzar, apaga el receptor. Una vez listos, lo vuelve a poner en marcha y activa la función *Goto*, seleccionando el *waypoint* TREN-E.

La pantalla de gobierno le muestra la demora 56°. Así es que, siempre atento a las indicaciones del receptor, se ponen en marcha en esa dirección. Al entrar en la brecha avanzan muy despacio y se da cuenta de que el receptor no le da ningún valor ETE, lo cual no es ningún inconveniente para seguir disponiendo de una demora precisa para alcanzar el otro extremo de la brecha. Como están en un tramo crítico, mantiene todo el rato la luz del receptor encendida y va observando las indicaciones de la pantalla, al mismo tiempo que van buscando de las varas. De vez en cuando, echa un vistazo a la pantalla de mapa para tener una visión general de su posición y de su rumbo.

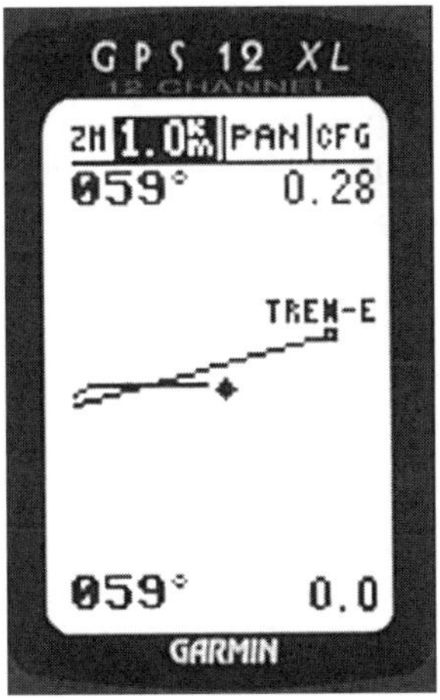

La primera vez que consulta el mapa del receptor, detecta que está ligeramente desplazado hacia la izquierda del rumbo directo y que la demora a TREN-E ha cambiado a 59°. Por tanto, ajusta su rumbo a la nueva demora. Al llegar a la primera hilera de varas, su confianza en el receptor aumenta. Después de un rato, el mapa de la pantalla le indica que ha pasado de estar desviado a la izquierda a estarlo a la derecha. La pantalla de "autopista" le informa de que el error de caída de derrota (XTE) es de 0,06 km (60 m o 196,9 pies).

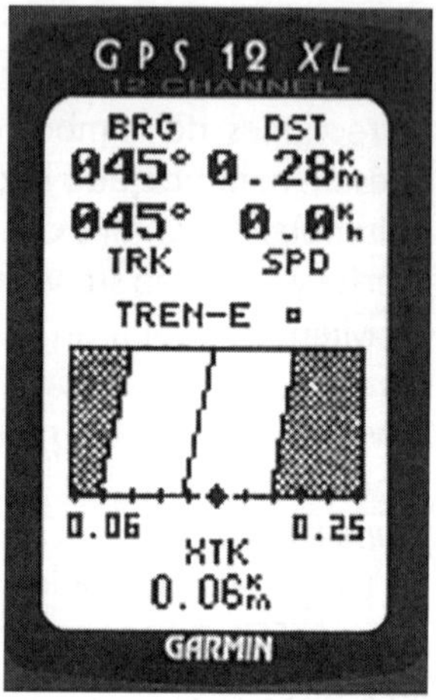

Esto significa que está más alejado del rumbo de lo que quisiera y en parte ello es debido a su falta de vigilancia. La demora hasta el final de la brecha es ahora de 45° y usted decide mantener un control más estrecho sobre el receptor. Una hora después localizan todas las varas colocadas y el mapa del receptor le indica que han alcanzado exitosamente el *waypoint* TREN-E.

Nunca había conseguido semejante resultado con tan poca visibilidad y ello no habría sido posible sin la combinación de estos dos elementos: el receptor y las varas. A partir de ahí, el camino de regreso al campamento es derecho. Se libra de las cuerdas y activa la función *Goto* del receptor para llegar a R-TURN. La pantalla le indica una demora de 27°. Se ponen nuevamente en camino y en 40 minutos llegan a su destino. Allí descansan y aprovecha para cambiar las baterías del receptor. A continuación activa la función *Goto* para dirigirse a CAMP. El receptor le señala un rumbo de 5° y, a la velocidad actual, le da un ETE de aproximadamente 1 hora. Con algunas pequeñas oscilaciones, se van manteniendo a rumbo y levantando varas, hasta que al cabo de 1 hora y 15 minutos alcanzan el campamento base. Cuando sube la cremallera de su tienda, descubre que dentro ya hay alguien que, siguiendo sus varas, ha buscado refugio en su campamento.

Usted anota en su diario: "Traer receptores para vender en la zona de estacionamiento".

8 Latitud y longitud en un viaje en kayak

La cuadrícula latitud/longitud

La cuadrícula latitud/longitud resulta familiar a casi todo el mundo. Viene impresa en la mayor parte de los mapas. Si usted viaja por una parte del mundo para la cual su receptor carece de la red local, no debe preocuparse, pues su mapa con toda probabilidad dispondrá de latitud y longitud. La cuadrícula latitud/longitud está trazada sobre la base de una esfera. La figura muestra cómo el globo terráqueo está dividido en líneas de latitud y de longitud.

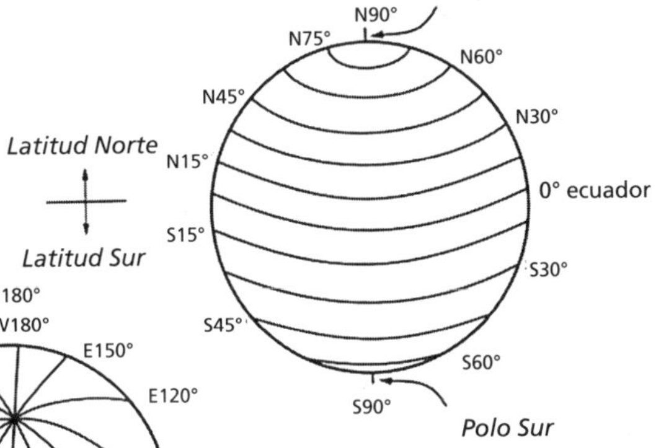

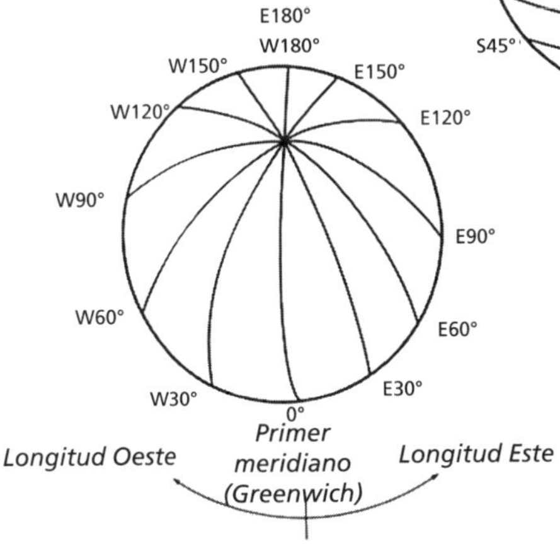

Las líneas de longitud se unen en los polos.

Las líneas de latitud recorren el mundo paralelas al ecuador. Las líneas de longitud van de polo a polo. Sobre un mapa las líneas de latitud son horizontales y las líneas de longitud son verticales. Si necesita usted un repaso sobre las mediciones en grados, minutos y segundos y su relación entre ellos, vaya al capítulo 16. A continuación veamos algunos datos importantes sobre latitudes y longitudes:

Latitudes

- Líneas paralelas al ecuador.
- Hay dos hemisferios llamados norte (N) y sur (S)
  el Ecuador tiene latitud 0°
  el Polo Norte tiene latitud 90° N
  el Polo Sur tiene latitud 90° S
- La latitud puede expresarse de tres formas:
  grados, minutos, segundos y hemisferio: 38° 27′ 54″ S
  grados, minutos y hemisferio: 23° 27,3′ N
  grados y hemisferio: 58,385° N
- 1° de latitud equivale a 111,12 km (69,05 millas terrestres).
- 1′ de latitud equivale a 1 milla náutica (1,85 km, 1,15 millas terrestres).

Longitudes

- Las líneas van de polo a polo.
- El meridiano de Greenwich (Inglaterra) es considerado el 1er. meridiano.
- Los hemisferios se designan Oeste (W, del inglés West) y Este (E, del inglés East).
  El primer meridiano tiene longitud 0°
  La línea internacional de cambio de fecha corresponde al meridiano 180° W, que es lo mismo que 180° E.
- La longitud puede expresarse de tres formas:
  Grados, minutos, segundos y hemisferio: 140° 54′ 09″ W
  Grados, minutos y hemisferio: 67° 28,75′ W
  grados y hemisferio: 86,824° E
- Las líneas de longitud convergen en los polos.
- 1° de longitud equivale a 111,12 kms (69,05 millas terrestres) sólo en el ecuador.
- 1′ no equivale a 1 milla náutica, salvo en el ecuador.

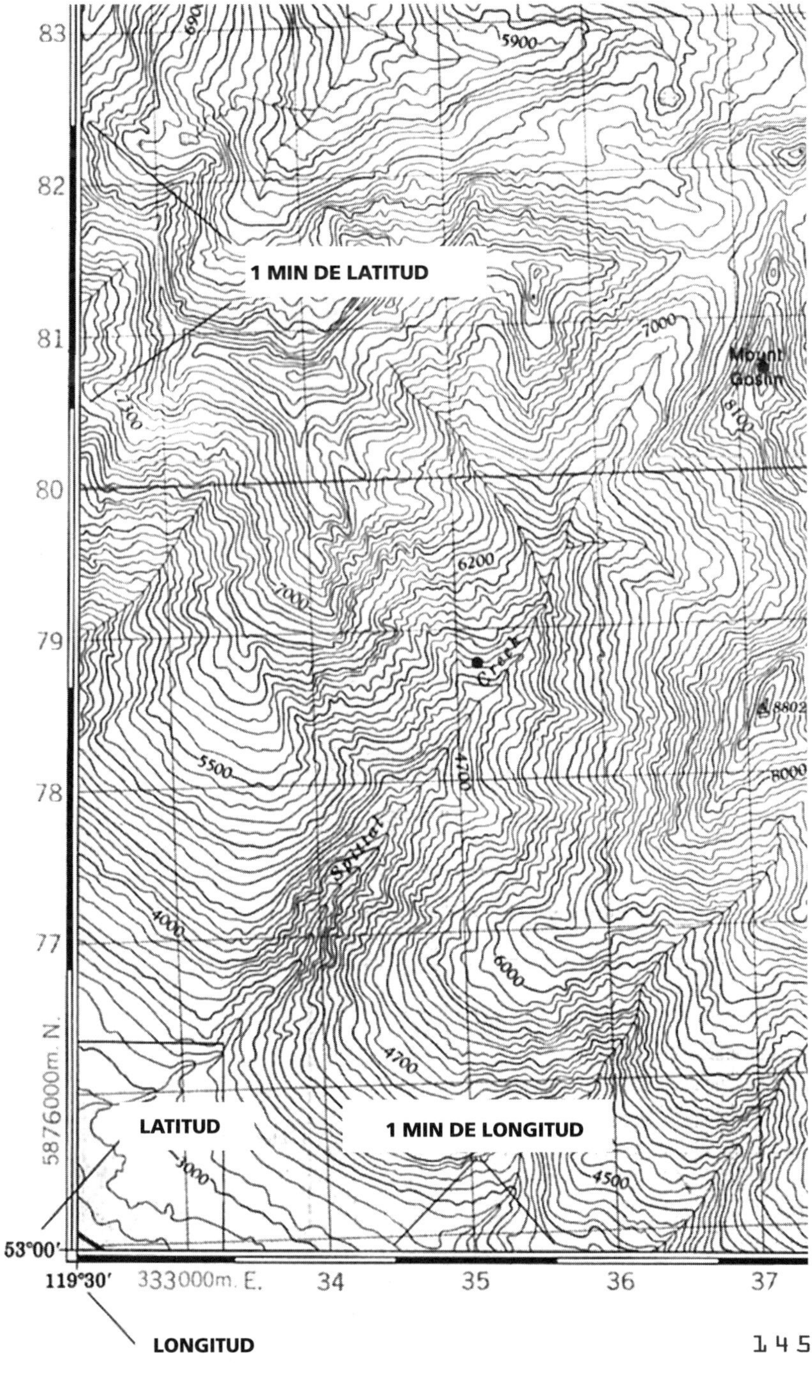

83
82
81
80
79
78
77
5876000m. N.
5900
Mount Goslin
8100
7000
6200
7000
Creek
8802
8000
5500
4700
Spillet
4000
6000
4700
3000
4500
1 MIN DE LATITUD
LATITUD
1 MIN DE LONGITUD
53°00′
119°30′
333000m. E.
34
35
36
37
LONGITUD

Coordenadas de latitud y longitud

- Las coordenadas suelen escribirse indicando latitud hemisferio y longitud hemisferio.
- 47° 19,56′ N, 102° 42,84′ E.
- Se llaman coordenadas geográficas porque se basan en una esfera.

Uso de la cuadrícula latitud/longitud en un mapa

En algunos mapas es fácil usar la cuadrícula latitud/longitud. El mapa mostrado en la página anterior, editado por la *Natural Resources Canada*, corresponde a la parte sudoeste de un mapa topográfico de Mount Robson, Columbia Británica, Alberta, Canadá. Tiene una cuadrícula graduada a 1 minuto latitud/longitud.

Las coordenadas mostradas se inician en la parte inferior izquierda del mapa. En este caso tenemos una latitud de 53° 00′ N y una longitud de 119° 30′ W. Desde la esquina, la cuadrícula latitud/longitud está marcada en intervalos de 1 minuto, como se indica en la escala impresa, con alternancia de intervalos en blanco y en negro. Los números corresponden a la cuadrícula UTM y no tienen nada que ver con las coordenadas latitud/longitud. La línea blanca inferior trazada justo debajo del 77 de la cuadrícula UTM representa la latitud 53° 01 N, el extremo de la marca negra superior indica la latitud 53° 02′ N y así sucesivamente. Las longitudes se miden de la misma manera, pero los minutos de longitud van decreciendo hacia la derecha, pues estamos en longitud oeste y nos desplazamos hacia el este, en dirección al primer meridiano. El extremo del

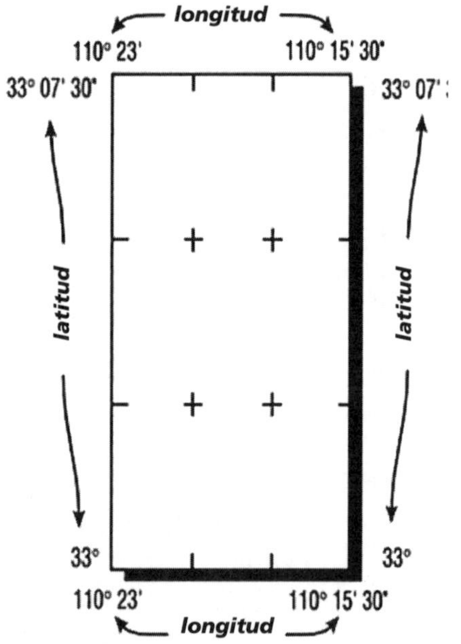

Mapa USGS antes de trazar la cuadrícula latitud/longitud.

primer segmento negro en la parte inferior de la página corresponde a la longitud 119° 29' W, el extremo del segmento blanco, a la longitud 119° 28' W, etc. Tanto para la latitud como para la longitud, la mitad de un segmento representa medio minuto, una cuarta parte, un cuarto de minuto, etc. Para obtener las coordenadas de un punto, coloque una regla perpendicular a un lado del mapa para la latitud y perpendicular a la parte inferior para la longitud y obtenga cada medición ajustada a una décima de minuto. No se confunda con la cuadrícula UTM, marcada en el mapa; ignórela. Veamos dos ejemplos de coordenadas tomadas sobre el mapa de la página anterior:

• Mount Goslin:
53° 3,2' N, 119° 25,7' W

• La letra "C" en Spittal Creek:
53° 2,0' N, 119° 27,4' W

Es posible medir las coordenadas a simple vista en un mapa con un sistema fácil como el del gráfico. Otros tipos de mapas requieren cierta preparación para usar la cuadrícula latitud/longitud. Veremos cómo se usan.

Preparar un mapa USGS 7.5'

Los mapas topográficos de 7,5', editados por el US Geological Survey, requieren cierta preparación para poder utilizar el enjaretado de latitud/longitud. El mapa, tal como se muestra, está cruzado por unas líneas que lo dividen en rectángulos de 2,5'. Para situar un punto, desplazaremos una regla en paralelo a dichas líneas.

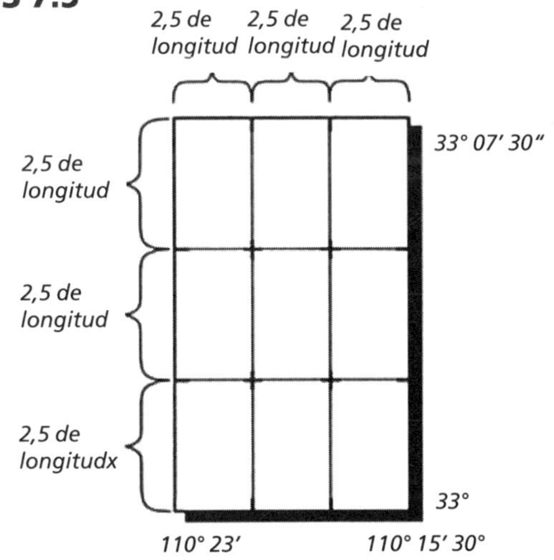

En la página siguiente vemos cómo un rectángulo

de 2,5' de la zona sudoeste del mapa topográfico del USGS Burrows Lake, Wisconsin es demasiado grande para poder leer con precisión unas coordenadas, sin antes dar algunos pasos. Intente hallar las coordenadas de la isla situada en la parte sur del Burrows Lake, marcada con un # 1.

La longitud está algo más allá de la mitad de la distancia entre 89° 50'00" W y 89° 52'30" W, lo que supondría aproximadamente 89° 51' 15" W. La latitud es aproximadamente 1/5 de la distancia entre 45° 37' 30" N y 45° 40' 00" N, lo que nos da una latitud de aproximadamente 45° 38' 00" N. Las coordenadas correctas serían 45° 37' 55" N y 89° 51'23" W, lo cual nos da un error de apreciación visual de 8" en la longitud y 5" en la latitud. Un error de 5" en latitud equivale a 0,083', que es lo mismo que 0,083 millas náuticas o 506,34 pies (154,3 metros). El error de 8" en longitud no se corresponde directamente con millas náuticas, dado que no estamos en el ecuador, pero la escala de distancias, situada en la parte inferior del mapa, nos muestra que 2,5'de diferencia en longitud, en esta latitud, representa 2 millas náuticas. Una vez hechas todas las conversiones, 8" en longitud representa en este caso un error de 563,2 pies (171,6 metros), lo cual no está mal para una medición hecha a ojo. Sin embargo, es mucho más fácil usar las latitudes y longitudes en un mapa USGS 7,5' si la cuadrícula tiene subdivisiones adicionales.

Hay dos métodos sencillos para subdividir cualquier cuadrícula de latitud/longitud, que sea demasiado grande para nuestro uso. El primero es usar una simple regla y un lápiz para trazar líneas intercaladas entre las de latitud y longitud, que en el mapa distan 2,5'. El segundo es usar una regla especial, calibrada en minutos y segundos, para leer directamente coordenadas en rectángulos de 2,5' x 2,5'. Ambos métodos se explican a continuación.

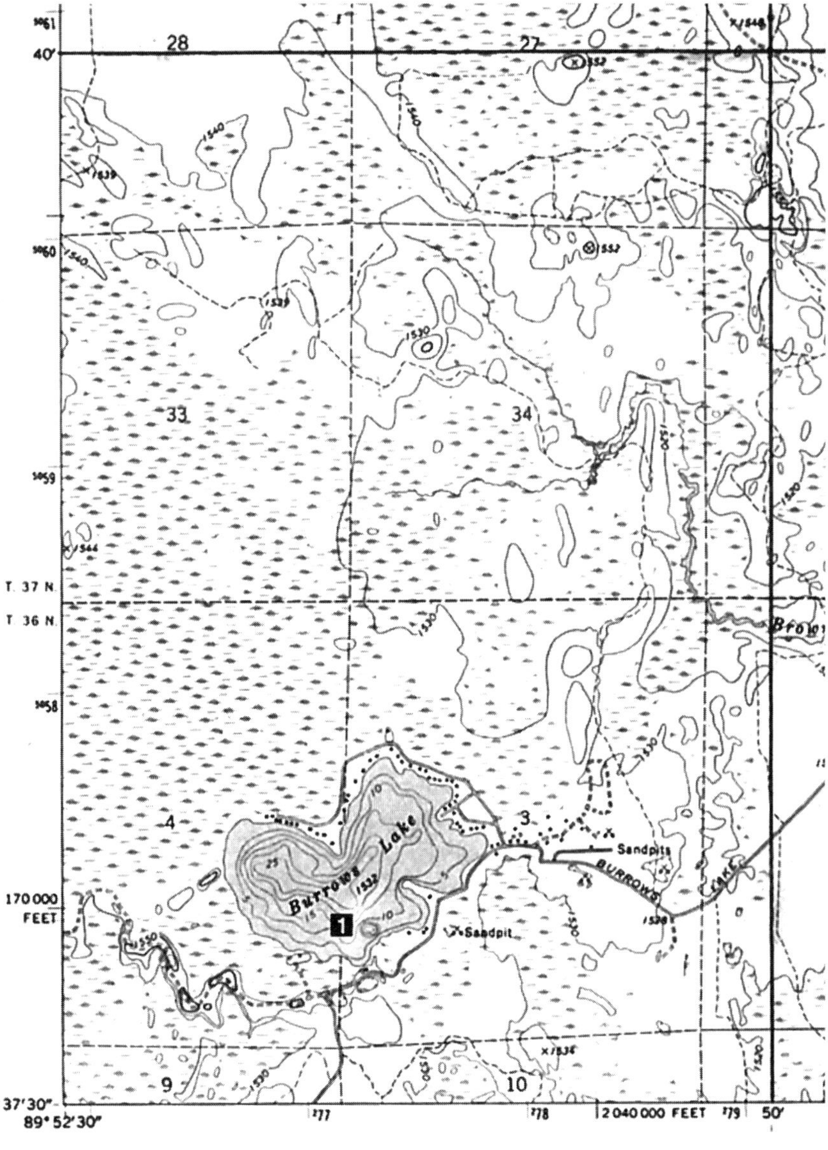
28
27
40′
33
34
T. 37 N.
T. 36 N.
4
3
Burrows Lake
Sandpits
Sandpit
BURROWS
LAKE
Brow
1
170 000
FEET
9
10
45° 37′ 30″
89° 52′ 30″
277
278
2 040 000 FEET
279
50′

Dibujar una cuadrícula intercalada

La clave para subdividir una cuadrícula es dividirla en un número de unidades cuya fracción sea fácil de sumar mentalmente. Es fácil, por ejemplo, dividir en 4 partes iguales, pero en el caso de un mapa USGS 7,5', dividir el rectángulo de 2,5' en 4 significa que cada subdivisión vale 0,625' o 37,5", lo cual no es fácil para el cálculo mental. Por ello nos conviene buscar otra fracción, como 5, que nos dará subdivisiones de 0,5', o 10, que nos daría subdivisiones de 0,25'. Lo más fácil es trabajar con intervalos de 0,5' porque así no hemos de trazar tantas líneas. Así es que podemos considerar 5 como el mejor divisor. En la página siguiente se nos muestra la zona sudeste de USGS Burrows Lake, con su rectángulo de 2,5' subdividido en 5 partes iguales, tanto en la latitud, como en la longitud.

Esta cuadrícula intercalada nos permitirá fácilmente obtener las coordenadas latitud/longitud con una precisión de una décima de minuto. Por ejemplo, la situación de la parte norte de Swamp Creek, punto #1 del mapa, tiene una latitud que está a 2/5 de la distancia entre 45° 39,5' N y 45° 40' N, es decir 45° 39,7' N y una longitud que está a 4/5 de la distancia entre 89° 46,5 W y 89° 47' W, que es 89° 46,9' W. Las coordenadas exactas para este punto #1 son: 45° 39,63' N y 89° 46,85' W. El error resultante es de 0,07' (4,2"), o aproximadamente 425,3 pies (129,6 metros) para la latitud y de 0,05' (3") para la longitud, que en la latitud de referencia representa aproximadamente 211,2 pies (64,4 metros). La medición es sólo ligeramente más precisa que en el ejemplo de Burrows Lake, donde únicamente usamos la cuadrícula de 2,5', pero las líneas intercaladas trazadas en este ejemplo facilitan mucho el obtener rápidamente y con precisión una coordenadas a simple vista. A continuación se detallan las coordenadas exactas de los cuatro puntos marcados en el mapa. Compruebe con qué precisión es capaz de apreciar las coordenadas sobre el mapa sin usar regla.

Punto	**Latitud**	**Longitud**
# 1	45° 39,63' N	89° 46,85' W
#2	45° 38,68' N	89° 47,16' W
#3	45° 37,83' N	89° 46,11' W
#4	45° 39,36' N	89° 45,66' W

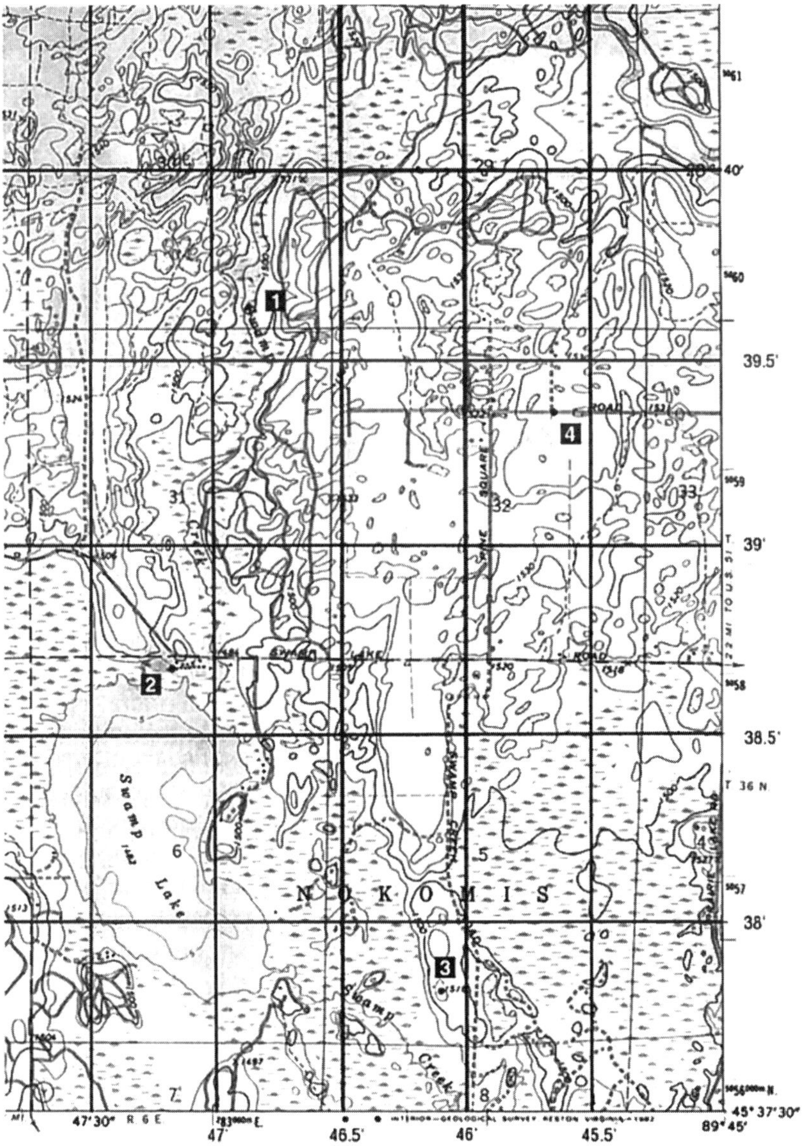
40'
39.5'
39'
38.5'
38'
T 36 N
45° 37'30"
47'30"
R 6 E
47'
46.5'
46'
45.5'
89° 45'
31
32
33
6
5
4
7
8
Swamp Lake
NOKOMIS
Swamp Creek
ROAD
LAKE

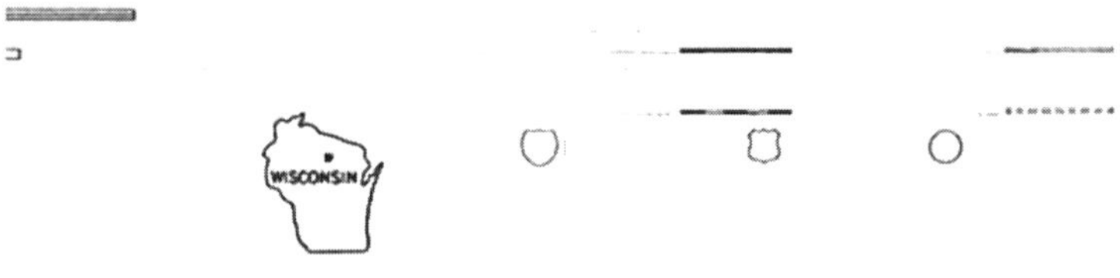
WISCONSIN

Uso de una regla calibrada en minutos y segundos

La manera más sencilla y precisa para medir latitudes y longitudes es usar una regla calibrada en minutos y segundos. Este método nos proporciona una precisión en la medición de las coordenadas de 1" en un mapa de escala 1:24.000, lo cual nos da una aproximación de unos 30,9 metros (101,3 pies) o mejor y el tiempo que necesitaremos para preparar el mapa será mínimo. Para usar una regla calibrada en minutos y segundos en un mapa USGS 7,5' sólo hace falta trazar las líneas del rectángulo de 2,5', como ya se ha descrito. La regla le dará la subdivisión adicional para poder leer las coordenadas de manera simple y precisa. Un ejemplo de estas reglas es la Topo Companion, que aquí se muestra.

Los números en la parte baja de la regla corresponden a escalas de mapa: 1:24.000, 1:25.000, 1:50.000, 1:63.000 y 1:250.000. Los mapas topográficos USGS7.5' usan la escala 1:24.000 calibrada a minutos y segundos. Los números marcados sobre 1/24k de la regla representan decenas de segundo, mientras que las líneas entre los números son unidades de segundo. En la figura se muestra como los números se corresponden con el rectángulo de 2,5'. La regla mide un minuto completo cuando comienza en un cierto número y termina con un número del mismo valor. La figura muestra un minuto completo de 00 a 00 o de 30 a 30. Sin embargo, un minuto completo transcurre igual de 10 a 10, de 20 a 20, etc.

Observe que la regla comienza en la parte inferior con 30 a la izquierda y con 00 a la derecha. La latitud o la longitud de un rectángulo de 2,5' puede comenzar con 00" o con 30". La latitud de la esquina sudeste del USGS Burrows Lake es de 45° 37' 30" N, mientras que la longitud es de 89° 45' 00" W (el 00" no está impreso en el mapa, pero se indica aquí para demostrar que corresponde al 00 de la regla calibrada al minuto/segundo). Si la coordenada acaba en 30", utilice para su medición los números que empiezan por 30. Si la coordenada empieza por 00", o si los segundos están omitidos por que son cero, comience con los números que empiezan con 00.

La clave para usar una regla calibrada a minutos/segundos es situar los extremos de la escala en una línea de latitud o longitud adyacentes y después contar los segundos de la posición. El mapa que se muestra en la

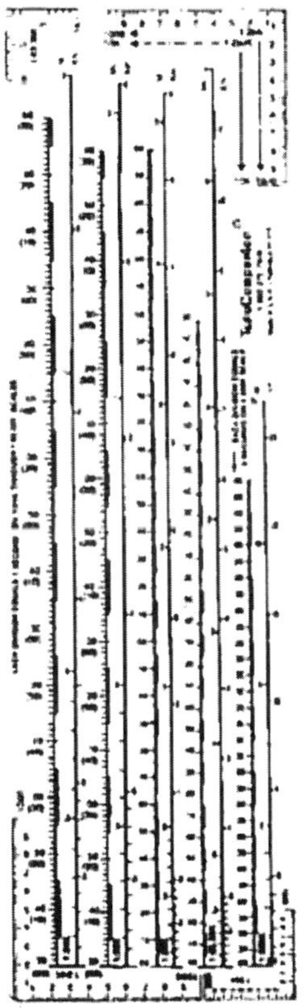

La regla calibrada a minutos/segundos de Topo Companion tiene diversas escalas para medir latitud/longitud en la mayor parte de mapas.

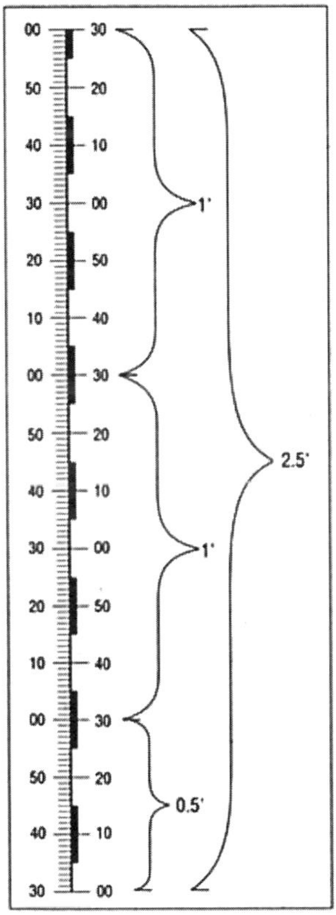

Visión detallada de una regla calibrada a minutos/segundos para mapas URGS topo a escala 1:24.000.

figura corresponde a la esquina nordeste del USGS Four Peaks de Arizona.

Las líneas horizontales y verticales dibujadas forman un rectángulo de 2,5′ en la parte superior y derecha del mapa. Para medir la latitud, un extremo de la regla coincide con la parte inferior del rectángulo de 2,5′, mientras que el otro extremo queda en la parte superior. Desde la parte inferior de la regla, cuente los segundos hasta la posición de Three Bar Cabin. La latitud de la parte inferior del rectángulo de 2,5′ es 33° 42′ 30″ N. Usaremos, por tanto los números que están a la izquierda de la escala y empiecen con 30. A continuación se indican los números situados en la parte izquierda de la escala y su correspondencia con la coordenada de latitud:

Número de la escala		Latitud correspondiente
30	→	33° 42′ 30″ N
40	→	33° 42′ 40″ N
50	→	33° 42′ 50″ N
00	→	33° 43′ 00″ N
10	→	33° 43′ 10″ N

La posición de Three Bar Cabin está situada por encima de 00 y por debajo de 10, así es que su latitud estará entre 33° 43′ 00″ N y 33° 43′ 10″ N. Hay que contar ahora las líneas intermedias entre 00 y 10 para obtener la latitud exacta. El punto está justo a la altura de la línea de subdivisión nº9. Por tanto, la latitud exacta es 33° 43′ 09″ N.

Es igual de fácil medir la longitud. La figura de la próxima página muestra cómo están situados los extremos de la regla sobre las líneas de longitud del rectángulo de 2,5′. Observe que la regla no está completamente horizontal debido a que sólo en el ecuador 2,5′ de latitud representan físicamente la misma distancia que 2,5′ de longitud. Sin embargo, a pesar de que la regla esté en ángulo, si los extremos de la escala están sobre las líneas de longitud, la medición será precisa. Recuerde que la regla mide minutos y segundos **(Página 155)** y no distancias, por lo que el espacio entre líneas carece de importancia. El único requisito para hacer funcionar la regla en cualquier escala es que el número de minutos y segundos entre las líneas de latitud y longitud adyacentes sea el mismo. En este caso hay 2,5′ entre líneas de latitud y 2,5′ entre líneas de longitud.

Desde el extremo derecho de la regla, cuente los minutos y segundos hasta el punto que está directamente sobre la posición de Three Bar Cabin. La coordenada de la línea de longitud a la derecha del rectángulo de 2,5′ es 111° 15′ W, así es que usaremos los números de la derecha o, en esta posición, de la parte superior de la escala, dado que empiezan por 00. A continuación se detalla la relación entre los números en la escala y la longitud correspondiente:

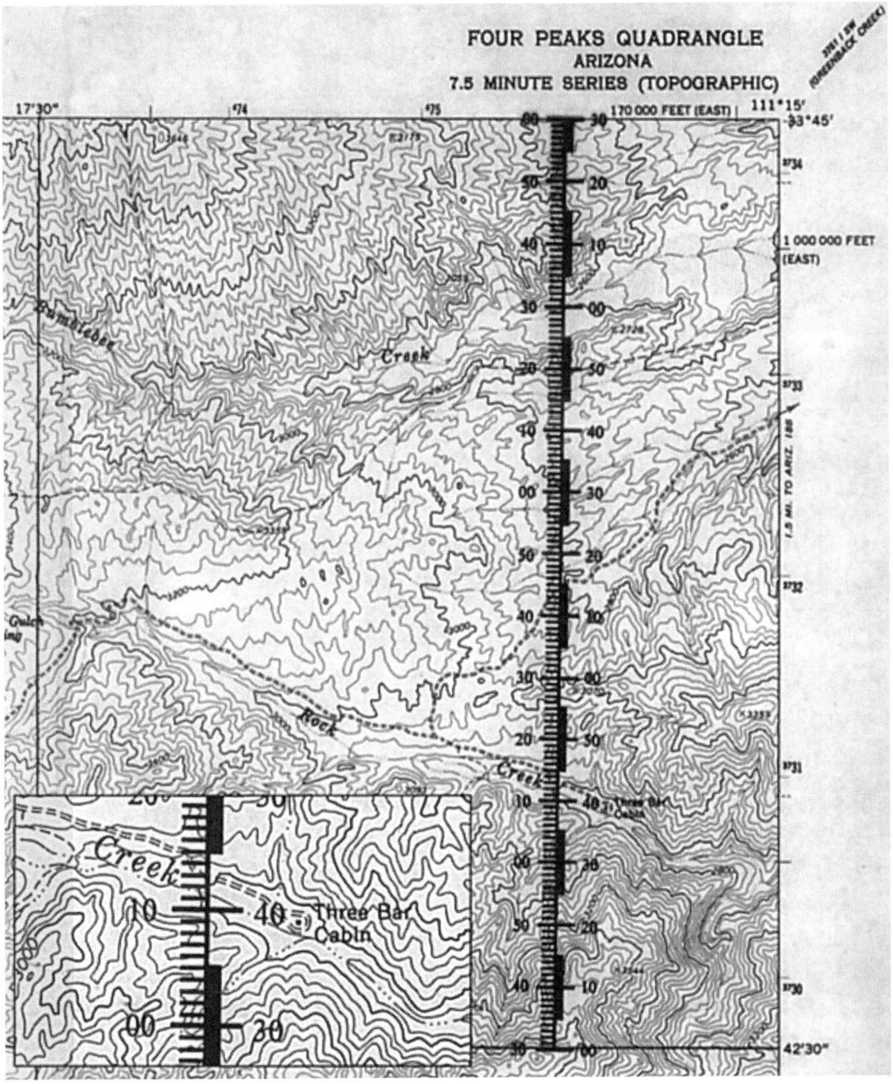
FOUR PEAKS QUADRANGLE
ARIZONA
7.5 MINUTE SERIES (TOPOGRAPHIC)
17'30"
170 000 FEET (EAST)
111°15'
33°45'
1 000 000 FEET (EAST)
Bumblebee
Creek
Rock
Creek
Three Bar Cabin
42'30"

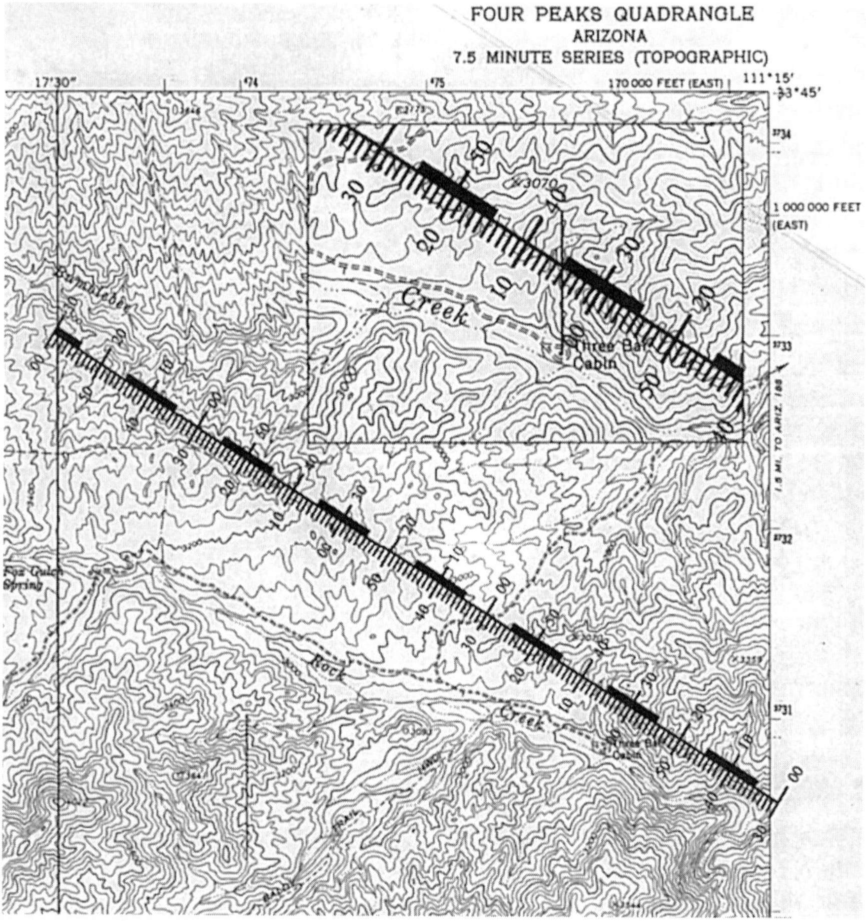

Número en la escala		Longitud correspondiente
00	→	111° 15′ 00″ W
10	→	111° 15′ 10″ W
20	→	111° 15′ 20″ W
30	→	111° 15′ 30″ W
40	→	111° 15′ 40″ W

La situación de Three Bar Cabin se encuentra entre el 30 y el 40 de la escala, que representa una coordenada entre 111° 15′ 30″ W y 111° 15′ 40″ W. Cuente las líneas intermedias entre 30 y 40 para obtener la coordenada exacta de 111° 15′ 35″ W. Las coordenadas finales de Three Bar Cabin serán

33° 43′ 09″ N, 111° 15′ 35″ W

Un viaje en kayak

Supongamos que en mayo le visita su hermano en Dupont, Alaska, y quiere ir a su cabaña. Después de explicarle usted lo hermoso y tranquilo que es el lugar, decide que quiere ir en cuanto llegue y permanecer allí tres días. El único medio de transporte disponible entre su casa y la cabaña es un kayak. La distancia es sólo de 10,8 millas (17,4 km) remando. Sin embargo, el avión de su hermano llegará a Juneau a las 10.30 de la noche, de manera que antes de iniciar el viaje ya será oscuro. A la luz del día es fácil navegar hasta la cabaña, pero en la oscuridad, aunque posible, es mucho más difícil.

Usted decide entonces que el GPS podrá llevarles directamente a la cabaña, aunque sea oscuro, si lo puede colocar de tal manera que la pantalla de navegación esté siempre visible. Como es imposible remar y tener en la mano el receptor al mismo tiempo, deberá montar el receptor en el kayak. Otro problema a resolver será su fuente de alimentación, ya que como hará todo el viaje en la oscuridad, necesita mantener la pantalla permanentemente iluminada, con lo cual va a gastar mucha energía. Por otra parte, necesitará colocar luces de navegación en su kayak, para hacer una travesía segura a través del denso tráfico del estrecho de Stephen. Las luces se alimentan de una batería de motocicleta y si echamos un vistazo al manual del receptor veremos que el voltaje de esa batería está dentro de los valores aceptables y que, por tanto, la batería podrá alimentar a la vez las luces de navegación y el receptor. Usted decide usar la función de ruta para que le lleva automáticamente de un *waypoint* al siguiente, sin tener que tocar ningún botón y, por tanto, dejando sus manos libres para remar.

Utilizando la regla calibrada en minutos/segundos podrá medir en el mapa del USGS Juneau, Alaska (A-1), que se muestra en la siguiente página, las coordenadas de latitud y longitud de los *waypoints* necesarios para hacer el viaje. El mapa es de la serie USGS 15' y tiene una escala de 1:63,360. La cuadrícula latitud/longitud del mapa forma rectángulos de 5' en vez de los de 2,5' del mapa de 7,5' descrito antes. La regla calibrada a minutos/segundos se usa exactamente de la misma forma en que se ha explicado antes, con la salvedad de que debe usar la escala 1:63.360 para hacer las mediciones.

Las coordenadas y nombre de los cinco *waypoints* que se muestran en el mapa son:

Punto	Latitud	Longitud	Nombre
# 1	58° 13' 45" N	134° 15' 55" W	DUPONT
# 2	58° 11' 53" N	134° 14' 20" W	TANTAL
# 3	58° 08' 40" N	134° 19' 45" W	OLIVER
# 4	58° 06' 35" N	134° 18' 35" W	P-TAGE
# 5	58° 05' 50" N	134° 18' 47" W	ACABIN

Antes de introducir las coordenadas en su receptor, coloque los siguientes **settings:**

- **Datum del mapa: North American Datum 1927 (NAD 27)**
  Si su receptor fracciona NAD 27 en versiones diferentes para Alaska, Canadá, America Central etc., seleccione NAD 27-Alaska, o bien, NAD 27.

- **Unidades: Estatus**
  Las unidades náuticas son las más adecuadas para las coordenadas latitud/longitud, pero si no las ha usado antes, use estatus.

- **Cuadrícula de coordenadas: latitud/longitud**
  Seleccione el formato de grados, minutos y segundos, de acuerdo con las coordenadas medidas sobre el mapa.

- **Indicación del Norte**
  Como usted no usará el compás para navegar, no tiene demasiada im-

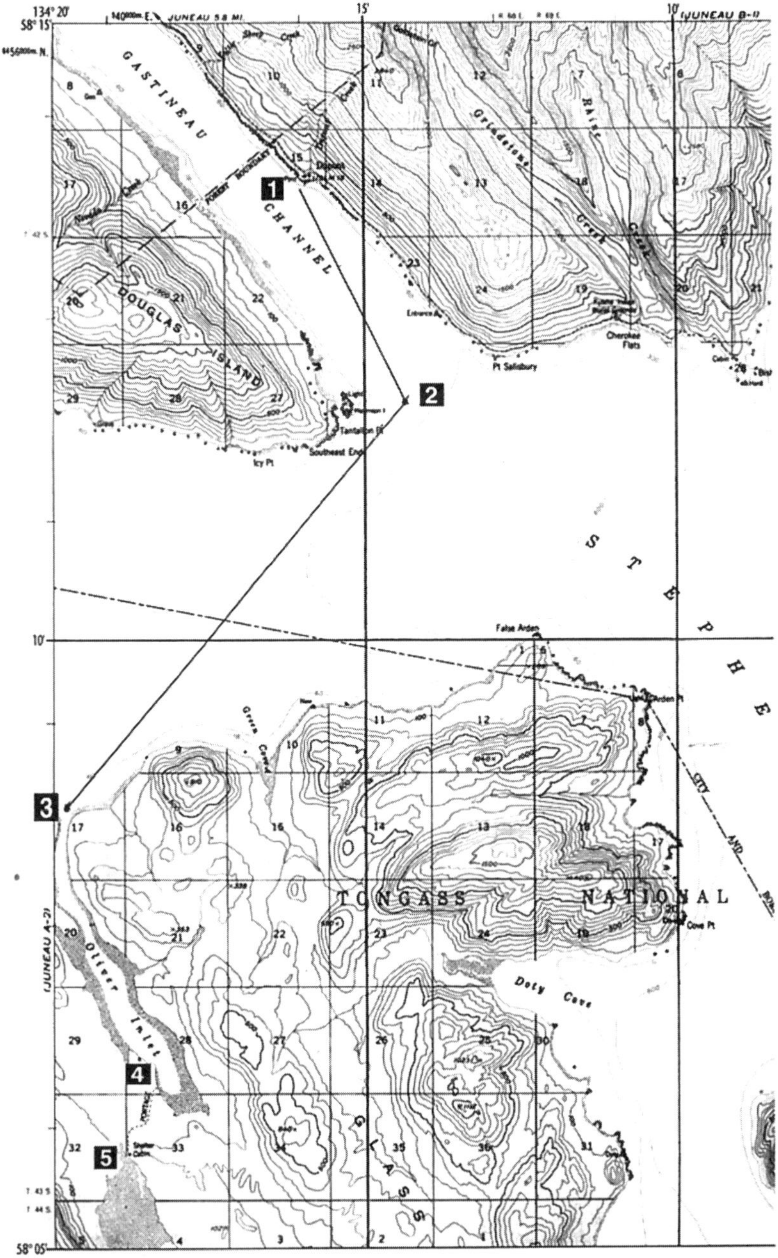
134° 20'
58° 15'
JUNEAU 5.8 MI.
15'
10'
JUNEAU B-1
GASTINEAU
CHANNEL
DOUGLAS
ISLAND
Creek
Pt Salisbury
Cherokee Flats
Entrance Pt
Tantallon Pt
Southeast End
Icy Pt
S T E P H E
False Arden
Arden Pt
TONGASS NATIONAL
Cove Pt
Doty Cove
Oliver Inlet
JUNEAU A-2
58° 05'
1
2
3
4
5

portancia si la demora del receptor está orientada al compás magnético o al polo norte. Arbitrariamente decidirá tomar las demoras de acuerdo con el mapa y seleccionar el modo de norte verdadero.

- **Límite CDI: pequeño**
  Si se puede seleccionar la tolerancia del indicador de desvío del rumbo, gradúelo entre 0,25 y 0,5 millas. En el agua no habrá obstáculos en la ruta que usted haya planeado, de manera que un CDI pequeño le permitirá a mantenerse sobre rumbo en la pantalla de navegación "autopista".

Una vez que los *waypoints* han sido introducidos en la memoria del receptor, usted puede crear la ruta que le llevará desde DUPONT hasta la cabaña a través de los distintos *waypoints* marcados. La distancia se expresa en millas y las demoras van referidas al norte verdadero, según se muestra a continuación:

Nombre	Punto	Derrota deseada	Distancia en km
DUPONT	#1		
		156°	2,4
TANTAL	#2		
		222°	5,0
OLIVER	#3		
		164°	2,5
P-T AGE	#4		
		188°	0,9′
ACABIN	#5		

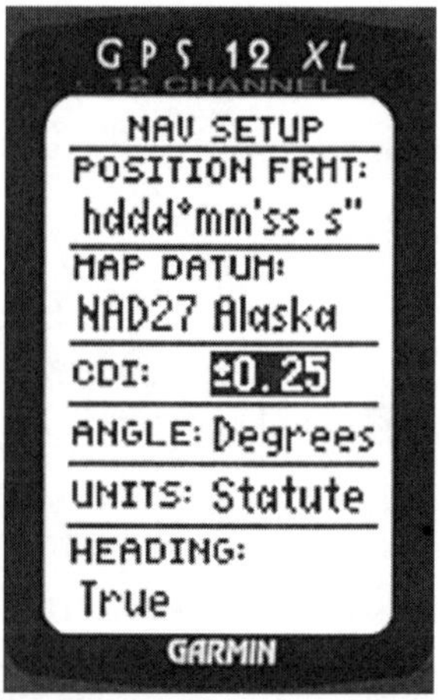

El plan para navegar las 10,8 millas (17,4 km) es sencillo: use la función "rutas" del receptor para que le dirija durante todo el viaje. Usted irá remando desde DUPONT a P-TAGE y, desde ahí, deberá portear el kayak las restantes 0,9 millas (1,45 km) hasta llegar a la cabaña. Mientras esté navegando en el kayak y el receptor conectado a la batería, usted tendrá acceso a las pantallas de navegación con información sobre rumbo, demora, velocidad, tiempo estimado en ruta, etc. Su receptor utiliza algoritmos para promediar, de manera que incluso a velocidad lenta las estadísticas de navegación serán significativas. También conviene llevar un mapa y un compás. Si algo le sucediera al receptor, debería recurrir al compás para remar en dirección sur hacia tierra y, a continuación, seguir la línea de la costa lentamente en dirección oeste hacia Oliver Inlet, o bien esperar a la salida del sol para completar el viaje con facilidad.

Finalmente llega el día. El avión de su hermano llega a las 10.40 de la noche y, entre unas cosas y otras, se hace media noche cuando están dispuestos para salir. Antes de empezar a remar usted enciende las luces de navegación y el receptor. Cuando el receptor ha captado los satélites, usted activa la ruta que le llevará hasta la cabaña. El receptor detecta inmediatamente que usted ya está sobre el primer *waypoint* de la ruta, que es TANTAL.

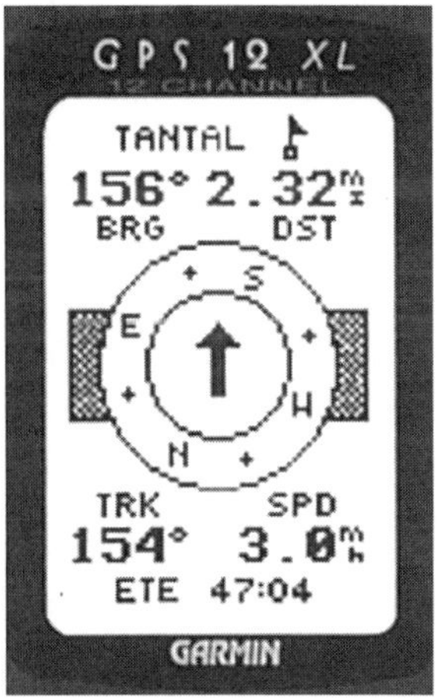

Después de remar aproximadamente la mitad de camino a TANTAL, conecta la pantalla "autopista" y observa que está ligeramente caído a la izquierda de su derrota. Usted ha estado navegando siguiendo una demora de 154°, cuando debería haber seguido una 156°. El resultado es que tiene una caída de derrota *(cross track error)* de 0,05 millas (264 pies o 80,5 metros), lo cual no está mal. Sin embargo, usted observa ahora que su demora hacia TANTAL ha cambiado de los 156° originales a 159°. Realmente a usted no le interesa adentrarse en el Stephens Passage, así es que ajusta su rumbo a 159° y prosigue

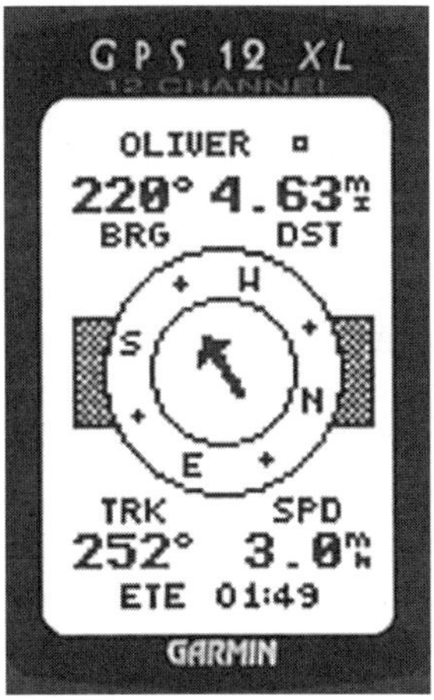

viaje. Al gobernar a ese rumbo observa que la caída de derrota *(cross track error)* va disminuyendo. El receptor le avisará de su llegada a TANTAL. A partir de ahí, cambia automáticamente y empieza a dirigirle a través del Stephens Passage hacia Oliver Inlet. En consecuencia, usted ajusta su rumbo a la nueva derrota 222°.

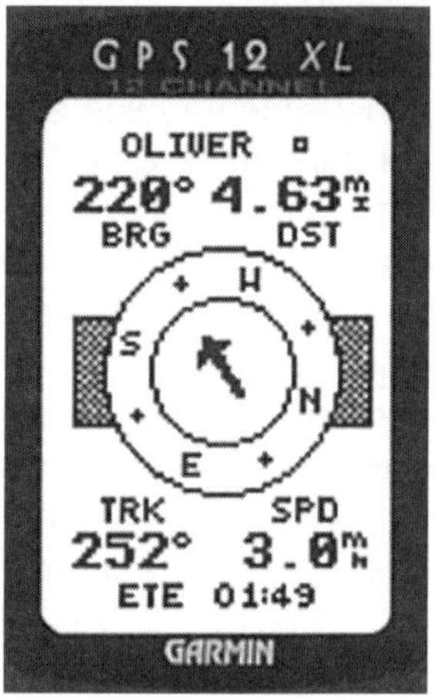

Mientras va remando, usted va conversando con su hermano y no presta atención al receptor. Cuando, de pronto, echa un vistazo y comprueba que ha navegado 0,4 millas (0,64 km) a un rumbo de 252°. La flecha del compás de la pantalla de navegación apunta a la izquierda, indicando una demora de 220° hasta OLIVER.

Si usted cambia ahora a la pantalla de "autopista". La dirección de ésta apunta asimismo a la izquierda, por lo que usted deberá gobernar en esa dirección para volver al rumbo original. Asimismo le muestra que su caída de derrota *(cross track error)* es de 0,15 millas (792 pies o 241,4 metros), a la derecha del rumbo previsto.

Usted intenta entonces realizar un experimento para regresar a la línea directa entre TANTAL y OLIVER lo antes posible. La figura ilustra su posición con una "x". El rumbo directo entre TANTAL y OLIVER es 222°, pero debido a que remó en dirección 252° está desplazado 0,15 millas del rumbo, según le indica la caída de derrota *(cross track error)*. La manera más rápida de regresar al rumbo es seguir la línea directa indicada por la línea de puntos, que es la perpendicular a la derrota directa. La dirección de la línea punteada es

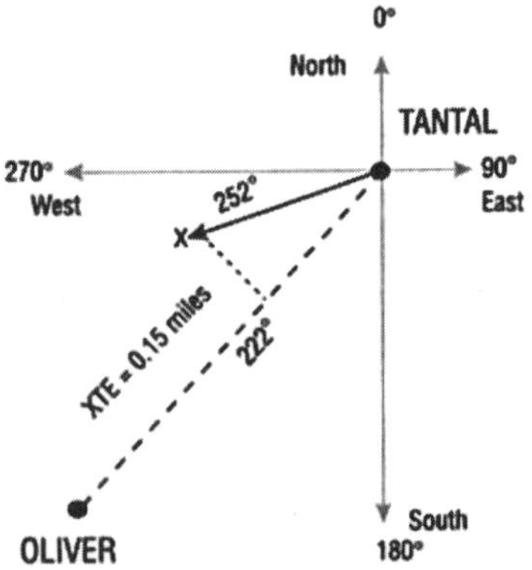

222° - 90° = 132°

Hará virar su kayak hacia la izquierda hasta que su rumbo sea 132° y remará hasta que la caída de derrota *(cross track error)* sea cero. Pronto estará de nuevo sobre la ruta directa y podrá regresar al rumbo 222° y poner proa a OLIVER. Todo transcurre tranquilamente, navegando con poco tráfico, hasta llegar a mitad de camino dentro del Stephens Passage, en que escucha acercarse el sonido fuerte de un bote a motor rápido. Por suerte le ven y se apartan con amplio margen. Sin embargo, de pronto, cuando el ruido del motor se va ya alejando, usted oye algo que suena como un ladrido de perro y, sin embargo, están demasiado lejos de tierra. Así es que decide investigar.

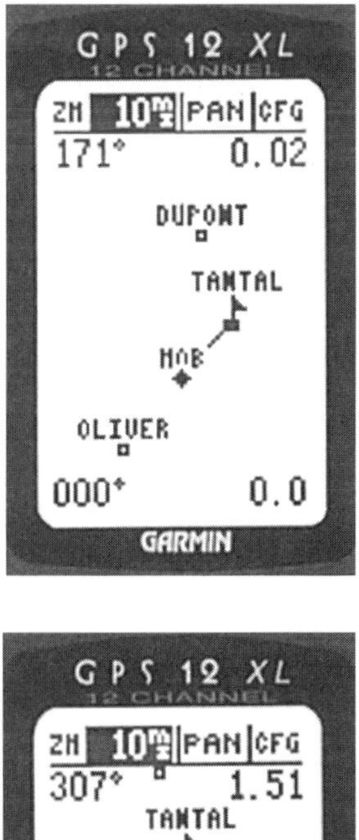

Antes de empezar a remar en dirección a los ladridos, activa la función "Hombre al agua" *(Man-Over-Board* = MOB), que le señalará inmediatamente su posición actual. Su intención es investigar de donde proceden los ladridos y luego regresar justo a la posición actual y poder luego reemprender viaje a Oliver Inlet. La función MOB no sólo le señala la situación actual, sino que automáticamente activa la función *Goto* ("ir hacia") para poder regresar. Mientras usted busca al perro no podrá prestar atención a la pantalla del receptor, ni tendrá necesidad de hacerlo, pues en el momento en el que esté dispuesto regresar al punto en el que accionó el MOB, el propio receptor le guiará. Una vez llegado allí, desactivará la función *Goto* y volverá a la ruta hacia la cabaña.

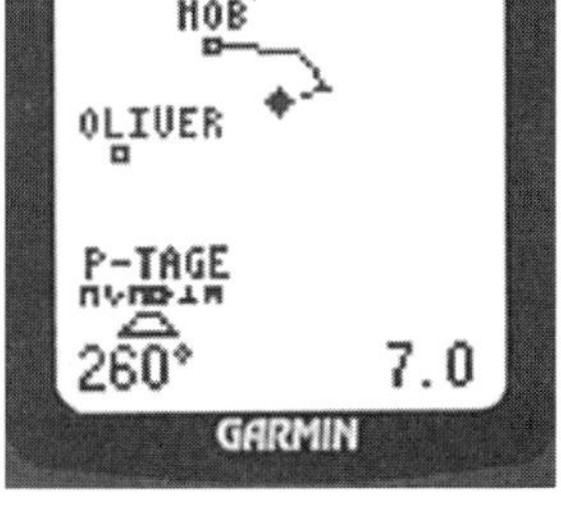

Por curiosidad observa que el waypoint MOB está aproximadamente a mitad de camino entre TANTAL y OLIVER.

Volviendo a la búsqueda, usted se está guiando por los ladridos del perro, pero no lo encuentra. O bien el perro tiene miedo y nada alejándose, o está usted teniendo muchas dificultades para seguir los desplazamientos del sonido sobre el agua, dado que un vistazo al mapa del receptor le señala que está usted remando en círculo.

Finalmente, localiza al perro y al izarlo a bordo se muestra realmente contento de verle. El animal no lleva ninguna placa y sus propietarios no tendrán la menor idea de donde buscarlo. De todas formas, es el momento de reemprender viaje. Regresar al waypoint MOB supondría un remar un buen trozo adicional, pues el perro estaba bastante alejado. En consecuencia, decide ir directamente de la posición actual a OLIVER y cancelar la función *Goto* MOB. El método a seguir para continuar el viaje depende de su receptor. En algunos receptores usted puede simplemente activar la ruta que originalmente seguía. El receptor sabe que usted ya ha pasado TANTAL y, por tanto le guiará automáticamente a OLIVER. Si su receptor no fuera capaz de ello, usted puede salvar su posición actual como *waypoint* HERE y trazar una nueva ruta de HERE a OLIVER, a P-TAGE y a ACABIN.

Para ello almacenará su posición como HERE y con este nuevo *waypoint*, podrá formar otra ruta.

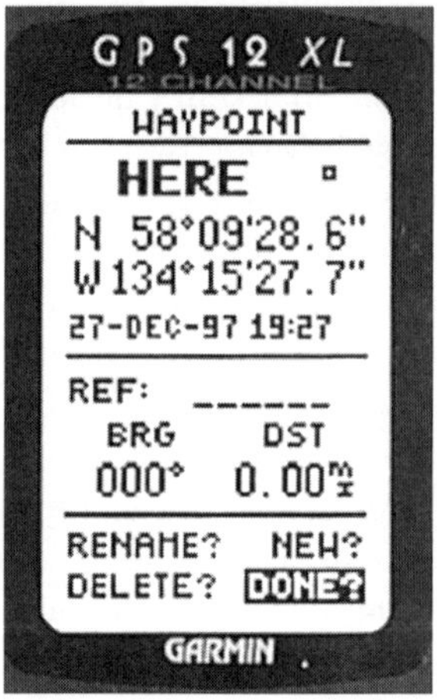

Nombre	**Punto**	**Derrota deseada**	**Distancia en millas**
HERE			
		250°	2,8
OLIVER	#3		
		164°	2,5
P-TAGE	#4		
		188°	0,9
ACABIN			

Desde donde está usted ahora hay todavía 6,2 millas (9,98 km) hasta la cabaña. Usted activa la nueva ruta, cambia a la pantalla de gobierno y pone proa al rumbo 250°. El viaje continúa con alguna pocas correcciones de rumbo hasta finalmente llegar a la cabaña.

Después de tres días maravillosos, cuando es hora de regresar a casa, es fácil preparar el receptor para el viaje de regreso. Simplemente tendrá que apretar un solo botón para invertir la ruta original. Cuando le diga al receptor que lo haga, automáticamente formará la ruta que se muestra a continuación:

Nombre	**Punto**	**Derrota deseada**	**Distancia en millas**
ACABIN	#5		
		8°	0,9
P-TAGE	#4		
		344°	2,5
OLIVER	#3		
		42°	5,0
TANTAL	#2		
		336°	2,4
DUPONT	#1		

De nuevo en la oscuridad, con el receptor indicando el camino, su hermano, el nuevo perro y usted regresarán desde la cabaña a casa, contentos del tiempo pasado allí.

9 Más sobre latitud y longitud y una regata de veleros

Cada año su club de vela organiza una carrera cronometrada, cuyo objetivo no es ser el más rápido, sino ajustarse al máximo al tiempo establecido entre puntos. Este tiempo se fija para enseñarle a controlar el barco y se deducen puntos en función de cada minuto en que usted navega demasiado deprisa o demasiado lento. Por otra parte, se obtienen puntos por la aproximación conseguida a cada posición indicada. Algunas de esas posiciones están bastante lejanas, de manera que sería difícil para los jueces controlar la llegada de un barco. Por este motivo, se entrega a cada embarcación una cámara "*instamatic*", para demostrar cuánto se ha acercado a cada marca.

Es el quinto año que participa en esta regata. Entretanto, usted ha aprendido a manejar su embarcación y sabe navegar a vela con el máximo provecho en casi cualquier circunstancia. Sin embargo, es incapaz de juzgar su velocidad en el agua. El último año usted corrió tanto como pudo para acercarse a cada marca y luego esperó a que hubiera pasado el tiempo establecido para dirigirse hacia el próximo punto. Su método dejó mucho que desear, puesto que quedó en el puesto 45, de entre 100 participantes.

Este año necesita usted un poco más de control. Estudia cuidadosamente las normas y comprueba que no hay ninguna restricción en cuanto a receptores GPS. Equipa su embarcación con una antena externa, cable de transmisión y equipo de montaje para, de esta manera tener a la vista la pantalla del receptor y poder utilizar los datos estadísticos de navegación. De esta manera, espera llegar a cada posición a la hora correcta.

Los puntos de parada de la regata han sido publicados en la carta oficial. Por tanto, usted puede usar su regla para medir las coordenadas de cada punto de la ruta. La cuadrícula de coordenadas de la carta es la co-

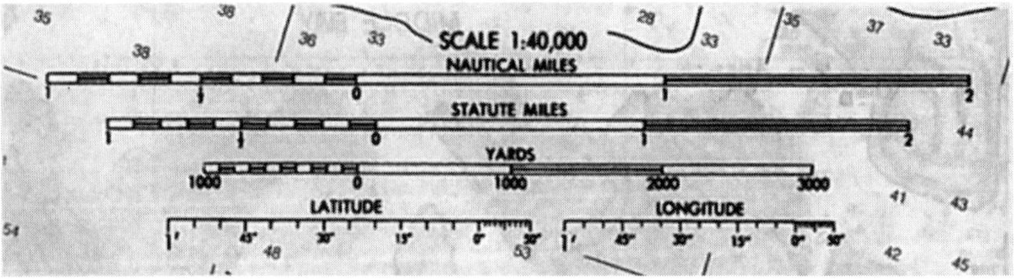

rrespondiente a latitud/longitud, así es que prepara su regla calibrada en minutos y segundos para empezar a medir.

Sin embargo, ninguna de las escalas parece apropiada. La escala, en la parte inferior del mapa, es 1:40.000 y usted no dispone de dicha escala. Entonces se da cuenta las líneas de subdivisión que llevan escritas las LATITUDES y LONGITUDES en su parte superior. Después de comparar la longitud de las escalas con la distancia entre las líneas de latitud y longitud, comprueba que puede confeccionarse su propia regla calibrada a minutos y segundos para la escala 1:40.000. Hay tres maneras de confeccionar una regla:

1. Construir una regla basada en las líneas de latitud y usarla igual que la regla Topo Companion, descrita en el capítulo 8.
2. Hacer dos reglas: una para la latitud y otra para la longitud. Tendrán medidas diferentes y no puede ser intercambiadas.
3. Hacer una regla con la longitud en la parte izquierda y la latitud en la parte superior, como se muestra en la figura. Este tipo de regla permite colocar la esquina de la regla sobre un objeto y leer fácilmente las coordenadas.

Supongamos que usted decide hacer una regla como la descrita en la tercera opción. Primero debe medir la distancia entre dos líneas de latitud. En esta carta la distancia, es de 9,2 cm (3,62 pulgadas). Es más fácil usar centímetros para poder hacer subdivisiones, pues se basa en el sistema decimal. Las pulgadas, en cambio, se subdividen en 1/4, 1/16 o 1/32, lo cual complica mucho la subdivisión. Trace una línea vertical de 9,2 cm sobre una hoja de papel. Como las líneas de latitud están separadas 2′ entre sí, esa línea representará 2′ de latitud. Marque la parte inferior de la línea de 2′ como se muestra en la figura. Mida debajo del tope 4,6 cm o a la mitad, dibuje otra línea y márquela como 1′. La parte superior de la línea representa 0′, pero no lo marque porque de ahí saldrá la línea de longitud cuando se dibuje más tarde. Hay espacio suficiente entre cada minuto para trazar 10 subdivisiones, de valor 0,1′. La regla que se muestra en la figura tiene subdivisiones de 0,1′, aunque sólo se han escrito cada 0,2′ para evitar acumular demasiados números.

Dividiendo cada minuto en 10 partes iguales, convierte cada sublínea en 0,46 cm.

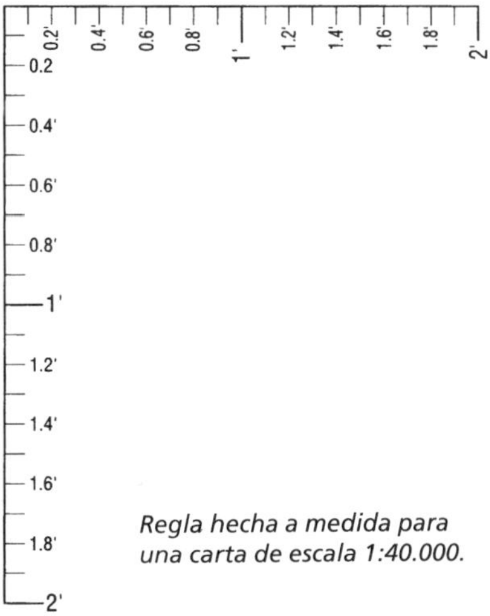

Regla hecha a medida para una carta de escala 1:40.000.

Para llevar a cabo la subdivisión, coloque el extremo de la regla coincidiendo con el extremo de la línea. Tome 0,46 cm hacia abajo y dibuje la primera línea pequeña. Vuelva a medir 0,46 cm (o 0,92 cm desde el principio) y dibuje la segunda línea, que marcará como 0,2′. Continúe trazando líneas separadas 0,46 cm entre sí, hasta que todas estén dibujadas, como se muestra en la figura.

Volvamos a la carta. La regla mide 7 cm (2,76 pulgadas) entre líneas de longitud adyacentes. Dibuje sobre el papel que está usando para construir la regla, una línea horizontal de 7 cm, a la derecha de la línea vertical de latitud, formando un ángulo recto. Las líneas de longitud, al igual que las de latitud, estarán separadas 2′. Marque el extremo de la línea 2′ y dibuje una línea por la mitad, a 3,5 cm, y señálelo como 1′. El espacio entre las líneas de minutos puede nuevamente subdividirse en 10 partes iguales, para obtener sublíneas de 0,1′ Las marcas de minuto de longitud están separadas 3,5 cm, de manera que cada marca de 0,1′ estará separada de la siguiente 0,35 cm. Cuente hacia la derecha 0,35 cm y dibuje una línea. La siguiente línea la trazará nuevamente 0,35 cm a la derecha (o a 7 cm de la primera) y la señalará como 0,2′. Continúe trazando líneas a intervalos de 0,35 cm hasta que la regla sea similar a la de la figura. Una vez que la tenga dibujada, haga una transparencia con ella, de manera que pueda colocarla encima del mapa y ver lo que hay debajo y hacer las mediciones precisas.

Es fácil medir las coordenadas con la regla. Tal como está dibujada la regla requiere que la escala de las latitudes quede siempre en la parte izquierda y la de las longitudes en la parte superior. Para medir una coordenada, coloque la esquina de la regla sobre el punto y observe en donde interseccionan las líneas de latitud y de longitud las escalas. En al figura se muestra cómo hallar las coordenadas de Howells Creek.

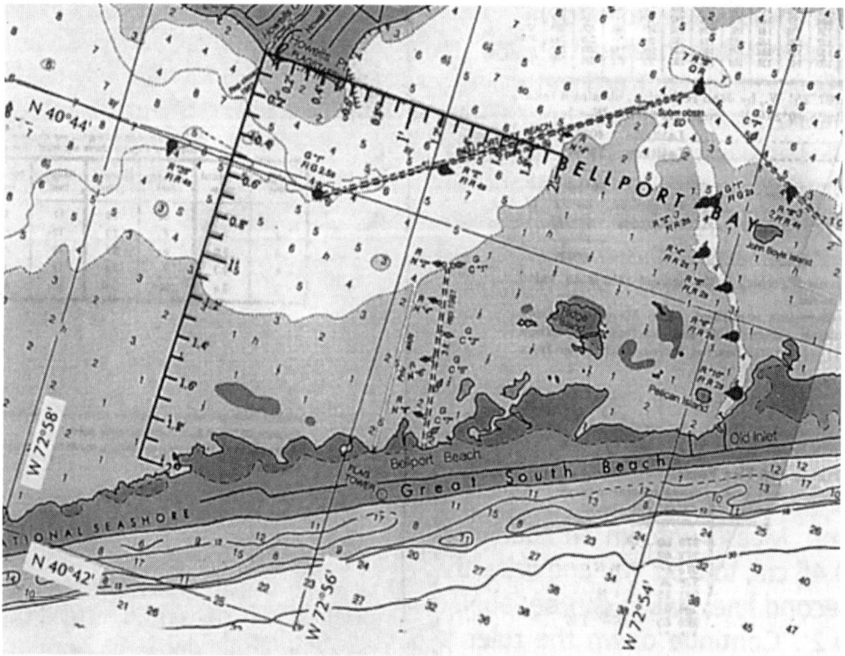

La esquina de la regla está situada en la desembocadura del río. La línea de latitud N 40°44' intersecciona la escala de la latitud (vertical) en 0,5'. Calculamos entonces la latitud sumando el número de la regla en el punto de corte con la línea de latitud más próxima de la carta corta la regla y se la sumamos a ésta. Por ejemplo, en este caso:

- 40° 44' N + 0,5' = 44° 44,5' N

El mismo procedimiento utilizamos para la longitud. La longitud 72° 56' W intersecciona le escala de longitud de la regla entre 1,2' y 1,3'. Haremos entonces una interpolación a ojo y estimaremos un valor de 1,23.

Sumaremos ahora este valor al de la línea de longitud considerada en la carta y tendremos:

- 72° 56' W + 1,23' = 72° 57,23' W

Las coordenadas finales de la desembocadura de Howells Creek serán:

- 40° 44,5' N , 72° 57,23' W

Vemos, pues, que es fácil medir coordenadas en el mapa. Volvamos a la preparación de la regata. La competición de este año contiene 4 posiciones, numeradas del 1 al 4.

A simple vista se aprecia que los tramos de #1 a #2, de #2 a #3 y de #4 de regreso a #1 no son líneas rectas. El tiempo en ruta (ETE) estimado por el receptor, está calculado sobre la base de la velocidad efectiva *(Velocity Made Good* = VMG). Nos remitimos al capítulo 4 en lo referente a los conceptos de VMG y velocidad base *(Speed Over Ground* = SOG). Si usted pone proa directamente a un *waypoint*, el ETE es el tiempo que usted tardará en alcanzarlo. En cambio, si usted está fuera de rumbo, o la derrota que sigue no es rectilínea, tanto la VMG como el ETE variarán. El único tramo recto en la regata es el que va de #3 a #4. Por tanto, deberá dividir los demás tramos en una serie de líneas rectas. Utilizará la función "ruta" de su receptor para ir de un *waypoint* al siguiente y, si está sobre el rumbo, el ETE será el tiempo real entre cada punto y usted podrá usarlo para ver si se mantiene en el tiempo estipulado. Los *waypoints* intermedios de los llamará 1A, 1B, 2A, 2B y 4A.

Las coordenadas de todos los *waypoints* que usará están indicados a continuación:

Punto	**Latitud**	**Longitud**	**Nombre**
# 1	40° 42,38' N	73° 13,2' W	P1
# 1A	40° 39,22' N	73° 12,6' W	P1A
# 1B	40° 38,71' N	73° 11,2' W	P1B
# 2	40° 38,46' N	73° 11,43' W	P2
# 2A	40° 39,2' N	73° 10' W	P2A
# 2B	40° 39,73' N	73° 10' W	P2B
# 3	40° 39,57' N	73° 10,55' W	P3
# 4	40° 42,05' N	73° 10,68' W	P4
# 4A	40° 41,6' N	73° 12,2' W	P4A

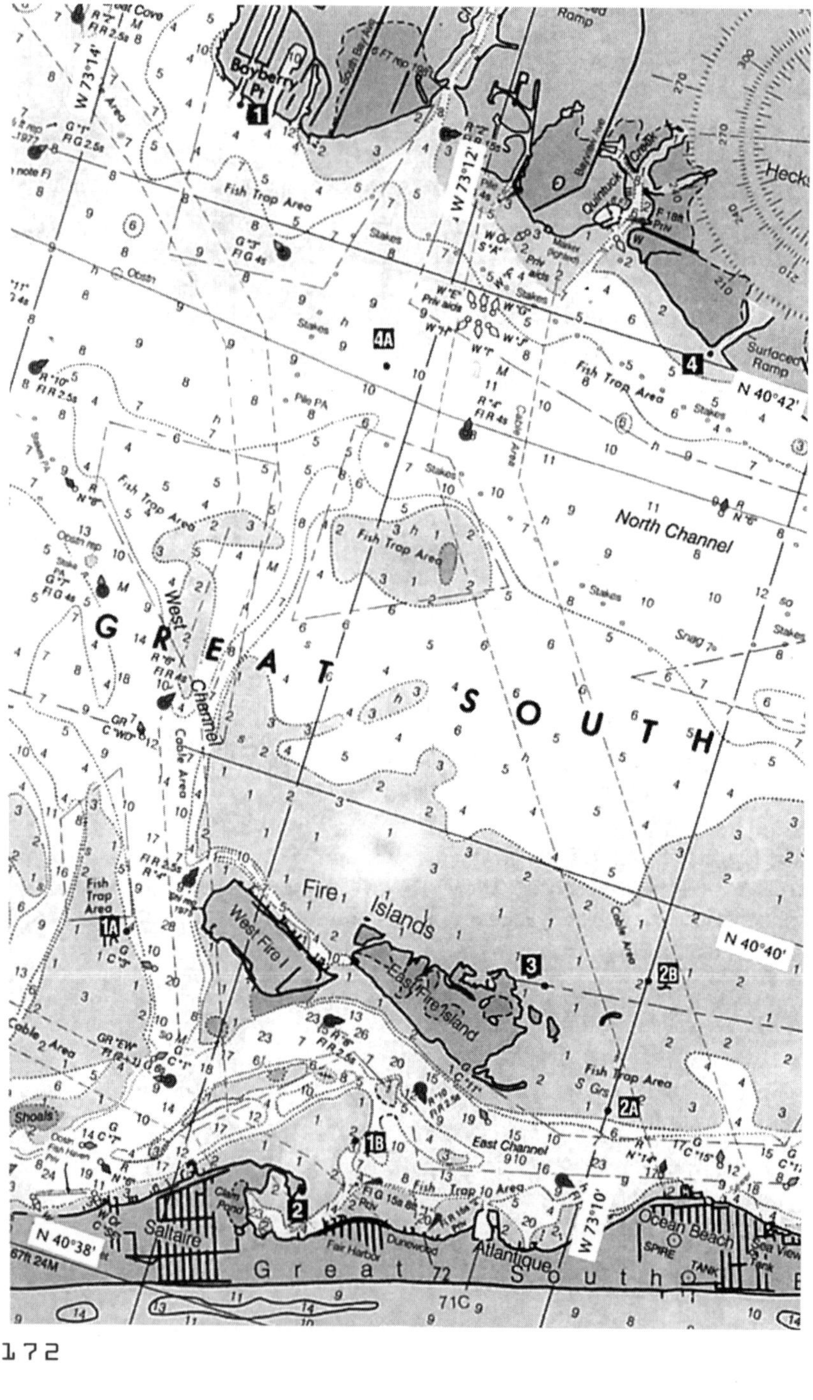
G R E A T
S O U T H
North Channel
West Channel
East Channel
Fire Islands
West Fire I
East Fire Island
Bayberry Pt
Quintuck Creek
Fish Trap Area
Cable Area
Surfaced Ramp
Clam Pond
Shoals
Saltaire
Fair Harbor
Dunewood
Atlantique
Ocean Beach
Sea View
Great South
W 73°14'
W 73°12'
W 73°10'
N 40°42'
N 40°40'
N 40°38'
1
1A
1B
2
2A
2B
3
4
4A

Antes de introducir los *waypoints* en su *receptor*, debe usted especificar el *datum* de la carta. En este caso, sin embargo, la carta oficial de la regata no muesta ninguna indicación sobre el *datum*. ¿Qué hacer? Antes nunca se había encontrado ante este problema porque para navegar simplemente con el compás, no necesitaba ese dato. Como prefiere no preguntarlo a los organizadores, decide hacer una conjetura razonable. La carta ha sido hecha en los EEUU, así es que el *datum* será probablemente NAD 27, NAD 83 o WGS 84. Si selecciona usted un *datum* equivocado, el error en posición será sólo de unos pocos metros. Esto supone un mayor problema, dado que usted sólo debe pasar cerca de cada punto y necesariamente por encima de él. Por tanto, usted decide usar el NAD 27 porque es el *datum* utilizado en la mayor parte de las cartas que usted tiene. Algunas de las más nuevas usan el NAD 83, pero usted no puede saber si la carta de la regata es de las nuevas o de las viejas. En consecuencia, usted ajusta su receptor de la siguiente manera:

- ***Datum* de la carta: North America Datum 1927 (NAD 27)**
  Si su receptor fracciona el NAD 27 en diversos como Alaska, Canadá, América Central, etc., seleccione NAD 27-CONUS, de lo contrario, seleccione NAD 27.

- **Unidades: *Nautical***
  Usted ya tiene bastante experiencia con cartas y millas náuticas, así es que seleccionará *nautical units*.

- ***Coordinate grid* (cuadrícula de coordenadas): Latitud/Longitud.**

- ***North Setting* (Referencia al Norte): *Magnetic North* (Norte magnético)**
  El gran compás de a bordo es como un viejo amigo e incluso utilizando un receptor GPS, usted se fijará en él para mantener el rumbo.

- ***CDI limit* (límite de desviación de rumbo): un valor medio**
  Se considera eficiente a la hora de mantener un rumbo con precisión. Por tanto, al usar la pantalla de navegación de "autopista" (*highway navigation screen*) no necesita un límite de CDI excesivo, aunque tampoco tan pequeño que sea imposible de mantener. Por tanto, entre las opciones de 0,25, 1,25 y 5,0 selecciona 1,25 millas náuticas.

Después de ajustar su receptor, entra los *waypoints* y forma una ruta.

Nombre	Punto	Derrota deseada	Distancia millas náuticas
P1	#1		
		186°	3,2
P1A	#1A		
		129°	1,2
P1B	#1B		
		229°	0,3
P2	#2		
		69°	1,3
P2A	#2A		
		14°	0,5
P2B	#2B		
		263°	0,4
P3	#3		
		11°	2,5
P4	#4		
		262°	1,2
P4A	#4A		
		330°	1,1
P1	#1		

La distancia total del viaje es de 11,7 millas náuticas (13,5 millas terrestres, 21,7 kilómetros). Junto con la carta le han facilitado el tiempo a emplear para cada tramo. De esta manera, usted puede formar una tabla con las distancias y los tiempos y calcular la velocidad media requerida para cada tramo.

Tramo	Tiempo minutos	Distancia millas náuticas	Velocidad nudos
#1 a #2	36	4,7	7,8
#2 a #3	21	2,2	6,3
#3 a #4	13	2,5	11,5
#4 a #1	24	2,3	5,8

Su embarcación puede mantener fácilmente una velocidad de 11,5 millas para el recorrido entre #3 y #4, de modo que no hay ningún tramo que resulte excesivamente rápido. A continuación calcula el tiempo para cada uno de los subtramos medidos sobre la carta. La estrategia seguida el año pasado tuvo su mérito, pero hay que evitar ir demasiado rápido al principio, para tener que esperar después. Así es que elabora la siguiente tabla:

Subtramo	**Distancia millas náuticas**	**Tiempo parcial minutos**	**Velocidad requerida nudos**
P1 a P1A	3,2	23	8,3
P1A a P1B	1,2	8	9
P1B a P2	0,3	5	3,6
P2 a P2A	1,3	11	7,1
P2A a P2B	0,5	4	7,5

Afortunadamente usted no va a navegar solo. Su misión será estar al timón, mantener el ojo sobre los instrumentos, incluido el receptor GPS y dar instrucciones a los miembros de la tripulación para mantener el rumbo y el horario. Usted decide utilizar la función de tiempo en ruta ETE de su receptor para calcular el tiempo que necesitará para llegar a cada punto. Esta función le ayudará a navegar a la velocidad adecuada para cumplir con los requisitos de tiempo de cada tramo. Sin embargo, ETE cambia con la velocidad y el rumbo, de manera que necesitará de un cronómetro para controlar el tiempo empleado en cada tramo. Sería bueno disponer de un cronómetro de cuenta regresiva para accionarlo al inicio de cada tramo y poder saber en todo momento el tiempo absoluto de que dispone para llegar al próximo *waypoint.* Mientras el tiempo sobre el cronómetro regresivo y el ETE estén en concordancia, todo irá bien. La otra alternativa a un cronómetro regresivo es restar el tiempo transcurrido del tiempo permitido para cada tramo, si bien tener que hacer cálculos es siempre engorroso, sobre todo sabiendo que un cronómetro puede hacerlo por usted. El receptor no dispone de él, pero sí su reloj, así es que decide utilizarlo.

El día de la regata tiene preparados la carta, las tablas que ha confeccionado y el receptor. Cada 10 minutos se da la salida a un barco y finalmente llega su turno. Usted conecta su receptor y activa la ruta. La página de gobierno le indica que la demora al punto PA1 es 186°. Usted se pone en marcha, atento al compás hasta que alcanza ese rumbo. De acuerdo con el plan, debe emplear 23 minutos en alcanzar el punto P1A, así es que activa el cronómetro regresivo. Ordena a su tripulación colocar las velas hasta alcanzar la velocidad de 8,3 nudos. Inmediatamente nota que el ETE no es estable. No va disminuyendo el tiempo a intervalos de un segundo, sino que salta varios segundos y luego retrocede incluso más. A veces incluso cambia el minuto. Esto ocurre cuando su rumbo oscila o su velocidad fluctúa. Usted comprueba su compás y actúa sobre el timón firmemente para conseguir que su barco haga un rumbo y velocidad constantes. Después de haber hecho todo lo que ha podido, observa que, a pesar de ello, los segundos del ETE siguen saltando de manera impredecible. Sin embargo, la lectura del minuto parece estable y fiable. Usted decide confiar sólo en el valor de los minutos indicados por el ETE. El cronómetro regresivo le dice que tiene que estar en el punto P1A en 19 min. 30 seg., mientras que el ETE le marca aproximadamente 20 min., lo cual es bastante similar. Sin embargo, usted decide aumentar ligeramente su velocidad para compensar su salida ligeramente lenta. Cuando su barco alcanza la velocidad de 8,9 nudos, el "ETE" disminuye a 16 min., mientras que el cronómetro le indica 17 min. 30 seg. Es como si ambos sistemas jugaran al gato y al ratón.

"¡Barco a proa!", exclama uno de los miembros de su tripulación. Usted hace sonar su bocina, dado que los barcos a vela tienen preferencia de paso. Sin embargo, el otro barco no se aparta. Vuelve a pitar, pero no hay respuesta. En consecuencia, debe iniciar una maniobra de evasión. Al comenzar a caer su embarcación a babor, la flecha de la pantalla de navegación de su receptor apunta hacia la derecha, indicándole la dirección que tendrá que seguir para regresar a rumbo. El ETE desaparece y la pantalla le indica que su rumbo actual es 85°.

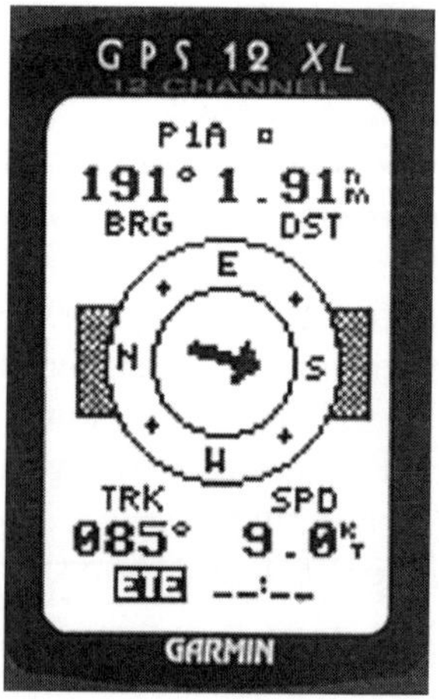

Una vez librado el obstáculo, usted vuelve a poner rumbo a P1A. La demora que ahora le indica ha cambiado de 186° a 193°. Usted lleva el barco a ese nuevo rumbo, intentando ajustarse a él lo máximo posible.

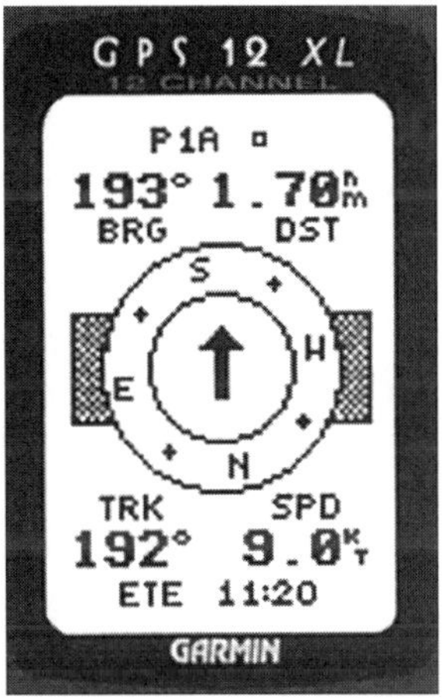

El cronómetro regresivo le indica que tiene 9 min. 30 seg. para llegar, mientras que el ETE le señala unos 10 minutos. Usted aumenta el velamen y al alcanzar los 10 nudos, los dos instrumentos prácticamente coinciden. La navegación es ahora recta hasta que el receptor le indica el cambio de rumbo para proceder a P1B. Usted anota brevemente el tiempo que les ha llevado llegar hasta P1A y, atento al compás, lleva el barco al nuevo rumbo 129°. Ha necesitado 22 min. 47 seg. para alcanzar P1A, de manera que reduce su velocidad de 10 a 9 nudos, que es lo que su previsión le indica para llegar a P1B. Asimismo, ajusta el cronómetro regresivo a 8 minutos y lo pone en marcha.

"¡Buque cablero a proa!", oye exclamar. Usted está en una zona de cableado, pero ignoraba que estuvieran trabajando en fin de semana. Evidentemente, ese buque no se va a mover, así es que mejor que lo haga usted. Vira, pues, fuertemente a estribor para bordearlo y luego regresar a rumbo. El cronómetro le indica que quedan 4 min. 18 seg., mientras que el ETE le indica 6 minutos. Decide dar más velocidad, pero aparece otro obstáculo: un grupo de barcos de pesca está recogiendo sus redes y, por tanto, usted tendrá también que bordearlos. Una vez libre ya de todo, usted dispone de 2 min. 08 seg. para alcanzar P1B, pero el ETE a su velocidad actual es de 5 minutos. Echa un vistazo a la pantalla de mapa y no puede menos que exclamar "¡vaya lío!".

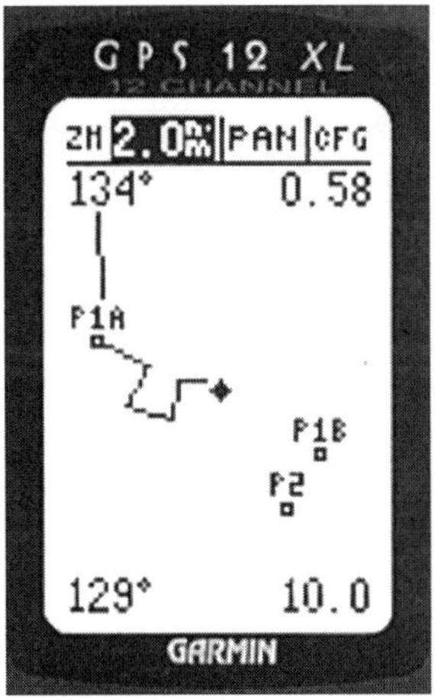

Ha necesitado 10 min. 15 seg. para alcanzar P1B. lo que significa que tiene que rebajar los 2 min. 12 seg. del tiempo necesario para llegar a P2. Es decir, que le quedan 2 min. 48 seg. Usted ajusta nuevamente el cronómetro y pone rumbo 229°, proa a P2. Es una distancia corta y el camino parece afortunadamente libre. Le parece que 10 nudos es demasiado y modera velocidad hasta que el ETE se ajusta al cronómetro. Cuando llega al punto, tiene un adelanto de 30 segundos, pero cuando dispara la foto del marcador de carrera, se da cuenta de que ha necesitado 2 min. 31 seg. para el último tramo. Teniendo en cuenta que lo previsto eran 2 min. 48.seg., el resultado no está nada mal.

Un reloj con cronómetro es un complemento para medir el tiempo ETE.

Para el próximo tramo debe emplear 11 minutos. Usted ajusta una vez más el cronómetro y pone rumbo 69°, buscando alcanzar la velocidad de 7,1 nudos lo antes posible. La navegación a P2A es tranquila, hasta que se acerca al punto y descubre que hay más trabajos de cableado en el área de P2B, de manera que decide introducir un cambio en la ruta. En vez de ir alrededor de la pequeña isla, junto a P2B, navegará entre ésta y la isla principal. El tiempo para recorrer de P2A a P2B y de P2B a P3 es de 10 minutos. Como se dirige directamente de P2A a P3, dispone usted de 10 minutos para recorrerlos. Como la derrota hasta P3 no es rectilínea, usted ajusta el cronómetro y usa el ETE más como guía que como medida exacta. Ha decidido aplicar la táctica de hacer la mayor parte del recorrido rápido y reducir mucho la velocidad, cuando ya enfile directamente P3 y las indicaciones del ETE puedan contrastarse con las del cronómetro. Hasta que pueda dirigirse directamente a P3 ignorará además las indicaciones de demora que le da el receptor.

Al llegar a P2A, pone en marcha el cronómetro, pero no toca nada en el receptor. Muchos receptores pueden resolver el problema que se plan-

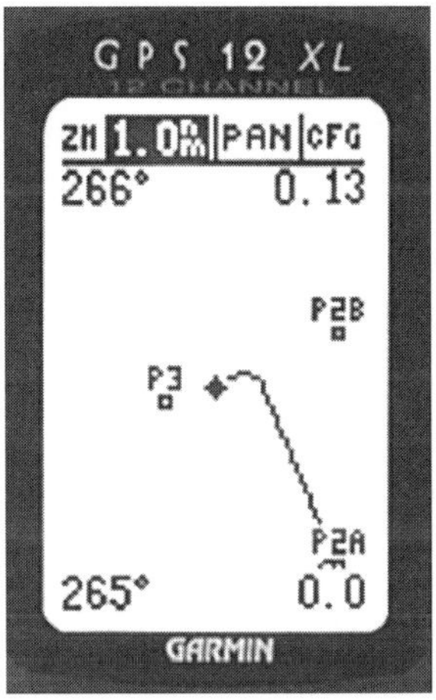

tea cuando en una ruta, usted se dirige a un punto adyacente, que no debe ser tenido en cuenta, y le dirigen directamente al *waypoint* más próximo. Usted cubre la mayor parte de la distancia a 7 nudos, de manera que cuando se acerca a P3 tiene todavía 2 minutos para alcanzarlo. En estos momentos el receptor apunta a P3 y usted disminuye su velocidad, de manera que el ETE coincida con el cronómetro. Un vistazo a la pantalla de mapa le muestra la derrota seguida.

Su plan da un resultado excelente porque alcanza P3 en 10 min. 22 seg. A continuación hace la foto, ajusta el cronómetro, cambia el rumbo a 11° y trata de alcanzar lo antes posible la velocidad calculada de 11,6 nudos. El tiempo total transcurrido entre P1 y P3 es de 56 min. 50 seg. y el tiempo asignado en la carrera era de 57 minutos. ¡Un resultado magnífico!

El viaje hasta P4 no es precisamente rectilíneo, pues debe sortear diversos obstáculos, pero el ETE y el cronómetro le mantienen sobre el tiempo programado y llega allí en ligeramente menos de 12 min. 25 seg. Usted y su tripulación están trabajando como una máquina de precisión, por lo menos hasta el momento en que usted intenta hacer la foto. Queriendo aproximarse al máximo, usted se inclina sobre la borda, dispara la foto y, al querer incorporarse, resbala y se le cae la cámara al agua. Toda la tripulación contempla cómo ésta desaparece camino del fondo. Esto significa el fin de la regata, por lo menos para su tripulación. Perder la cámara equivale a ser descalificado. Su tiempo no será ni siquiera anotado.

A pesar de ello, deciden continuar como si nada hubiera pasado. Nuevamente al timón, presta atención al receptor y al cronómetro. Llegar a P4A les lleva 11 min. 48 seg. y, finalmente 13 min. 18 seg. para alcanzar la línea de meta. El tiempo total empleado es de 94 min. 21 seg., lo cual es un resultado excelente, comparado con los 94 minutos previstos en la regata. Ha sido su mejor marca y, si la cámara no se le hubiera caído al agua, tal vez habría obtenido el primer premio.

10 Mapas de escala pequeña y un viaje por carretera

En todos los capítulos anteriores se ha mostrado el uso de un receptor GPS con mapas de escala grande, entre 1:24.000 y 1:50.000. Un receptor también puede ser utilizado con mapas de escala pequeña, como 1:100.000 y 1:250.000, si bien es imposible fijar puntos exactos con la misma precisión que en un mapa de escala grande. Los mapas de escala

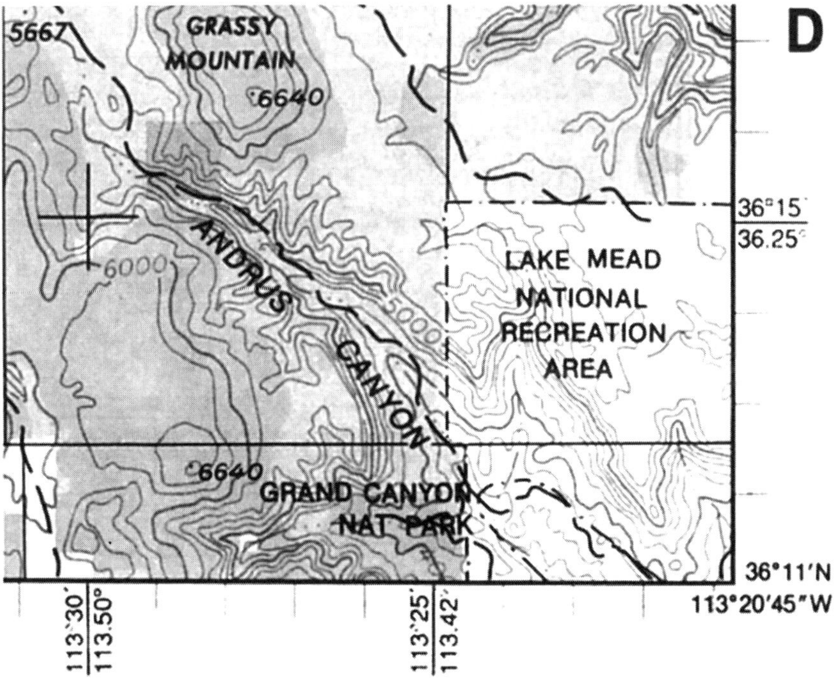

Mapa del Arizona Atlas&Gazetteer © DeLorme, Yarmouth, Maine. Reproducción autorizada.

pequeña son útiles para conducción por autopista, porque abarcan un área grande y pueden situarse fácilmente los puntos de cruce principales. Los mapas de gran escala deben usarse en ciudades en las que son importantes las coordenadas de intersecciones particulares. Un mapa popular de escala 1:250.000 es el Delorme Atlas and Gazetteers, en el que cada libro abarca un estado (de EEUU) al completo. A lo largo de los lados del mapa aparecen unas finas marcas grises de medición de latitud/longitud. En la figura siguiente se muestra la esquina sudeste de la página 21 del citado atlas.

La latitud en la parte inferior del mapa es 36° 11'N. Cada una de las marcas dibujadas en la parte derecha del mapa, en sentido ascendente, representan 1' de latitud. La primera marca por encima de la de 36° 11' corresponde a una latitud de 36° 12', la siguiente a 36° 13', después 36° 14' y la marca más gruesa nos señala 36° 15' (por encima de ella) y 36,25° por debajo. Ambos valores corresponden a la misma latitud: uno expresado en grados y minutos y otro en unidades o décimas de grado. En este mapa es más sencillo usar la primera opción (así por ejemplo, 36° 40,33' en vez de 36,67°), pues se puede trabajar sólo con los minutos, ignorando los grados. La cuadrícula abarca aquí dos páginas, de manera que cuando el libro está abierto, tal y como se ve en la figura que se adjunta, el mapa abarca entre ambas páginas una diferencia en latitud de 49' y una diferencia en longitud de 1°22'.

Observará también que la cuadrícula latitud/longitud no está dibujada en el mapa, por lo cual será necesaria una pequeña preparación para poder usarlo con un receptor GPS. La cuadrícula puede ser trazada y usada en base a cuadrados de 1' x 1' o de 15' x 15'.

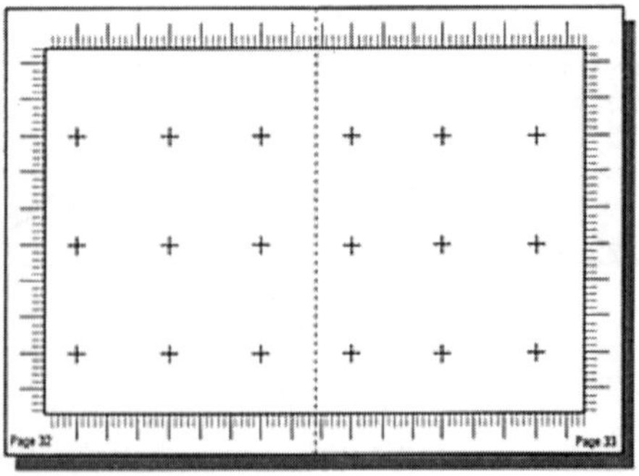

La cuadrícula de 15′ x 15′ debe ser usada con una regla calibrada en minutos/segundos, mientras que una cuadrícula de 1′ x 1′ puede usarse a ojo, aunque trazarla requiere dibujar muchas líneas. A continuación se explican estas cuadrículas para ayudarle a decidir cuál le conviene más.

Cuadrícula 1′ x 1′

Si desea disponer de un mapa que pueda leerse a simple vista, tome una regla y vaya trazando líneas que correspondan con las marcas de 1′. Una cuadrícula 1′ x 1′ es lo más preciso que puede obtener de manera útil en un mapa de escala de 1:250.000, de manera que no necesite hacer más subdivisiones. Trazará las latitudes uniendo las marcas situadas a ambos lados, a través de las dos páginas consecutivas del libro y las longitudes uniendo las marcas de la parte inferior y superior. En la figura que sigue se representa una cuadrícula 1′ x 1′.

Podrá leer las coordenadas directamente del mapa. La intersección entre la Ruta 95 y la Ruta de Castle Dome Mine Road, etiquetada como #1 en el mapa, está en una latitud próxima a los 32° 58′N y la longitud está desplazada aproximadamente al oeste de la latitud 114° 17′W. Tomaremos, pues como coordenadas: 32° 58′N y 114° 17,25 W. A continuación se dan las coordenadas, medidas a ojo, de los puntos señalados sobre el mapa. Cada punto está identificado mediante un número y su posición exacta viene indicada mediante un puntito.

Punto	**latitud**	**longitud**
#1	32° 58′ N	114° 17,25′ W
#2	33° 9,33′N	114° 25,9′ W
#3	33° 0,4′ N	114° 20,66′ W
#4	33° 2,4′ N	114° 31,5′ W
#5	33° 2,4′ N	114° 10,33′ W

La ventaja de la cuadrícula de 1′ x 1′ es su facilidad de uso, pero su inconveniente es el tiempo que se tarda en dibujarla. Otra posibilidad es trazarla no en todo el mapa, sino sólo en la zona de la que se necesiten tomar coordenadas. Así, por ejemplo, podría trazarse en la zona de las intersecciones que le interesen, y no en toda la página.

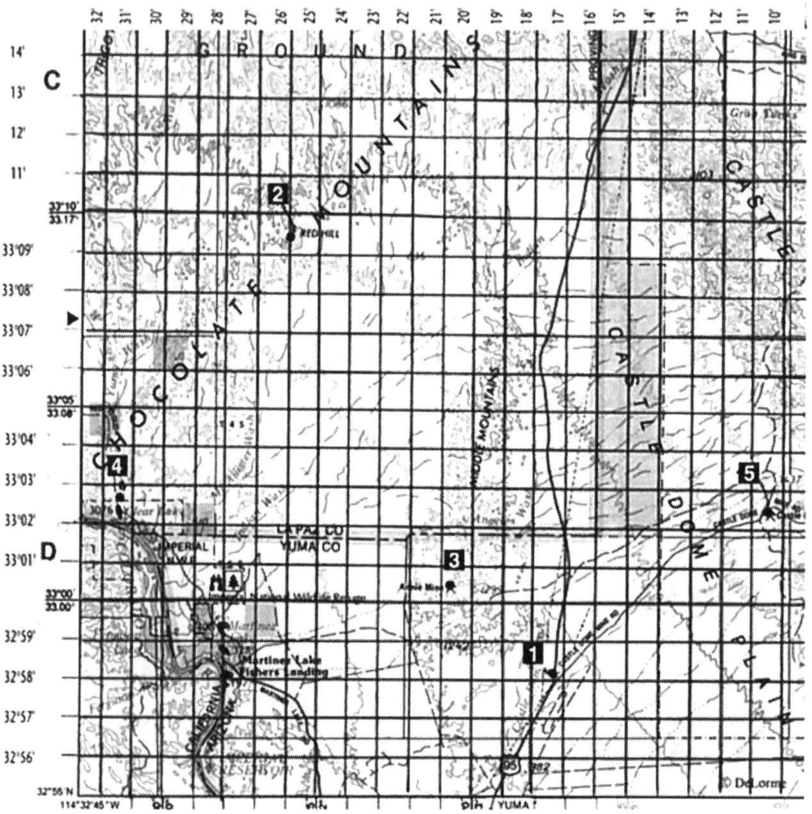

Mapa del Arizona Atlas&Gazetteer © (DeLorme, Yarmouth, Maine. Reproducción autorizada.)

Cuadrícula 15' x 15'

La cuadrícula 15' x 15' debe usarse con una regla calibrada en minutos/segundos, pero proporciona el medio más rápido y preciso para medir coordenadas de cualquier punto del mapa. El primer método utiliza las líneas cruzadas trazadas ya en el mapa. Para formar la cuadrícula, se van trazando líneas que, uniendo las marcas laterales, crucen las dos páginas horizontalmente, y otras que hagan lo propio en el sentido vertical. En la figura adjunta se muestra la cuadrícula sobre las dos páginas del libro.

Tome nota de que todos los rectángulos de la cuadrícula son de 15′ x 15′, puesto que el total de minutos de latitud y longitud sobre el mapa no tiene factor 5. La regla calibrada en minutos y segundos puede medir la latitud en cualquier rectángulo, incluso aunque no sea de 15′ x 15′. Sin embargo, la longitud sólo puede medirse sobre rectángulos que abarquen 15′ de ancho, sea cual sea la altura. Los rectángulos sombreados no son de 15′ x 15′ y resulta más difícil usar la regla en esas zonas. La regla calibrada en minutos/segundos se utiliza como ya se ha explicado en el capítulo 8. Las longitudes no pueden ser medidas en los laterales del mapa porque los rectángulos no tienen 15′ de ancho. La longitud puede medirse en los lados, si dibujamos la cuadrícula 1′ x 1′ en zonas en las que la regla no puede usarse o si se utiliza sólo una parte de la regla. En cambio la cuadrícula 15′ x 15′ puede transportarse para cubrir todo el mapa eficientemente.

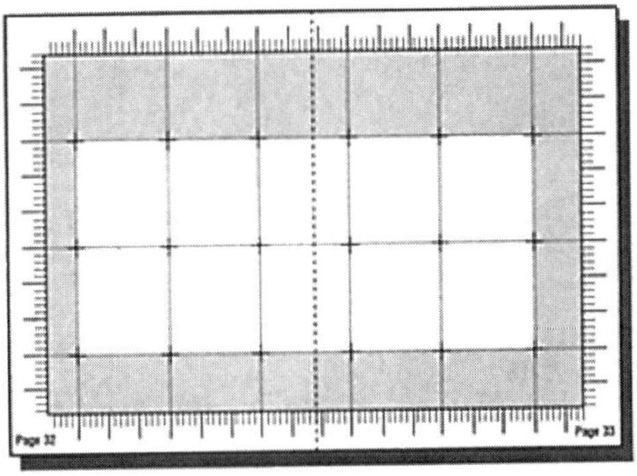

La regla calibrada no puede usarse fácilmente en las zonas sombreadas.

Cuadrícula 15′ x 15′ adaptada

Una vez trazada en el mapa la cuadrícula de 15′ x 15′, es difícil medir longitudes en rectángulos que tienen 15′ de ancho. Así es que, en vez de utilizar las líneas cruzadas para formar la cuadrícula, empiece en uno de los lados del mapa y trace una línea vertical que pase por la primera marca de longitud cuyo valor acabe en 0 o en 5. Por ejemplo, dibuje la primera línea sobre una longitud como 114° 15′ o 112° 30′ y no 111° 13′. Partiendo de esta primera línea, cuente 15′ y levante la próxima línea vertical y así sucesivamente, hasta llegar al otro lado del mapa. El mismo sistema seguirá para las líneas de latitud. Comience por la primera marca de latitud, en la parte superior o inferior del mapa, cuyo valor en minutos acabe en 0 o en 5 y trace una línea horizontal atravesando el mapa. Cuente 15′ de latitud y dibuje la siguiente línea y así hasta recorrer todas las marcas de latitud. La cuadrícula tendrá un aspecto similar a la del gráfico siguiente

Observará que la mayor parte del mapa está ahora cubierta por rectángulos completos de 15′ x 15′, que harán más fácil el uso de la regla calibrada en minutos/segundos.

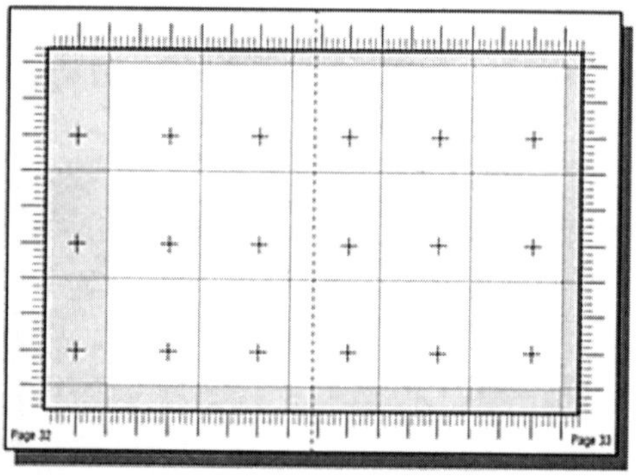

Adaptar la cuadrícula de 15′ x 15′ ofrece una mayor superficie de medición.

Hay algo que debe tener en cuenta a la hora de trazar las líneas de longitud sobre el mapa. A veces, la longitud en un extremo del mapa tiene un valor en minutos de 0 o 5 y además un segundo valor distinto de cero. Veamos el ejemplo que se muestra en la figura adjunta. El borde del mapa empieza con una longitud de 113° 10′ 15″, lo cual plantea la cuestión de si trazar la primera línea vertical de la cuadrícula en el borde o 4′45″ más a la izquierda, sobre la marca de longitud de 113° 15′. Si toma usted el margen del mapa como primera línea vertical de la cuadrícula, el rectángulo resultante no será de 15′, sino de 14′45″. Si adopta la

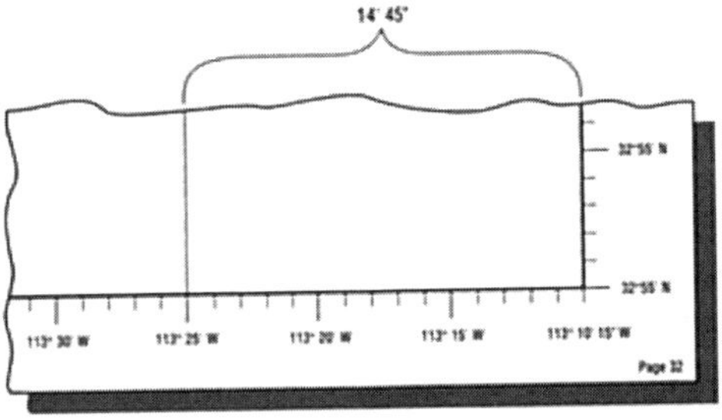

Ignore los cudrados pequeños de 15' x 15'.

longitud 113°15' como primera línea vertical de la cuadrícula, se encontrará con que el área situada a la derecha de dicha longitud será difícil de medir con la regla. La solución más práctica será usar el borde del mapa como primera línea vertical y aceptar la pequeña imprecisión que supone esa diferencia de 15" en el ancho del rectángulo.

Una vez trazada la cuadrícula sobre el mapa, podemos medir con la regla calibrada en minutos/segundos las coordenadas de cualquier punto. Las mediciones deben hacerse con la escala 1/250K, que se muestra a la derecha. Los números 00 señalan el comienzo de un minuto y los 30 representan 30" o, lo que es lo mismo, medio minuto. Un minuto completo va de 00 a 00, comprendiendo la regla un total de 15', que es el tamaño de los rectángulos de la cuadrícula del mapa. Las marcas pequeñas valen cada una 5 segundos.

Para medir la coordenada de la latitud, sitúe un extremo de la regla sobre la línea inferior de un rectángulo de la cuadrícula y el otro sobre la parte superior, según se muestra en la figura. Cuente el número de minutos y segundos desde la latitud correspondiente a la línea inferior hasta el punto cuya latitud queremos conocer. La fi-

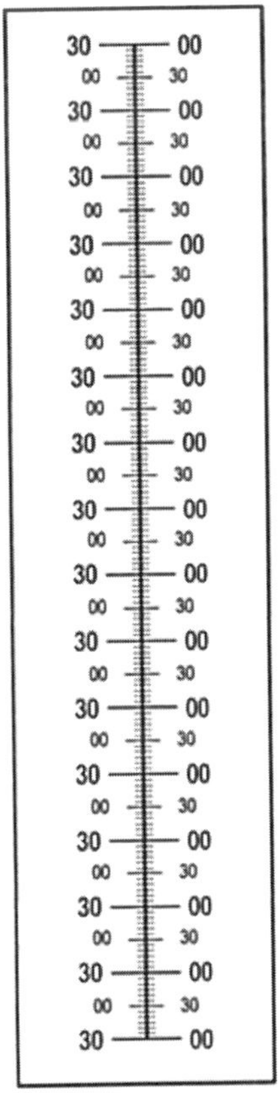

Regla calibrada a minutos/segundos 1/250K.

gura nos muestra cómo colocar la regla para medir la latitud de Needle Peak. Tomando la parte derecha de la escala, el primer 00 de la escala queda sobre la línea de latitud de 32° 40′ N. El próximo 00 corresponderá a 32° 41′, el siguiente 32° 42′ y así sucesivamente. El 30 inmediatamente inferior a Needle Peak tiene una latitud de 32° 45′ 30″ N y el punto correspondiente al citado pico está situado 3 marcas pequeñas por encima del 30, de manera que la latitud de Needle Peak será 32° 45′ 45″ N.

La longitud se mide colocando cada extremo de la regla calibrada en minutos/segundos sobre líneas de longitud adyacentes, de acuerdo con lo indicado en al capítulo 8. La línea de longitud en la parte derecha de la regla es 111° 55′ W. Cuente los minutos desde la parte derecha de la regla y deténgase en el 00 justo a la derecha de Needle Peak, que representa 112° W. Cuente entonces cuatro marcas pequeñas hasta la directamente inferior al pico. La longitud final es 112° 0′ 20″. Las coordenadas finales de Needle Peak serán, por tanto, 32° 45′ 45″ N y 112° 0′ 20″ W.

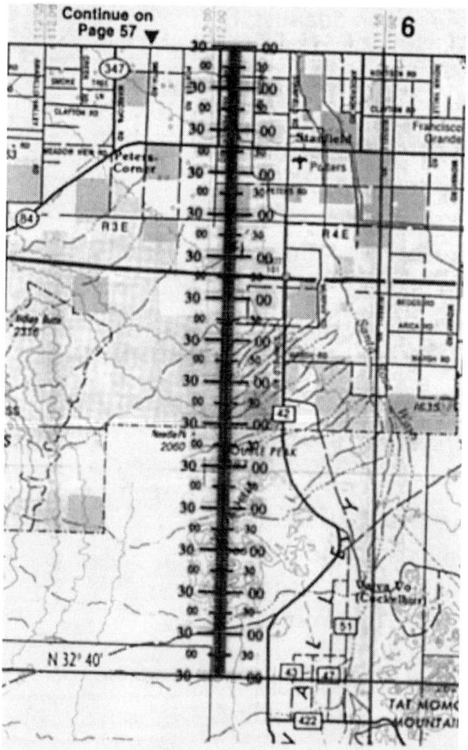

Medición de la latitud de Needle Peak.

Mapa del Arizona Atlas&Gazetteer © (DeLorme, Yarmouth, Maine. Reproducción autorizada.)

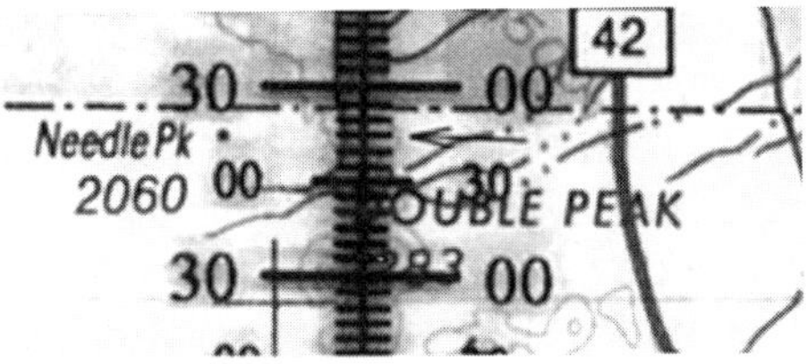

Vista ampliada de la lectura de la latitud.

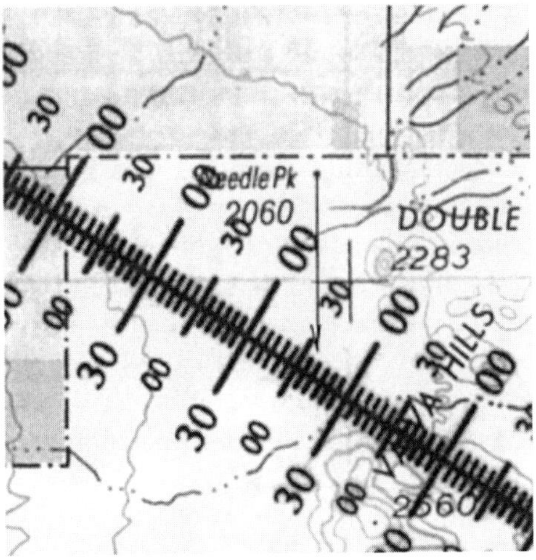

Medición de la longitud de Needle Park.

Un viaje por carretera

Supongamos que usted es un ingeniero de minas y que tiene que hacer unas inspecciones cerca de Sif Vaya y de los Vekol Mountains. Usted nunca ha estado en esa región y decide utilizar un receptor GPS. No le preocupa tanto el encontrar las minas, pues están señalizadas, como el llegar hasta ellas. Según le han dicho, la carretera que lleva hasta ellas es difícil de ver desde la autopista.

Desde Gila Bend viajará usted hacia el este por la carretera Interstate 8 hasta la ruta de la reserva india nº 42, en donde usted seguirá hacia el sur hasta el desvío de Sif Vaya. La misma carretera puede llevarle eventualmente a las minas de Vekol Mountains. Usted elige, como primer *waypoint*, la intersección entre Interstate 8 y la ruta 42. Este punto lo denominará #1 sobre el mapa. El receptor le avisará en cuanto se acerque a un *waypoint*, de manera que tendrá tiempo suficiente para reducir velocidad y cambiar de dirección. El segundo punto, señalizado en el mapa como #2, corresponde a la intersección del desvío hacia Sif Vaya. Una vez más, el receptor le avisará de la proximidad de dicho punto y podrá volver a reducir velocidad y buscar el desvío. El tercer *waypoint* le llevará directo a la intersección que hay justo antes de llegar a las minas de Sif Vaya. Usted no desea girar a la izquierda en dicha intersección, de manera que un *waypoint* en cualquier lugar de la carretera, detrás de las minas, hará que el receptor le muestre la dirección en la que debe viajar para cruzar correctamente la intersección. El último *waypoint* estará en el área de las minas de Vekol Mountains. Después de pasar el *waypoint* #3 sólo necesita echar un vistazo al receptor para ver por dónde debe usted girar a la derecha para llegar a las minas. Basándose en la posición del *waypoint* #4, el receptor le señalará a la derecha para cambiar de dirección.

Usa la regla calibrada en minutos/segundos para medir las coordenadas de cada *waypoint* y les da un nombre, como se muestra a continuación.

Punto	**Latitud**	**Longitud**	**Nombre**
#0	32° 57′ 00,0″ N	112° 44′ 45,0″ W	GILA-B fuera del mapa
#1	32° 49′ 35,5″ N	111° 57′ 40,0″ W	EX161
#2	32° 35′ 15,0″ N	111° 59′ 40,0″ W	KOHTAK
#3	32° 36′ 15,8″ N	112° 03′ 35,0″ W	S-VAYA
#4	32° 33′ 15,5″ N	112° 06′ 10,0″ W	VEKOL

Usted sabe que antes de entrar las coordenadas de los *waypoints* debe seleccionar el datum del mapa y hace bien en no presuponer que es el datum NAD 27. Consulta el atlas y encuentra en la parte interior de la cubierta que el datum es WGS 84. Ahora puede ya configurar el receptor:

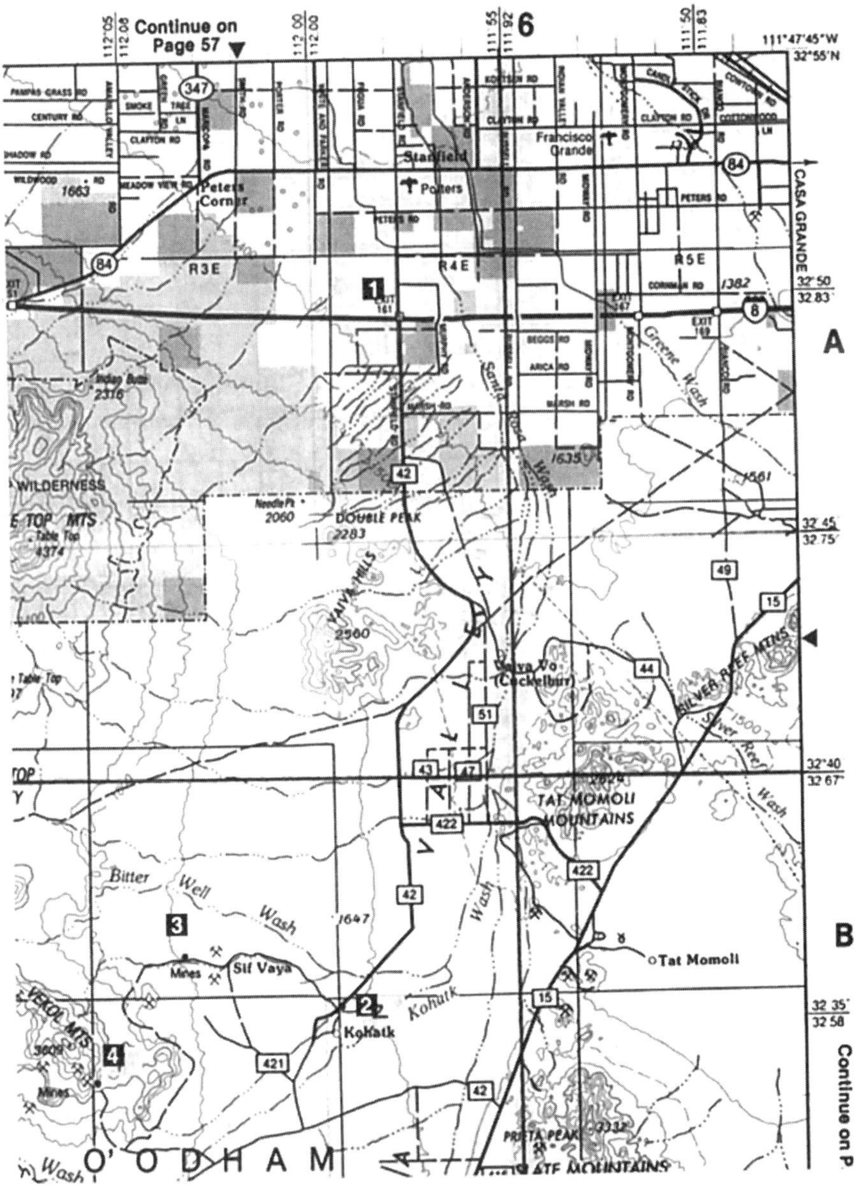

Mapa del Arizona Atlas&Gazetteer © (DeLorme, Yarmouth, Maine. Reproducción autorizada.)

- **Datum del mapa: World Geodetic System 1984 (WGS 84)**

- **Unidades: estatutarias**
  Usted utilizará el receptor en su vehículo y desea que los valores de velocidad y distancia concuerden con el velocímetro y el odómetro.

- **Sistema de coordenadas: Latitud/Longitud**
  Seleccione el formato de grados y minutos para que se correspondan con las coordenadas del mapa.

- **Referencia al Norte: Norte verdadero**
  Dispone de un compás, aunque probablemente no lo use. Por tanto, le conviene ajustar el receptor al Norte verdadero. De esta manera, al consultar el mapa, las demoras sobre éste coincidirán con las del receptor.

- **Límite CDI: no importa**
  Viajará en su vehículo y seguirá la carretera. La mayor parte del tiempo se encontrará fuera de la línea derecha que le indique el receptor. Únicamente en las intersecciones consultará usted la información que le da el receptor para decidir la dirección a seguir. Para ello se fijará en la flecha de la pantalla de navegación, que le mostrará dicha dirección. Por este motivo, ajustará usted el límite CDI a su máximo valor y ni siquiera prestará atención a la pantalla de navegación de "autopista", que le muestra la desviación de rumbo.

Después de configurar el receptor, puede ya entrar los *waypoints* y formar una ruta.

Nombre	**Punto**	**Demora**	**Distancia km**
GILA-B	#0		
		100°	46
EX161	#1		
		187°	17
KOHTAK	#2		
		287°	4
S-VAYA	#3		
		216°	4,3
VEKOL	#4		

El receptor le da una distancia total de 71,3 km (44,4 millas) entre Gila Bend hasta las minas de Vekol Mountains. Una vez listo para el viaje, instala el receptor en el soporte de acople al vehículo, lo enchufa al encendedor y lo conecta a la antena exterior montada sobre el techo.

Activa la ruta, pero la ignora hasta pasar Gila Bend y llegar a la autopista 8. Cuando la autopista recurva, la flecha de la pantalla de navegación no apuntará a la parte superior de la pantalla, porque usted está fuera del rumbo directo. Después de haber viajado unos cuantos kilómetros, conectará la pantalla de mapa y podrá comparar la senda seguida con la línea directa que va desde Gila Bedn a Exit 161. La línea recta representa el rumbo que el receptor le da entre ambos *waypoints.* La línea curva representa la senda realmente seguida sobre la autopista.

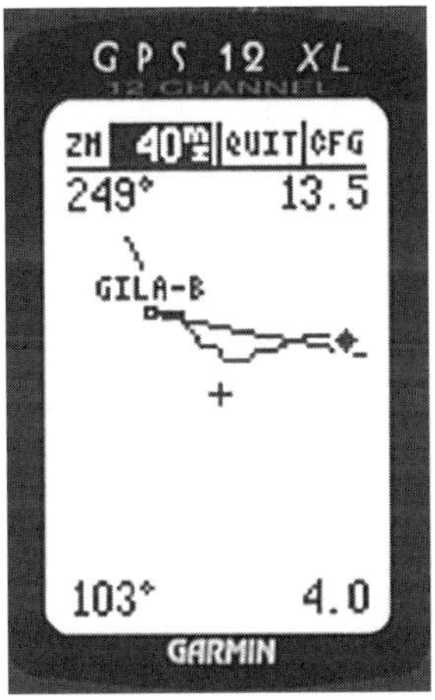

Mantiene a la vista la pantalla de mapas del receptor, en el modo "rumbo arriba", y observa como su posición, marcada con un símbolo de diamante, se aproxima a la de Ex161. Pronto le avisará el receptor de que está usted cerca del lugar de desvío. En el momento de alcanzar la salida de la autopista, el receptor le empieza a apuntar al siguiente *waypoint* de la ruta, KOHTAK. Si ahora cambia a la pantalla de navegación verá que la flecha señala también hacia la derecha, que es la dirección que debe seguir para salir. Toma el desvío y continúa hacia el sur sobre la autopista 42.

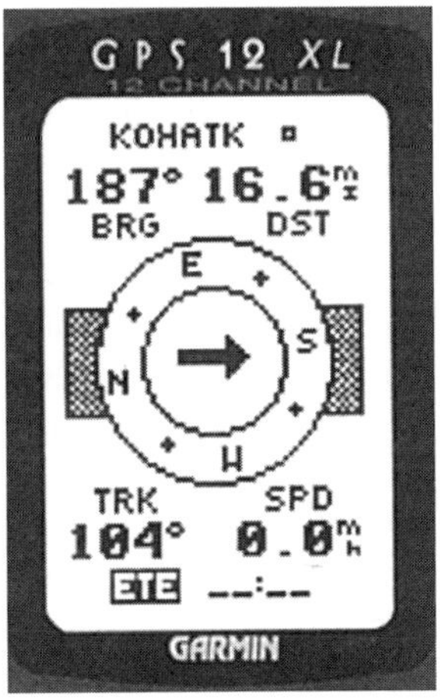

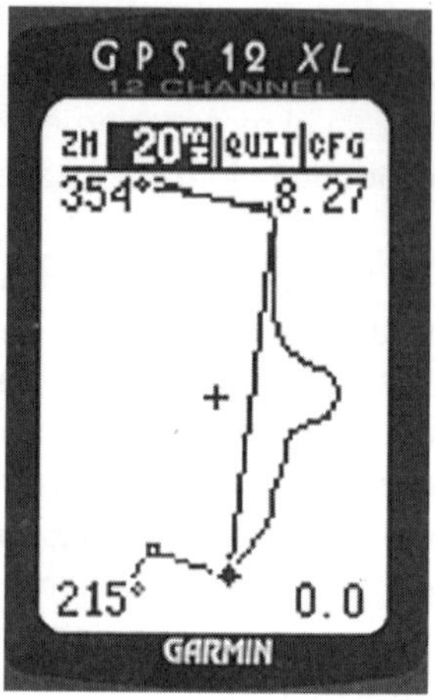

A medida que avanza hacia el *waypoint* KOHTAK, consulta el mapa del receptor y observa que la senda dibujada sobre la pantalla tiene el mismo aspecto que la línea de la autopista trazada sobre el mapa. Esto se explica porque el receptor está registrando sus movimientos.

Cuando el receptor le avisa de que está ya cerca de KOHTAK, reduce velocidad y busca el desvío a la derecha de la carretera. La flecha de la pantalla de navegación señala también a la derecha. Usted localiza la carretera de tierra y tuerce a la derecha hacia las minas de Sif Vaya. Al llegar a la intersección, justo antes de las minas, aparece una carretera a la izquierda. Sin embargo, la flecha apunta derecho hacia delante, debido a que usted seleccionó un *waypoint* más allá de la intersección. Por lo tanto usted sigue la flecha y no tarda en encontrar la señalización que le indica la entrada a la mina.

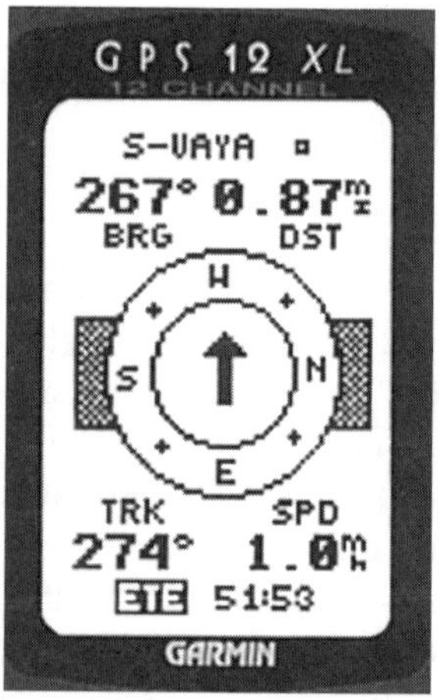

Cuando regresa a su vehículo, la flecha de navegación sigue señalando adelante hacia el *waypoint* S-VAYA que todavía no ha alcanzado.

Después de pasar por S-VAYA, usted sigue simplemente la carretera hasta llegar a la intersección T. Usted sabe ya que debe torcer a la derecha y como el último *waypoint,* VEKOL, queda también a la derecha, la flecha de navegación le muestra la misma dirección que usted quiere seguir. Una vez hecho el giro a la derecha, se da usted cuenta de que el receptor ha cumplido con su misión avisándole cuando se acercaba a los puntos de desvío importantes.

Un mapa métrico para viajes por carretera

Otros mapas que son apropiados para viajes largos por carretera son los mapas métricos USGS 1:100.000, pues muestran suficientes detalles para obtener fácilmente las coordenadas de puntos de intersección de carreteras y caminos vecinales importantes y al mismo tiempo cubren un área grande. La cuadrícula UTM está impresa en los mapas métricos USGS, pero en vez de usar cuadrados de 1 km (o,621 mi), como se muestra en los capítulos 5, 6 y 7, se usan cuadrados de 10 km (6,21 mi). En la figura se representan los números correspondientes a las coordenadas de la esquina sudeste del mapa USGS Norfolk.

En este mapa, las abreviaciones son distintas de las aquí anteriormente descritas y son como sigue:

^{3}**9** significa ^{3}**90**$^{000m.}$E.
^{40}**5** significa ^{40}**50**$^{000m.}$N.

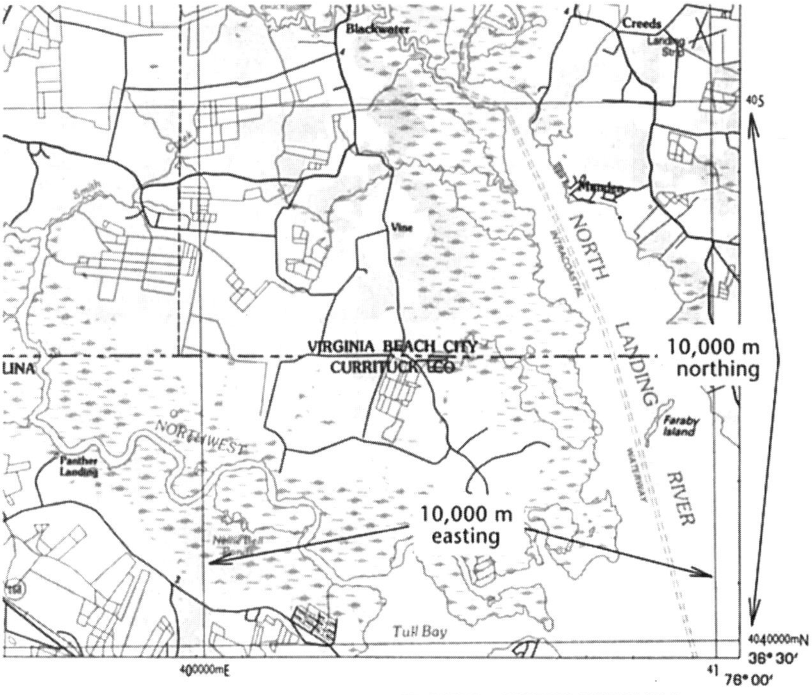

NORFOLK, VIRGINIA – NORTH CAROLINA

Las líneas de la cuadrícula están demasiado alejadas como para medir las coordenadas de un punto a simple vista. Así es que si queremos hacer mediciones precisas, necesitaremos subdividir las líneas de cuadrícula trazadas, o bien usar una regla especial. Una vez más, usar una regla requiere mucho menos trabajo que trazar a mano líneas de subdivisión. Los mapas métricos USGS facilitan el uso de una regla porque la cuadrícula viene ya dibujada sobre el mapa y no es necesario ninguna preparación previa. Una buena regla, que proporciona la escala correcta, es la UTM Grid Reader que se muestra en el dibujo.

Hay muchas cuadrículas disponibles, pero la regla en escala 1:100.000 está tanto en la parte superior como en el lado de la regla. El largo total de la regla abarca 10.000 metros para que coincida con la cuadrícula de 10 kilómetros. Hay unos números que marcan los kilómetros: 1, 2, 3, etc. Cada kilómetro está a su vez subdividido en diez unidades, cada una de

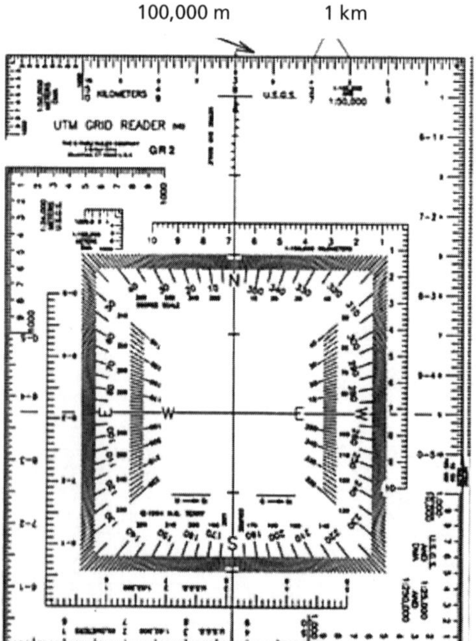

ellas de 100 metros (328,1 pies), por lo que la precisión con que pueden ser medidas las coordenadas de un punto es aproximadamente el correspondiente a media subdivisión, es decir, 50 metros (164 pies).

Para medir una coordenada colocamos la esquina de la regla sobre el punto y anotamos el valor indicado donde la línea del eje Y cruza la escala horizontal y donde la línea del eje X corta la escala vertical. Sumando esos valores a los números de las coordenadas que forman intersección con la regla, expresados en miles de metros, tendremos las coordenadas finales.

El mapa de la próxima página muestra una regla situada sobre la intersección cercana a Back Bay. La regla indica que la línea de cuadrícula $^{4}\mathbf{00}^{000\text{m.}}$E. corta la escala horizontal en 7.700. La coordenada resultante será

$^{4}\mathbf{00}^{000\text{m.}}$E. + 7.700 = $^{4}\mathbf{07}^{700\text{m.}}$E.

Por su parte, la línea de cuadrícula $^{40}\mathbf{50}^{000\text{m.}}$N. corta la escala vertical en 6.750, resultando una coordenada de:

$^{40}\mathbf{50}^{000\text{m.}}$N + 6.750 = $^{40}\mathbf{56}^{750\text{m.}}$N

La denominación final de las coordenadas, una vez completada con la referente a la zona del mapa y la letra correspondiente a la franja de latitudes, según se explicó en el capítulo 6, será:

18 S $^{4}\mathbf{07}^{700\text{m.}}$E. $^{40}\mathbf{56}^{750\text{m.}}$N

Cuando usemos mapas métricos, los viajes por carretera deberán prepararse y realizarse según se ha descrito en los ejemplos de este capítulo. La única diferencia está en que en el primer ejemplo hemos usado la cuadrícula latitud/longitud en un mapa de escala 1:250.000, mientras que los mapas métricos USGS, como el reproducido arriba, ofrece una cuadrícula UTM con una escala mayor de 1:100.000.

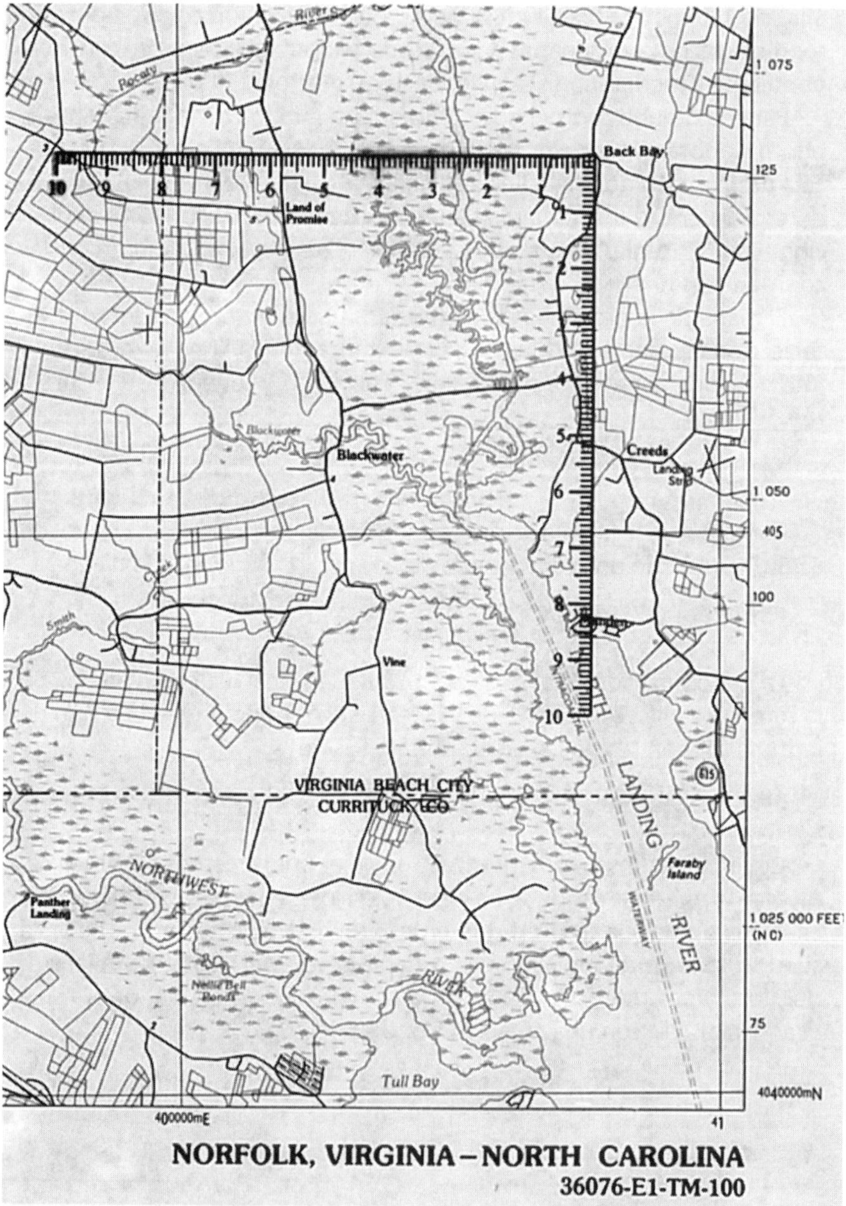
Back Bay
Land of Promise
Blackwater
Creeds
Vine
VIRGINIA BEACH CITY
CURRITUCK CO
NORTHWEST
Panther Landing
Tull Bay
Faraby Island
LANDING
RIVER
1 075
125
1 050
405
100
1 025 000 FEET (N C)
75
4040000mN
400000mE
41
NORFOLK, VIRGINIA – NORTH CAROLINA
36076-E1-TM-100

11 Recuperándose del desastre

En todos los ejemplos que se han ido explicando hasta ahora, el receptor GPS funcionaba perfectamente, le proporcionaba un conocimiento fiable de su posición y, mediante las funciones *Goto* y ruta, lo guiaba a donde usted quería ir. Los resultados obtenidos en esos ejemplos son completamente factibles, pero usted debe también estar preparado para solventar situaciones cuando la recepción de las señales sea pobre o incluso nula. Este capítulo está dedicado a las técnicas de navegación manual. Al respecto encontrará al final del libro una relación bibliográfica por si usted desea profundizar más en ello. Vea también el capítulo 3, en el que se habla de la importancia de tomar notas que le ayuden a reconocer una senda. Un receptor GPS puede también ayudarle a ser más hábil en métodos de navegación manual, según se describe en el capítulo 4°, en el apartado titulado "Cálculos punto a punto".

La lava fluye

Su vecino tiene una cabaña en Duck Creek Village y durante la fiesta anual de vecinos le comenta sobre la existencia de una corriente de lava en medio de un bosque. Inicialmente no parece algo muy interesante hasta que le dice que se supone que hay inmensos túneles subterráneos que se extienden a lo largo de centenares de kilómetros. Su vecino no los ha visto personalmente, pero asegura que los lugareños los conocen. Usted ha leído ya en una guía de viajes algo sobre túneles de lava, que se asemejan a túneles de ferrocarril serpenteando bajo el suelo de un bosque. El tema le resulta fascinante y decide echar un vistazo a los túneles de Duck Creek. Lo primero que hace es comprar el mapa USGS Henrie Knolls del sur de Utah.

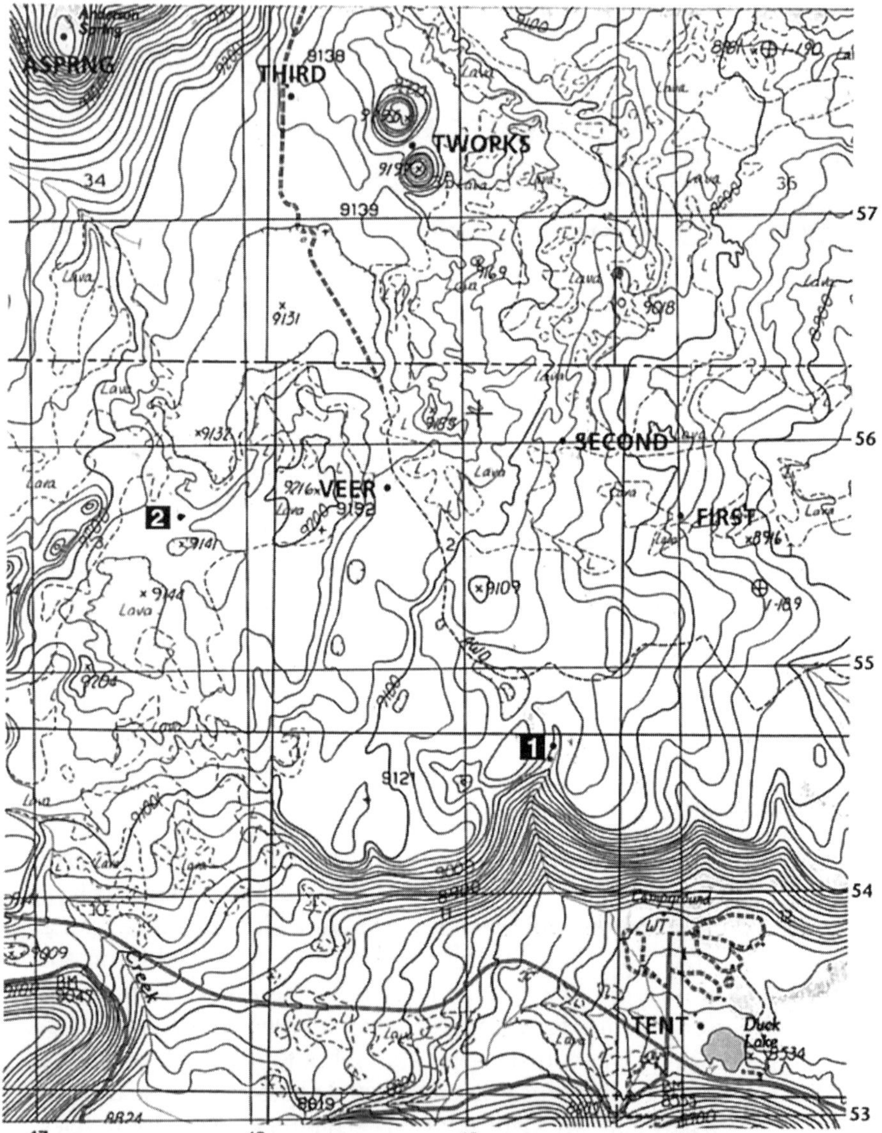
Anderson Spring
ASPRNG
THIRD
9138
TWORKS
9139
9131
9169
9132
SECOND
VEER
9192
2
9141
9144
FIRST
9109
9121
1
Creek
TENT
Duck Lake
8819
47
48
49
50
57
56
55
54
53

Su vecino le ha comentado que hay aberturas cerca de Anderson Spring y cerca de dos picos al sudeste de la fuente. Como usted sólo dispone de un fin de semana, decide viajar junto con un amigo el viernes por la tarde, al salir del trabajo, hasta Duck Creek, dedicar el sábado a la búsqueda de túneles, el domingo a pescar en el lago y finalmente regresar a casa.

Hace tiempo que usted tiene un receptor GPS. Siempre ha funcionado bien y usted confía en él. Generalmente utiliza un mapa, pero no está habituado a usar un compás. Decide hacer el viaje a finales de septiembre, cuando el frío ha matado a todos los mosquitos. El receptor le calcula las horas de la salida y puesta del sol para las 6:17 y las 18:30 respectivamente. Partirá de Duck Lake y caminará por el lecho seco de un arroyo hasta el punto #1. La pantalla de mapa del receptor le guiará sobre la corriente de lava hasta las dos pequeñas colinas a las que asignará el nombre de TWOPKS. Desde ahí se dirgirá a Anderson Spring. El viaje de regreso lo hará a través de la corriente de lava hacia el sur a un punto marcado como #2, luego al #1 y nuevamente al lecho del arroyo. La longitud total del viaje será de 12,1 km (7,5 mi). Dispone sólo de 12 horas de luz, lo cual no es un día largo, pero si sale del campamento a las 6:00 tendrá tiempo suficiente para hacer la excursión y explorar un poco.

El viaje

Llega el viernes señalado y, después del trabajo, recoge usted a su amigo. Cuando llegan a Duke Lake ya es oscuro, pero como ya están al final de la temporada, sólo hay unos pocos campistas y no tienen ningún problema para encontrar un buen lugar en el que plantar la tienda.

Al día siguiente, antes del amanecer, se levantan y a las 5:45 pone en marcha el receptor y registra la posición del campamento:

12 S ^{3}**50**$^{207m.}$E. ^{41}**53**$^{453m.}$N.   TENT

Usted anota las coordenadas en su libreta, junto con la hora. La desembocadura del arroyo seco no es tan fácil de localizar como usted creía y son ya las 7:00 cuando usted la localiza. Pone en marcha su receptor, simplemente para comprobar su posición, pero después de 5 minutos todavía no ha captado las señales de los satélites. La pantalla le indica que hay seis satélites en la zona, pero sólo obtiene una señal fuerte de dos. Consciente de que la vegetación bloquea las señales, da unas cuantas vueltas buscando un lugar en el que mejore la recepción. Sin embargo, la cosa no funciona. A usted le sorprende, pues usted ha hecho ya muchas excursiones con su receptor y nunca ha tenido problemas para captar señales de suficientes satélites. La vegetación no parece más densa que la de otros lugares en los que el receptor ha trabajado bien. Se lamenta de no haber llevado la antena remota, pues es más potente y sensible. Consulta el mapa y localiza, al norte, una carretera para vehículos todo terreno. Tal vez, en algún claro del bosque pueda recibir las señales que precisa. Así es que, siendo ya las 7:10, decide encaminarse hacia el norte.

Mientras van caminando se percatan de la belleza de ese bosque. La luz del sol penetra a través de los árboles, una ligera brisa mece las ramas y los pájaros cantan como si dialogaran entre sí. Después de cuarenta minutos, todavía no ha encontrado la carretera. Tal vez el mapa no esté actualizado. Sin embargo, no se preocupa pues no puede tardar mucho en alcanzar la corriente de lava y allí seguro que estará suficientemente despejado como para que el receptor funcione. A las 8:10 usted sale del bosque y encuentra una corriente abrupta y resquebrajada de lava. Al llegar al extremo de ésta, su receptor capta las señales de los satélites y usted entra su posición almacenándola bajo el nombre de FIRST.

12 S ^{3}**50**$^{018m.}$E. ^{41}**55**$^{622m.}$N.   FIRST

Al consultar el mapa descubre que está fuera del rumbo previsto. El plan consistía en ir directamente del lecho del arroyo seco a TWOPKS, que aparece en la parte superior del mapa. Usted se lamenta de no haber usado el compás, pues ahora les va a tocar andar un camino extra.

El mapa le muestra que antes de alcanzar la corriente que conduce a TWOPKS deberá cruzar un tramo de bosque. Ahí el receptor no funcionará, de manera que deberá recurrir al compás para mantenerse a rumbo cuando el receptor falle. Usted entra en el receptor las coordenadas de TWOPKS:

12 S ^{3}**48**$^{700m.}$E. ^{41}**57**$^{400m.}$N.   TWOPKS

Por otra parte, ajusta el receptor al norte magnético. Mediante el cálculo "punto a punto" determina que la demora entre FIRST y TWOPKS es 303°. Una vez dentro del bosque, al intentar seguir la demora, se da cuenta de lo espeso que es, pues sólo es capaz de alcanzar una pequeña distancia con la vista. Sin embargo, no es especialmente importante el seguir la demora con precisión, pues podrá obtener una nueva posición al salir del bosque, si bien, mantenerse a rumbo le ayudará a ahorrar tiempo. De esta manera, con la ayuda del compás y un poco de atención, llega a la próxima corriente de lava.

Son las 9:10 cuando puede volver a obtener una situación con el receptor. Usted la registra con el nombre de SECOND.

12 S $^{3}\mathbf{49}^{567m.}$E. $^{41}\mathbf{56}^{021m.}$N. SECOND

Con el fin de comprobar hasta que punto se habían mantenido a rumbo, compara la demora entre FIRST y SECOND, calculada por el receptor como 278°, con la dirección que usted quería seguir y comprueba que se ha desviado 25°. El receptor funciona perfectamente mientras ustedes se mantienen sobre la corriente de lava. Después de unas dos horas de escalar peñascos de lava, llegan a TWOPKS. Allí comienzan a buscar la entrada de algún túnel, aunque sin suerte hasta el mediodía. Después del almuerzo, se dirigen hacia el oeste hasta encontrar otra corriente de lava y registra una tercera posición, que llama THIRD.

12 S $^{3}\mathbf{48}^{257m.}$E. $^{41}\mathbf{57}^{602m.}$N. THIRD

Usted decide hacer uso del compás para atravesar el bosque en dirección a Anderson Spring y le pide al receptor la demora a seguir. Para ello, entra previamente las coordenadas de Anderson Spring:

12 S $^{3}\mathbf{47}^{200m.}$E. $^{41}\mathbf{57}^{800m.}$N ASPNG

La demora entre ambos puntos resulta ser 272°. Siguiendo las indicaciones del compás con el máximo cuidado, siguen la demora y llegan a la fuente a las 13:15. Durante todo el trayecto y desde la salida, usted ha ido anotando las diversas posiciones y demoras en su cuaderno:

- 5:45 TENT: $^{3}\mathbf{50}^{207m.}$E. $^{41}\mathbf{53}^{453m.}$N.
  Nadie más levantado. Muy tranquilo.

- 7:10 El receptor no capta señales. Rumbo norte hacia carretera TD
- 8:35 FIRST: $^{3}\mathbf{50}^{018m.}$E. $^{41}\mathbf{55}^{622m.}$N.
  TWOPKS: $^{3}\mathbf{48}^{700m.}$E. $^{41}\mathbf{57}^{400m.}$N.
  FIRST – TWOPKS: 303°
- 9:10 SECOND: $^{3}\mathbf{49}^{567m.}$E. $^{41}\mathbf{56}^{021m.}$N.
  FIRST – SECOND: 278°
- 10:58 Llegada a TWOPKS
- 12:00 Almuerzo. No encontramos túneles en TWOPKS.
- 12:20 Salida hacia Anderson
- 12:36 THIRD: $^{3}\mathbf{48}^{257m.}$E. $^{41}\mathbf{57}^{602m.}$N.
  Cerca de la carretera.
  ASPNG: $^{3}\mathbf{47}^{200m.}$E. $^{41}\mathbf{57}^{800m.}$N
  THIRD – ASPNG: 272°
- 13:15 Llegada a Anderson Spring

En base a esta información, usted estima que necesitarán unas 3,5 horas en regresar al campamento y no quiere que les sorprenda la noche en el camino. Esto quiere decir que disponen hasta las 15:00 para seguir buscando túneles. Llegada esa hora, no han podido localizar nada que remotamente se parezca a un túnel de lava. Desilusionado, prepara el viaje de regreso, entrando el punto #2 en el receptor y obteniendo una demora de 152° para dirigirse allí. Con el compás en la mano inician el regreso.

El desastre

Sólo 15 minutos más tarde resbala usted al pasar sobre un enorme tronco. Afortunadamente la caída es amortiguada. Desafortunadamente la caída es amortiguada por su receptor. Esta abollado y usted se da cuenta de que no está operativo porque al ponerlo en marcha la pantalla permanece en blanco. Un ligero temor le invade. Usted dependía del receptor para conocer su posición con precisión. Navegar únicamente con un mapa y un compás no es nada nuevo, pero la tecnología GPS había cambiado su modo de navegar. Ya no guiaba sus movimientos mediante los puntos de referencia que pudiera observar en el terreno. Se había acostumbrado a caminar sin prestar mucha atención a la zona en la que estaba, consultando de vez en cuando el receptor para conocer su posición.

Su primera preocupación es conseguir llegar al campamento antes de que oscurezca. Dispone de una linterna, pero no tiene baterías de repuesto. Podrían sobrevivir una noche a la intemperie, pero va a hacer bastante frío y preferirían dormir en su tienda. Saca su cuaderno de notas y repasa las horas y las situaciones anotadas. Teniendo en cuenta el tiempo que llevan caminando y la dirección que han seguido, estima que deben estar a unos 0,4 km (0,25 millas) al sur de Anderson Spring. Se da cuenta de que ya no tiene la seguridad que proporciona el receptor y que ha vuelto a los tiempos en que decía "creo que estamos más o menos aquí". De su cuaderno de notas deduce que cruzar la corriente de lava es mucho más lento que ir por el bosque. Además así podrá alcanzar la carretera que usted vio cerca del punto THIRD. Será mucho más rápido ir directamente hacia la carretera y tomarla en sentido sur. Usted espera que la carretera llegue tan lejos como marca el mapa.

Su nuevo plan cristaliza rápidamente: poner rumbo Este hasta encontrar la carretera y seguir la misma hasta su final o hasta que se convierta en un sendero, que debería terminar en una corriente. Desde el final de la carretera, seguir la demora 160° durante 0,4 km (0,25 millas) para librar cualquier corriente de lava y, a continuación, cambiar a una demora de 134° hasta llegar al campamento, el lago o la autopista. Así podrán regresar a la tienda.

Un rumbo Este significa 90° sobre el mapa, pero hay que tener en cuenta los 14° de declinación Este. Usted recuerda que para pasar de demora verdadera a demora magnética, se resta la declinación magnética si ésta es Este y se suma si es Oeste. Por tanto, resta 14° de 90° y obtiene una demora magnética de 76°. Ésa es pues la demora que tiene que seguir sobre su compás. Para su alivio, a las 16:45 llegan a la carretera, aunque no sabe bien en donde están. A las 17:50 alcanzan el final de la carretera. Les queda una hora de luz y tienen todavía que recorrer 3,2 km (2 mi). Usted va contando los pasos hasta cubrir unos 0,4 km (0,25 mi) desde el final de la carretera, en una dirección de 160°. Calcula que deben estar cerca del punto marcado en el mapa con el nombre VEER. Usted sigue ahora con cuidado una demora de 134° sobre su compás.

El sol se pone mientras ustedes continúan caminando. Acaban de iniciar un fuerte descenso. Al cabo de unos minutos ven, delante de ustedes, el resplandor de un fuego. Un grupo de personas, alrededor de una fogata les informan de que están en el campamento de Duck Lake y usted debe reprimirse para no dar un salto de alegría. Pronto estarán en la tienda y podrán pasar la noche abrigados. De pronto siente como su hubiera sufrido un ataque de amnesia, pues no es capaz de encontrar la tienda en donde creía haberla dejado. Desorientado, pregunta a un guarda forestal, que le responde: "¡Ah!, es la tienda que hemos confiscado esta mañana. Deberían ustedes haber leído el cartel de: prohibido acampar en la ribera."

12 Receptores GPS y PC's

Un receptor GPS es una calculadora electrónica de navegación. Por tanto, es normal que pueda conectarse a un PC para aumentar sus prestaciones. Las dos aplicaciones más habituales son:

- Base de datos de mapas.
- Mapas móviles.

A continuación se describen ambos conceptos. En la sección de proveedores, al final del libro, se detallan fabricantes de software de mapas para ordenadores.

Base de datos de mapas

Una base de datos de mapas es un mapa electrónico, normalmente grabado en un CDROM, accesible mediante un ordenador. Éste puede no sólo mostrar el mapa en la pantalla, sino que puede imprimir copias en papel en una escala elegida por el usuario. El PC permite al usuario ampliar los mapas, a base de añadirles información suplementaria. Supongamos que tiene usted que registrar las posiciones de todos los accidentes de tráfico en una gran área metropolitana. Un mapa electrónico le permite almacenar la información de cada accidente sobre el mapa, de manera que pueda ser visualizada y analizada. Hay bases de datos especiales para zonas urbanas, otras para mapas topográficos y otras para cartas marinas.

Las bases de datos para mapas representan la tendencia del futuro en la gestión cartográfica. Los mapas electrónicos no convertirán en obsoletos a los mapas de papel –por lo menos durante unos cuantos años–, pero condicionarán la manera de confeccionarlos y usarlos. Pronto será más barato comprar la base de datos para un área grande, posiblemente un país entero e imprimir en papel los de la zona que le interese. Con un PC y un mapa electrónico puede fácilmente almacenar y representar datos como zonas de acampada, lugares buenos para pescar, embarcaderos, postes de teléfonos, redes de cables, o cualquier otra información de interés personal o profesional. Además, almacenar mapas en un CD ROM es mucho más fácil y ocupa menos espacio.

Los mapas de papel serán totalmente reemplazados cuando se desarrolle una unidad de representación suficientemente ligera y resistente a los rigores de la intemperie. La unidad irá probablemente combinada con un receptor GPS y un mapa de soporte por si el sistema falle. En cualquier caso, falta todavía un poco para todo esto, así es que no se asuste.

Todos los programas y las bases de datos de mapas proporcionan, sino toda, parte de la siguiente información.

Identificación de coordenadas

Sitúe simplemente el cursor sobre cualquier lugar y el programa del mapa le dará inmediatamente sus coordenadas. Las bases de datos en los mapas topográficos proporcionan también la altitud. Virtualmente, todas las bases de datos le darán las coordenadas usando la cuadrícula de latitud/longitud, pero otras le permitirán seleccionar otras cuadrículas como UTM o MGRS. No tiene mayor importancia cuál sea la cuadrícula que utilicemos, ya que usted puede entrar los datos en el receptor en un formato determinado y si posteriormente es necesario, cambiar a otro. El receptor hará las conversiones.

En este libro se ha empleado mucho tiempo explicando cómo medir las coordenadas sobre un mapa. Un mapa electrónico hace innecesaria toda operación manual. Sin embargo, no se deshaga de las reglas calibradas, ni olvide lo aprendido en los capítulos anteriores, pues, salvo que piense cargar consigo un ordenador en su próxima excursión, todavía necesitará en campo abierto las técnicas manuales.

Una buena estrategia es usar el ordenador y la base de datos para obtener las coordenadas de todos los *waypoints* identificables antes de iniciar el viaje y, luego, llevar consigo un mapa con una cuadrícula apropiada.

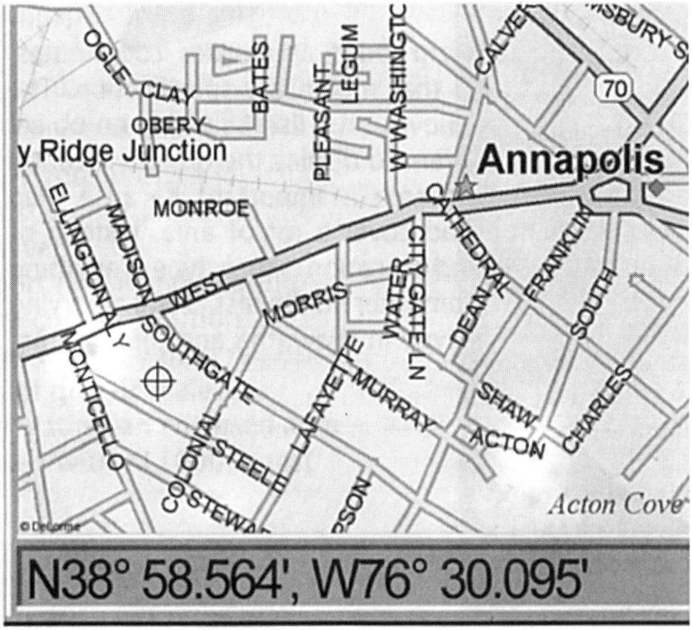

Las coordenadas del cursor, círculo con una cruz, aparecen automáticamente indicadas.
© DeLorme. Reproducción autorizada.

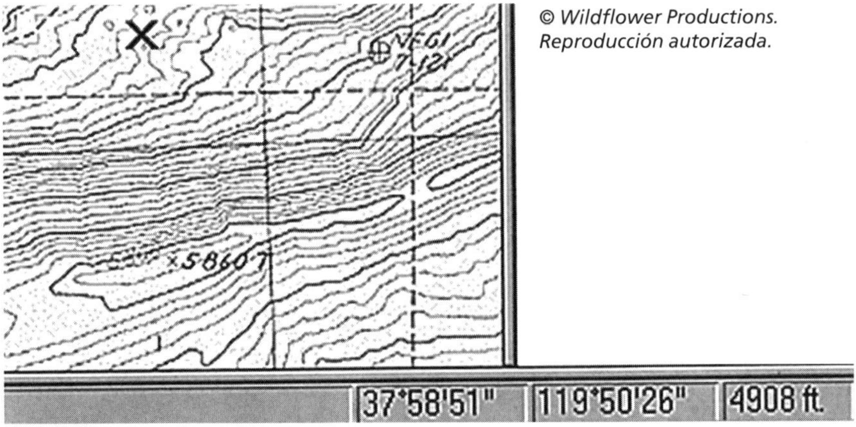

© Wildflower Productions. Reproducción autorizada.

La base de datos topográficos proporciona la altitud junto con las coordenadas.

Instrumento de búsqueda

Un instrumento de búsqueda acepta palabras clave, códigos zip, códigos de áreas, coordenadas, etc., y encuentra lugares u objetos que respondan a una especificación dada. Los resultados de la búsqueda estarán destacados o mostrados en una lista. Si seleccionamos un objeto de la lista, el programa nos mostrará la situación del objeto sobre la pantalla. Esta capacidad de búsqueda es muy importante porque las bases de datos de mapas suelen ser muy grandes y cubren amplias áreas. Por esto, resulta más sencillo introducir alguna característica que recuerde del objeto y dejar que el ordenador lo encuentre, que ir recorriendo el mapa intentando localizarlo. Si usted, por ejemplo, quiere localizar el Lake Hiawata (lago de Hiawata), escribirá simplemente Hiawatha y el programa le dará la lista de todas las posibles situaciones:

- **Hiawatha Creek**
- **Hiawatha Falls**
- **Hiawatha Gulch**
- **Hiawatha Mountain**
- **Hiawatha Trail**
- **Lower Hiawatha Lake**
- **Mount Hiawatha**
- **Upper Hiawatha Lake**

El ordenador no encuentra el nombre Lake Hiawatha, por lo que deberá echar un vistazo a Lower Hiawatha Lake y a Upper Hiawatha Lake y ver cuál es realmente el que usted busca.

Lo mismo sería buscar trabajos en una base de datos específica de un usuario. Si usted hubiera estado instalando una red de teléfonos celulares, al volver a la oficina habría transferido todas las situaciones al mapa usando unas claves para indicar la salida de kilowatts (KW) de las torres, según se muestra a continuación:

1 KW Towers:	**T0001_1, T0002_1, T0003_1**
2 KW Towers:	**T0001_2, T0002_2, T0003_2, T0004_2**
5 KW Towers:	**T0001_5, T0002_5**

El buscador puede distinguir fácilmente entre los diferentes tipos de torres, permitiendo localizar fácilmente sobre el mapa las torres de una cierta potencia.

Marcar lugares

Marcar un lugar es un método fácil para encontrarlo en el futuro. Usted puede marcar e identificar zonas de campamento, rápidos en ríos, zonas para la observación de aves, postes de teléfono, edificios, o cualquier otra cosa. Obtener reproducido el lugar marcado sólo requiere seleccionar con el ratón su nombre de entre una lista.

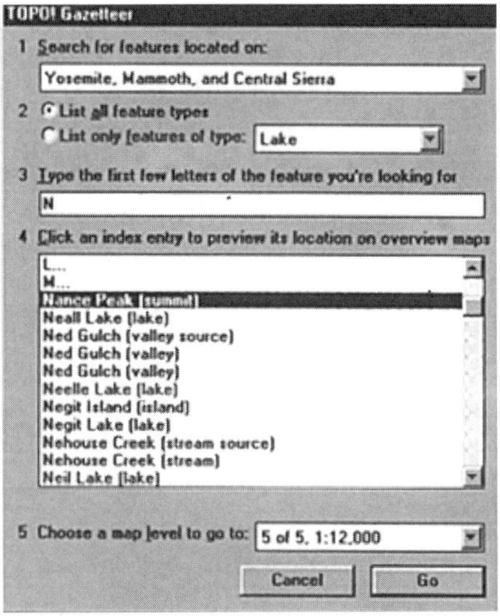

Pantalla de búsqueda TOPO!
© Wildflower Productions. Reproducción autorizada.

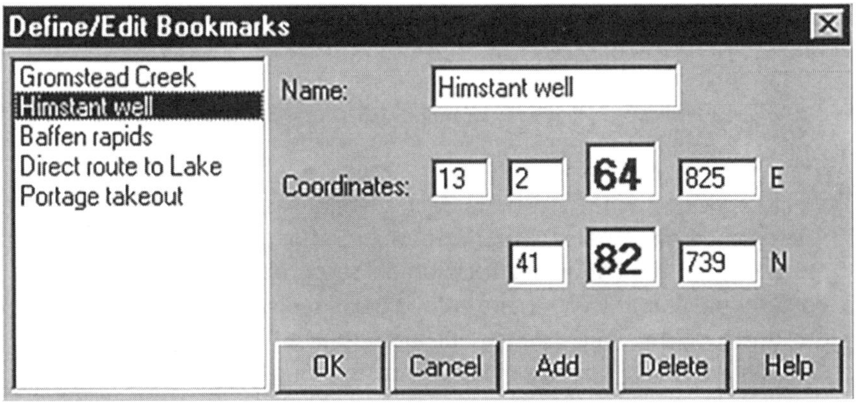

Marcando la situación de Himstant well. *© Maptech. Reproducción autorizada.*

Marcar rutas

Al igual que en un receptor GPS, en la base de datos de mapas se pueden formar listas de situaciones sucesivas, de tal manera que nos muestre el principio, el final y todos los puntos intermedios importantes. Las rutas, formadas sobre el ordenador, pueden transferirse al receptor que le guiará durante su viaje. La mayor parte de los programas le proporcionarán las demoras y distancias entre los diversos puntos y también la distancia total de la ruta, al igual que hace un receptor GPS.

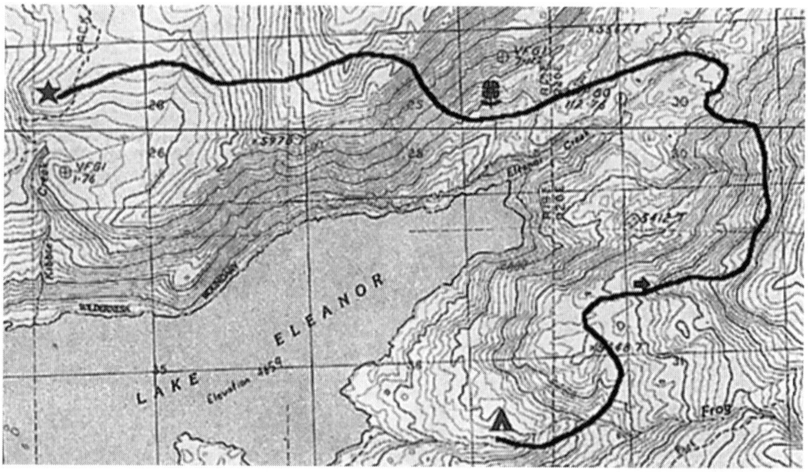

Las rutas están marcadas para su uso posterior.
© Wildflower Productions. Reproducción autorizada.

La capacidad de un ordenador le permite almacenar cientos de rutas. A la hora de combinar con un receptor GPS se verá limitado por la memoria y las posibilidades de anotación del receptor. El programa de base de datos del mapa se convertirá en una herramienta de gestión para uso personal y profesional. Usted puede almacenar en el ordenador las rutas de cada excursión que haya hecho y conservarlas todo el tiempo que quiera y reactivar cualquiera que desee. Una empresa de lavandería puede almacenar la base de datos de rutas de recogida de ropa y transferirlas a los receptores GPS instalados en vehículos de conductores nuevos, sustitutos o eventuales.

Cálculos de distancias, demoras y áreas

Si calcular la distancia y demora entre dos puntos es sencillo con un receptor GPS, los programas de mapas pueden hacer mucho más. Un programa de mapa puede calcular la longitud de cualquier camino, al margen de cuántas vueltas de usted, puede grabar el recorrido que desee hacer y hallar la distancia antes de partir. Otra posibilidad es grabar *waypoints* en campo abierto y luego transferirlos al ordenador para saber cuánto ha caminado.

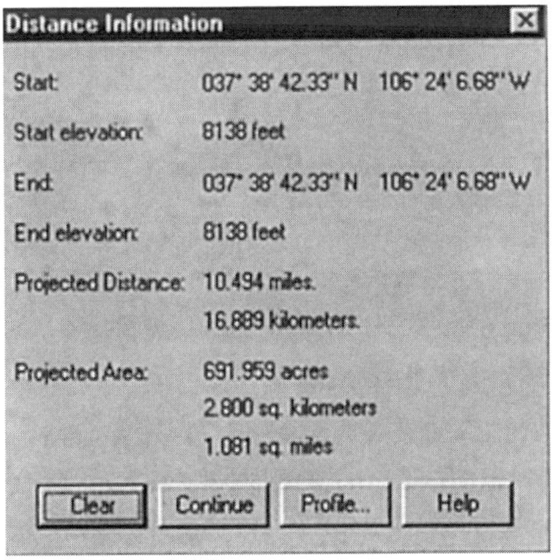

La distancia desde la salida hasta la llegada es de 10.494 millas y el área comprendida por la ruta es de 691,959 acres.
© Maptech. Reproducción autorizada.

El cálculo de áreas es un instrumento muy importante que, posiblemente, no interese a entusiastas de las excursiones, pero sí puede ser de un valor incalculable para profesionales. Por ejemplo, puede calcularse el área de un incendio forestal, incluso mientras se combaten las llamas, si se transfieren al comando central las coordenadas de algunos de sus límites. Mediante el programa puede establecerse una relación entre los puntos y obtener inmediatamente el cálculo del área comprendida. Otros ejemplos serían el tamaño de un vertido de petróleo, una extensión de agua, el número de acres de una montaña, o una zona de búsqueda. En todos estos casos, si disponemos de unas pocas coordenadas del área podremos medirla fácilmente y pasarlas al ordenador.

Perfil altimétrico

Una característica importante en las bases de datos topográficas es el perfil altimétrico. Una vez que el usuario ha trazado su ruta sobre un mapa, el ordenador realiza instantáneamente una sección transversal, mostrando todos los cambios de altitud a lo largo del recorrido. Pruebe de perfilar un sendero sobre un mapa de papel y verá la capacidad de esta característica. Perfilar le permite ver anticipadamente, qué tramos serán un reto y cuáles resultarán fáciles. La mayor parte de los programas de mapas sólo pueden generar un perfil bidimensional, lo cual es útil para profesionales que deben diseñar senderos, rutas de evacuación, etc. Si el programa fuera mejorado de manera que pudiera proporcionar perfiles tridimensionales de un área, ofrecerían una imagen de la configuración del terreno y ayudaría a desarrollar cuencas hidrográficas, planes de repoblación forestal, etc. Los escritores de guías de viajes pueden usar un receptor GPS para marcar con precisión un sendero y luego transferir los *waypoints* a la base de datos para que calcule su longitud y perfil, haciendo al mismo tiempo los mapas precisos y llenos de información.

Algunos programas de mapas muestran puntos con sus nombres a lo largo del sendero, correlacionando el perfil con lugares fácilmente identificables.

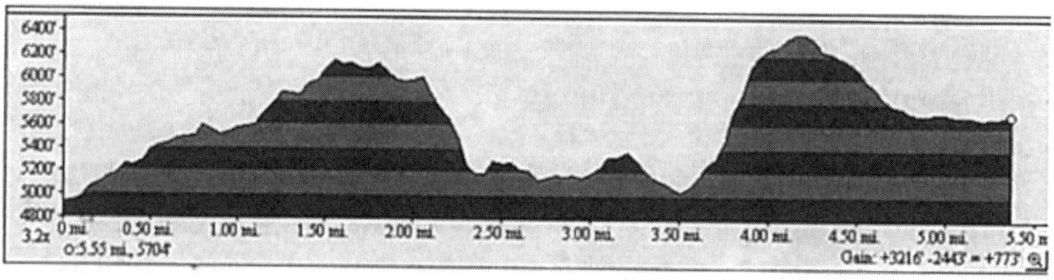

Una de las mayores ventajas de un base de datos topográfica es la posibilidad de trazar un perfil de la senda. © (Wildflower Productions. Reproducción autorizada.)

Imprimir

No es necesario comprar mapas de papel si tenemos un programa de base de datos de mapas, dado que podemos fácilmente imprimirlos. El usuario debe especificar el área que quiere imprimir, la escala, la cantidad de detalles y si debe estar dibujada una cuadrícula sobre el mapa impreso. Se puede incluir información añadida por el usuario. Así, si usted necesita que aparezcan las torres de la red de telefonía celular, los accidentes en el área del metro o los límites de una cuenca hidrográfica, puede sobreescribir esta información en el mapa. Incluso aunque usted tenga la posibilidad de llevarse el ordenador al viaje, vale la pena llevar mapas con la ruta grabada, pues, en caso de fallo del ordenador, podrá usar otros medios de navegación alternativos.

Los programas de mapas actuales pueden incluir una cuadrícula en el mapa. Sin embargo, la cuadrícula no siempre es directamente utilizable para hallar coordenadas sin una preparación adicional. Todas las técnicas explicadas en los anteriores capítulos le ayudarán a desenvolverse con cualquier cuadrícula producida por el programa. Si siempre imprime mapas en la misma escala, puede incluso construirse una regla como la descrita en el capítulo 10 para encontrar rápidamente las coordenadas. Por suerte los programas de mapas van mejorando día a día y pronto la cuadrícula obtenida del programa podrá ser utilizada como si ya viniera impresa.

Cargar, descargar

Otra característica importante de los programas de base de datos de mapas es transferir *waypoints* del receptor GPS a la base de datos y de la base de datos al receptor GPS. La transferencia electrónica de datos entre un ordenador y un receptor GPS evita tener que copiar a mano *waypoints* entre los dos aparatos. La transferencia electrónica ahorra mucho tiempo y posibles errores. Actualmente no todos los programas pueden hacerlo, pero sí en el futuro. Asegúrese de que el programa que elige pueda intercambiar datos con su receptor.

Transferir datos al receptor es importante si usted ha marcado una ruta sobre el ordenador y desea enviar los *waypoints* al receptor para usarlos sobre el terreno. Proyectar un viaje con un programa de mapas y después transferir los datos al receptor ahorra mucho tiempo y andar apretando botones. Es conveniente también que el programa permita transferir el nombre del *waypoint* junto con sus coordenadas.

Igualmente, transferir *waypoints* del receptor GPS a la base de datos, le permite grabar sobre el mapa del ordenador la ruta seguida en un viaje. De esta manera usted puede examinar con detalles el recorrido realizado y almacenar la información para una ocasión futura. Esto es especialmente útil para profesionales. Los equipos de búsqueda y rescate pueden transferir electrónicamente a la central datos de la zona en las que están operando para poder controlar mejor las áreas de terreno cubiertas.

Mapa móvil

Un mapa móvil es una extensión lógica a un programa de base de datos de mapa. Requiere un receptor, conectado, mediante cable, a un ordenador en el que esté instalado el programa de mapas.

El receptor determina su posición y envía coordenadas al ordenador portátil. Éste toma la información y representa en la pantalla su posición actual sobre el mapa. A medida que usted se mueve, el mapa también lo hace, de manera que pueda mostrar en la pantalla su situación actual y la dirección del desplazamiento.

No todos los programas de mapas le proporcionan esta posibilidad, pero en el futuro todos lo harán. Un programa, el Street Atlas USA de

La escala menor del Street Atlas USA 5,0, cubre todo el territorio de los EEUU, pero sólo muestra las aurtopistas interestatales.
© DeLorme. Reproducción autorizada.

DeLorme, ofrece mapas móviles de todas las calles de los Estados Unidos. Puede ser utilizado como mapa móvil mediante un ordenador portátil durante un viaje, o en el ordenador de su casa, a la hora de planificar un viaje en el que sólo llevará el receptor.

En el capítulo 10 se explicó el uso de mapas de escala pequeña en viajes por carretera. Estos mapas son ventajosos porque cubren grandes áreas con suficientes detalles como para encontrar desvíos en autopistas o en carreteras, pero carecen de la precisión necesaria para permitir una navegación precisa por las calles de una ciudad. El Street Atlas USA supera todas las desventajas de un mapa de papel, porque con sólo tocar un botón, cambia de una escala de 1:31.680.000, que cubre completamente los Estados Unidos, a una escala de 1:6.336, que permite localizar pequeños cruces.

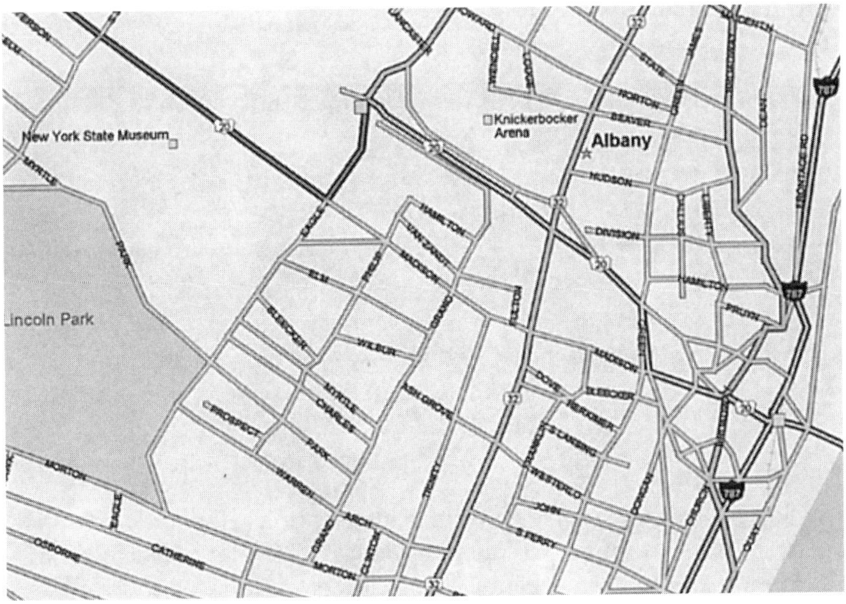

La escala mayor del Street Atlas USA 5,0 nos muestra calles.

El programa puede ser utilizado como mapa móvil, sólo si usted dispone de un ordenador portátil en su vehículo y además está conectado a su receptor GPS mediante el cable de datos que le puede proporcionar el fabricante. A medida que usted se mueve, el programa muestra con una flecha su posición y la dirección en la que viaja. La escala del mapa puede ajustarse para ver una calle de una ciudad, con indicación de su nombre, o su situación general en una gran ciudad.

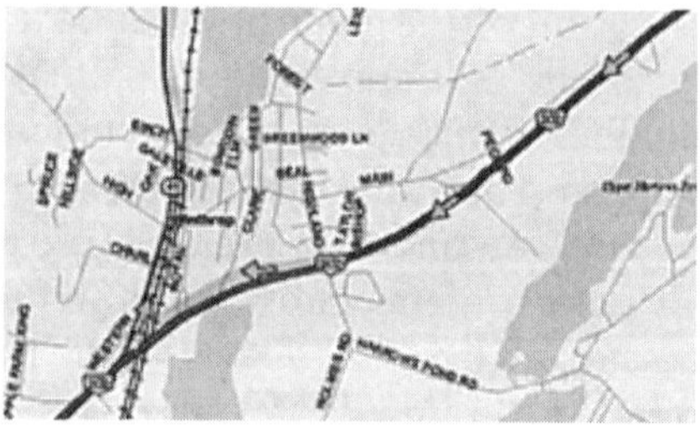

Con una escala mediana podemos apreciar carreteras principales. La dirección en que nos desplazamos aparece indicada con una flecha.

Pantalla de estatus del receptor GPS.

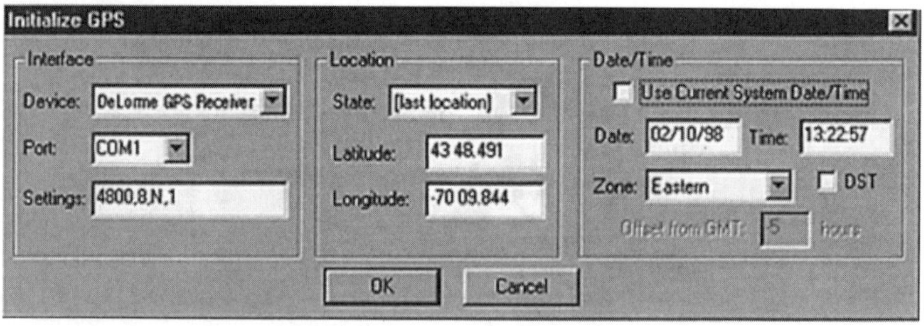

Todas las figuras de esta página: © (DeLorme. Reproducción autorizada.)

El programa también le muestra la información referente a la configuración de su receptor. Los nombres de las calles y los números de las autopistas aparecen en la pantalla con sólo colocar el ratón sobre el objeto.

Si usted carece de ordenador portátil para utilizar durante el viaje el programa como mapa móvil, puede aprovecharlo para preparar una ruta, ya que, como cualquier buena base de datos de mapas, el Street Atlas

USA le da las coordenadas en latitud/longitud de cualquier punto. Usted puede hallar fácilmente las coordenadas de cada intersección importante, transferirlas al receptor y usar éste en su coche. Si usted está viajando por una carretera y no cree que vaya a necesitar añadir más *waypoints* al receptor, el Street Atlas USA puede ahorrarle todo el trabajo de medir las coordenadas a mano y las imprecisiones que pueden producirse.

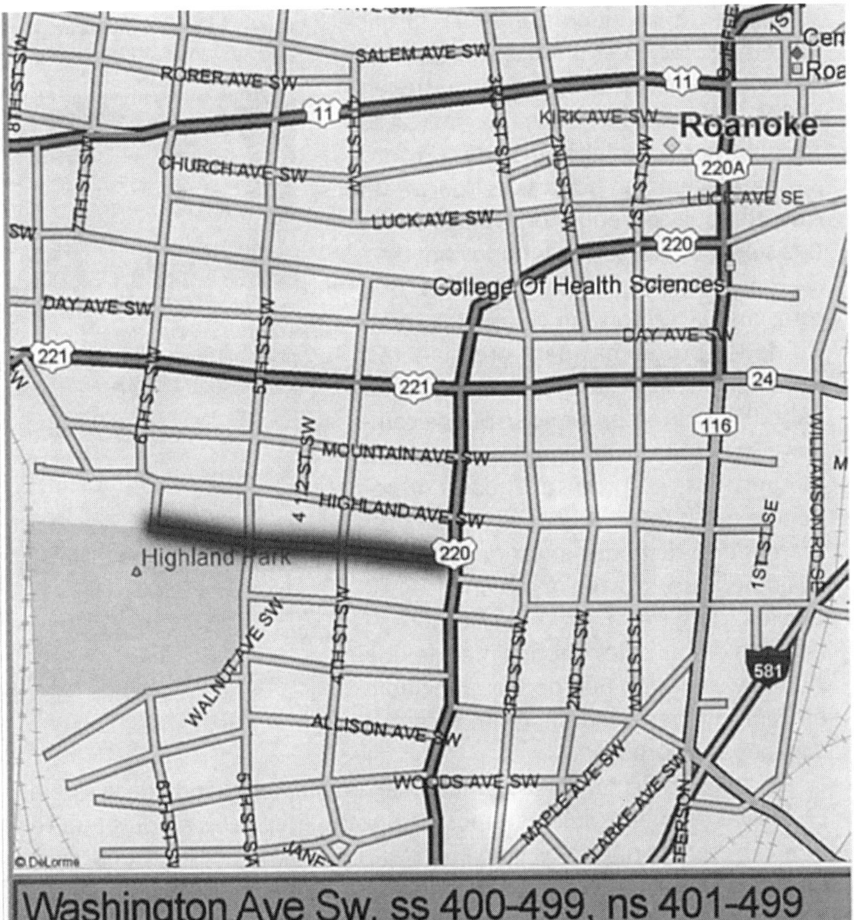

Cuando una calle es seleccionada, aparece en pantalla el nombre de la misma. © DeLorme. Reproducción autorizada.

Mapas incorporados

Actualmente hay algunos receptores manuales que disponen de mapas permanentemente almacenados en su memoria. Si usted desea tener un receptor para usarlo en la carretera, pero no puede permitirse un ordenador portátil, o simplemente no tiene ganas de cargar con él, la solución es un receptor con mapas incorporados. Los mapas contienen todos los desvíos y cruces de las calles principales en ciudades grandes. Pronto algunos receptores aceptarán insertar un cartucho que contenga todas las calles de una selección de ciudades importantes.

Escalas pequeñas muestran sólo autopistas principales.

Escalas medianas muestran autopistas y carreteras principales.

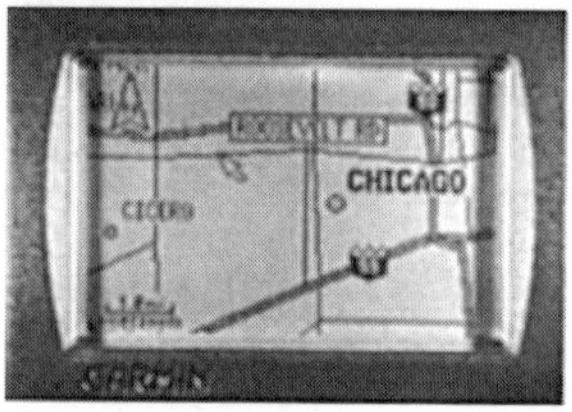

Escalas grandes lo muestran todo, incuso algunas calles.

Hay que decir, de todas formas, que estos mapas no son tan completos como los de los programas para ordenadores, como el Street Atlas USA. La pequeña pantalla de un receptor no se puede comparar con la de un ordenador portátil, ni tampoco los receptores manuales disponen de datos topográficos, como los programas de ordenador antes descritos. En cualquier caso, si usted desea un receptor que le facilite cierta información sobre su posición en las calles importantes de una ciudad y, al mismo tiempo sea manejable en campo abierto, adquiera un receptor con mapas incorporados.

La cantidad de detalles apreciables en un mapa depende de la escala. En escalas pequeñas sólo veremos autopistas, en escalas medias tendremos carreteras principales y en las escalas más pequeñas dispondremos de todas las calles almacenadas en la base de datos. No hace falta ser adivino para predecir que en un futuro los receptores manuales dispondrán de mapas completos de calles y de zonas despobladas. Con todo, todavía faltan unos años.

13 Otro dispositivo de entrada

Lo más laborioso de usar un receptor GPS es tomar coordenadas de un mapa y entrarlas en el receptor. En el capítulo 12 se ha explicado el uso de mapas mediante ordenador, la obtención instantánea de coordenadas y su transferencia al receptor. Aquí vamos ahora a ver otras posibilidades para aquellos que no pueden llevar consigo un ordenador. Se trata de un dispositivo fabricado por Yeoman, cuya única versión disponible actualmente en el mercado recibe el nombre de Navimap y que puede operar con los receptores Brunton GPS XL1000 y GPS XL1000 Forest. Para el futuro, Yeoman está proyectando una versión diferente que pueda operar con la mayor parte de los receptores existentes en el mercado.

El Navimap conjuntamente con el Brunton XL 1000 Forest proporciona un procesamiento rápido de coordenadas de los waypoints.

Navimap es como una tablilla sobre la que se coloca un mapa y una especie de ratón, también llamado "*puck*". Sirve para realizar las siguientes funciones:

- Señalar su posición actual.
- Transferir coordenadas al receptor.

- Proporcionar demora y distancia desde la situación actual.
- Trabajar con cualquier mapa, sea cual sea su cuadrícula o escala.
- Calcular el área comprendida, si se trabaja con XL1000 Forest.

Navimap es especialmente útil cuando usted necesita marcar muchos *waypoints* en situaciones en las que debe concentrarse en otras operaciones, cuando el mapa está trazado con una cuadrícula no disponible en su receptor o cuando un error al medir las coordenadas podría resultar fatal. Con un Navimap es posible utilizar correctamente un receptor sin entender nada de cuadrículas o de coordenadas, pues en todo momento le dirá explícitamente en qué lugar del mapa está. Sin embargo, no es recomendable apoyarse únicamente en un instrumento de navegación. Si el Navimap fallara, pero el receptor continuara funcionando, usted necesitaría poder interpretar la cuadrícula para seguir navegando. Cuando se usa en una situación en la que no hay peligro de perderse, es perfectamente válido para aquellos que no tengan ganas de aprender nada sobre mapas y necesiten marcar las coordenadas de las posiciones. De todas formas, hay que considerar que el uso del Navicamp supone un aumento de peso en el equipo y un mayor consumo de baterías, por lo cual usted deberá decidir si le conviene o no.

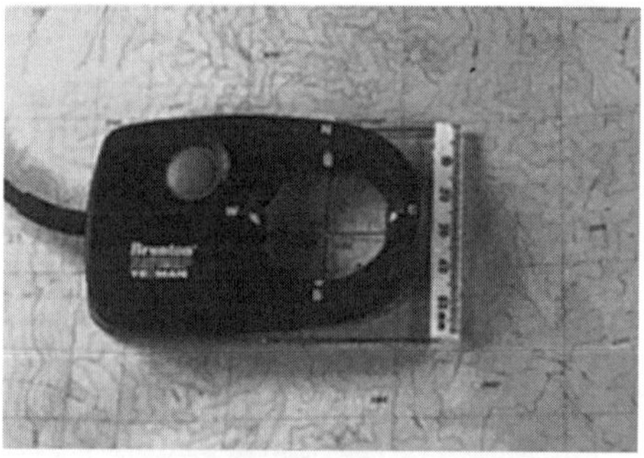

Ratón Navimap, también llamado puck.

Calibración

Antes de usar el Navicamp sobre un mapa, hay que calibrarlo. Hay dos métodos: punto único o doble punto. La calibración para punto único requiere saber:

- Su posición actual sobre el mapa.
- Situación de dos puntos sobre una línea norte-sur.
- La escala del mapa.

Cuando el receptor capta las señales de los satélites, calcula las coordenadas de su posición actual. Si usted marca ahora su posición sobre el mapa con el *puck*, el receptor sabe que la posición que calculó mediante las señales de los satélites es exactamente la misma indicada en el mapa. A continuación selecciona usted un punto cualquiera del mapa como referencia norte, desplaza desde ahí el *puck* hacia el sur y marca otro punto como referencia sur. El receptor es ahora capaz de relacionar la posición del *puck* con la dirección. Si usted desea que el receptor le dé demoras verdaderas, elija los puntos de referencia sobre una línea de dirección norte-sur verdadera. Obtendrá demoras magnéticas si selecciona puntos que sigan la línea norte-sur magnética. Una vez que introduce la escala del mapa en el receptor, cualquier cambio de la posición del *puck* será expresado en coordenadas del mapa. Si usted desplaza el *puck* 3 pulgadas (7,6 cm) en dirección sudoeste, el receptor usará la referencia norte-sur para indicarnos la dirección, la escala para determinar la distancia y las coordenadas del primer punto para calcular las nuevas coordenadas.

La calibración usando doble punto significa que usted no necesita saber la escala del mapa o en qué dirección queda la línea norte-sur, pues el receptor puede deducirlo mediante los dos puntos. Estos puntos pueden ser:

- La posición actual y otro punto de coordenadas conocidas.
- Dos puntos de coordenadas conocidas.

Las coordenadas de dos puntos pueden obtenerse sabiendo en dónde estaba usted sobre el mapa cuando marcó dichas posiciones como *waypoints* o bien puede usted usar la cuadrícula del mapa para hallar las coordenadas. Las coordenadas más fáciles de leer sobre un mapa son aquellas correspondientes a puntos de corte de las líneas de cuadrícula, si bien hay que vigilar que estén separadas más de 1 km (0,62 millas) para que la calibración sea correcta. Ambos puntos serán previamente almacenados como *waypoints* en la memoria del receptor. Para iniciar la calibración, coloque el *puck* sobre el primer punto y pulse el botón. Así, el receptor sabrá que las coordenadas del primer *waypoint* corresponden al punto del mapa. Seguidamente, coloque el *puck* sobre la segunda posición y apriete el botón para que el receptor sepa que las coordenadas del segundo *waypoint* corresponden a esa posición sobre el mapa. A partir de ahí, el receptor usará las coordenadas de ambos puntos y sus posiciones sobre el mapa para calcular escala y dirección.

Navimap es apropiado para trabajar con mapas Thomas Brother, que tienen una cuadrícula especial, no disponible para todos los receptores. Cuando usted marca una posición, es fácil saber exactamente en qué lugar del mapa está, dado que lo único que usted tiene que hacer es mirar los signos de las calles. Para calibrar el mapa se pueden almacenar dos puntos de cualquier página del mapa. Una empresa de fuerza motriz puede descargar en el receptor las posiciones de dos polos de fuerza que necesitan ser reparados. El usuario calibrará el mapa con el Navimap y podrá hallar fácilmente el lugar en el que debe hacerse el trabajo.

Hallar su posición sobre el mapa

A medida que usted se desplaza, el receptor sabe su posición actual. Si usted desea saber en qué lugar del mapa está, las luces del *puck* le indicarán hacia donde moverlo. Si usted desplaza el *puck* alejándose de su posición, las luces cambian para avisarle que debe desplazarlo en sentido contrario. Cuando la posición del *puck* sobre el mapa coincide con la posición indicada por el receptor, las luces se apagan y usted sabe que está en la posición correcta.

Transferir coordenadas al receptor

Una vez calibrado el mapa, una simple pulsación del botón del *puck* transfiere las coordenadas del mapa al receptor en calidad de *waypoint.* Usted no necesita siquiera mirar la cuadrícula del mapa para hallar las coordenadas, pues el Navicamp ya conoce las coordenadas de cualquier posición en la que usted sitúe el *puck.* Supongamos que usted está a cargo de un bosque y necesita marcar las situaciones de árboles enfermos. Mientras usted camina por entre los árboles el Navicamp le muestra su posición sobre el mapa y cuando usted localiza un árbol enfermo, usted marca la posición con el *puck* y sus coordenadas serán inmediatamente transferidas al receptor como *waypoint.*

Esta facilidad para hallar coordenadas sobre un mapa es también una gran ayuda para planificar la ruta de un viaje. Usted decide sobre el mapa cuál es el mejor camino a seguir y marca los *waypoints* del recorrido. Cada punto es enviado al receptor, cuya función *Goto* le guiará a su destino.

Distancia y área

El Navicamp le facilita el cálculo de la demora y distancia desde su posición actual a cualquier punto del mapa. También puede calcularle la demora y distancia entre dos puntos. El modelo XL1000 Forest puede también calcular el área entre *waypoints*. Imagínese que está usted en el Coast Guard y ha de informar exactamente sobre las dimensiones de una mancha de petróleo. Para ello, usted recorrerá su perímetro, señalando *waypoints* y luego dejará que el receptor le calcule el área comprendida.

14 Otras cuadrículas

Hay innumerables cuadrículas aparte de UTM y latitud/longitud. Algunas se limitan a un país o a una zona determinada como la Universal Polar Stereographic o la Ordnance Survey Great Britain. A pesar de que la mayor parte de los mapas disponen de latitud/longitud, puede ser que la utilicen como cuadrícula secundaria, siendo recomendable el uso de la primera. Si piensa que necesitará una cuadrícula que no es UTM ni latitud/longitud, asegúrese antes de comprar el receptor, de que éste está preparado para ella. Este capítulo describe lo más esencial de las siguientes cuadrículas:

- Universal Polar Stereographic (UPS).
- Ordnance Survey Great Britain (OSGB).
- Military Grid Reference System (MGRS).
- Maidenhead.
- Trimble Over and Up.
- Thomas Brothers Page and Grid and Trimble Atlas.

Universal Polar Stereographic (UPS)

La cuadrícula Universal Polar Stereographic (UPS) fue desarrollada para proveer las regiones del Ártico y de la Antártida de una cuadrícula uniforme. La cuadrícula UTM puede abarcar todo el mundo, pero no es apropiada cerca de los polos porque las zonas se estrechan mucho. Al igual que UTM, la cuadrícula UPS está formada por ejes X e Y que forman cuadrados de 1 km (0,62 mi). Obtenemos las coordenadas UPS para ambos polos en tablas. La mayor parte de los receptores representan la zona como 0. El meridiano de Greenwich (longitud 0°) y la fecha internacional de cambio de fecha longitud 180º) forman el meridiano de zona al que se refieren todas las coordenadas X. Las longitudes de 90º W y 90º E forman el meridiano para medir coordenadas Y. Algunos receptores usan las letras MGRS Y y Z para el polo norte y A y B para el polo sur para denominar respectivamente longitudes al oeste y al este del meridiano origen de longitudes. El número de puntos de la figura corresponden a las coordenadas abajo indicadas. Sólo tenemos una correspondencia directa entre la cuadrícula latitud/longitud y la cuadrícula UPS en los meridianos, pero las tablas nos dan la latitud y la longitud para todos los puntos.

Coordenadas UPS en el Ártico

Punto	lat/long	coordenadas UPS	
#1	84º N, 180º W	0 Y $^{20}\mathbf{00}^{000m.}$E.	$^{26}\mathbf{66}^{760m.}$N.
#2	88º N, 135º W	0 Y $^{18}\mathbf{42}^{965m.}$E.	$^{21}\mathbf{57}^{035m.}$N.
#3	84º N, 90º W	0 Y $^{13}\mathbf{33}^{237m.}$E.	$^{20}\mathbf{00}^{000m.}$N.
#4	88º N, 45º W	0 Y $^{18}\mathbf{42}^{965m.}$E.	$^{18}\mathbf{42}^{965m.}$N.
#5	84º N, 0º E	0 Z $^{20}\mathbf{00}^{000m.}$E.	$^{13}\mathbf{33}^{237m.}$N.
#6	88º N, 45º E	0 Z $^{21}\mathbf{57}^{035m.}$E.	$^{18}\mathbf{42}^{965m.}$N.
#7	84º N, 90º E	0 Z $^{26}\mathbf{66}^{764m.}$E.	$^{20}\mathbf{00}^{000m.}$N.
#8	88º N, 135º E	0 Z $^{21}\mathbf{57}^{035m.}$E.	$^{21}\mathbf{57}^{035m.}$N.
Polo Norte	90 º N	0 Z $^{20}\mathbf{00}^{000m.}$E.	$^{20}\mathbf{00}^{000m.}$N.

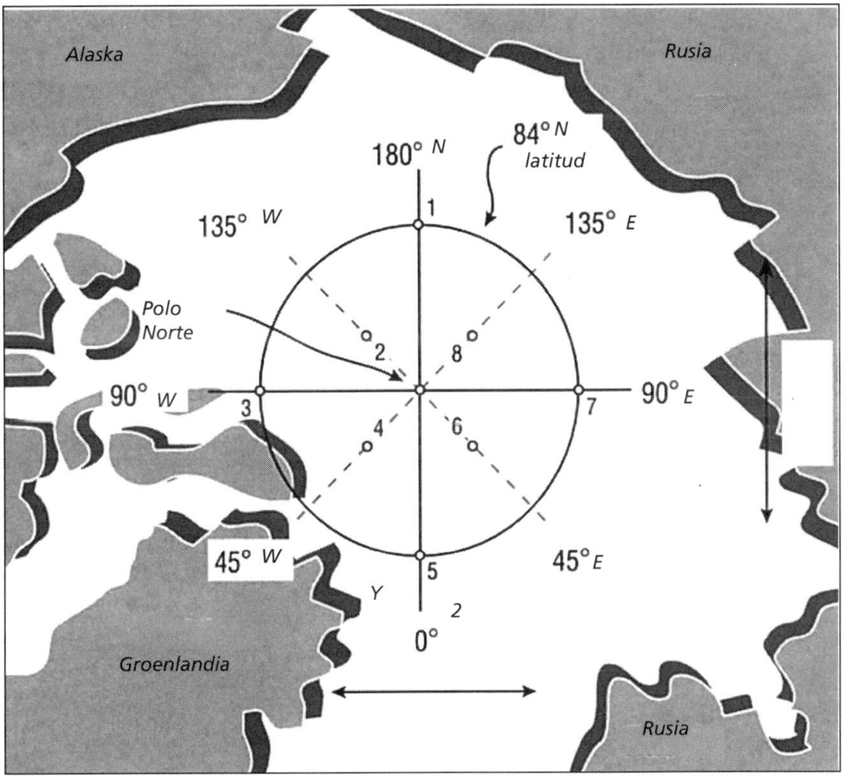
Alaska
Rusia
180° N
84° N
latitud
135° W
135° E
Polo
Norte
1
2
8
90° W
3
90° E
7
4
6
45° W
5
45° E
Y
2
0°
Groenlandia
Rusia

La región de la Antártida es similar a la del Ártico, salvo que el círculo exterior es 80° S. La figura muestra cómo se despliega la cuadrícula UPS y nos da también las coordenadas de algunos puntos.

Coordenadas UPS en la Antártida

Punto	**lat/long**	**coordenadas UPS**	
#1	80° S, 180° W	0 A ^{20}**00**$^{000m.}$E.	^{8}**86**$^{989m.}$N.
#2	85° S, 135° W	0 A ^{16}**07**$^{211m.}$E.	^{16}**07**$^{211m.}$N.
#3	80° S, 90° W	0 A ^{8}**86**$^{989m.}$E.	^{20}**00**$^{000m.}$N.
#4	85° S, 45° W	0 A ^{16}**07**$^{211m.}$E.	^{23}**92**$^{789m.}$N.
#5	80° S, 0° E	0 B ^{20}**00**$^{000m.}$E.	^{31}**13**$^{011m.}$N.
#6	85° S, 45° E	0 B ^{23}**92**$^{789m.}$E.	^{23}**92**$^{789m.}$N.
#7	80° S, 90° E	0 B ^{31}**13**$^{011m.}$E.	^{20}**00**$^{000m.}$N.
#8	85° S, 135° E	0 B ^{23}**92**$^{789m.}$E.	^{16}**07**$^{311m.}$N.
Polo Sur	90° S	0 B ^{20}**00**$^{000m.}$E.	^{20}**00**$^{000m.}$N.

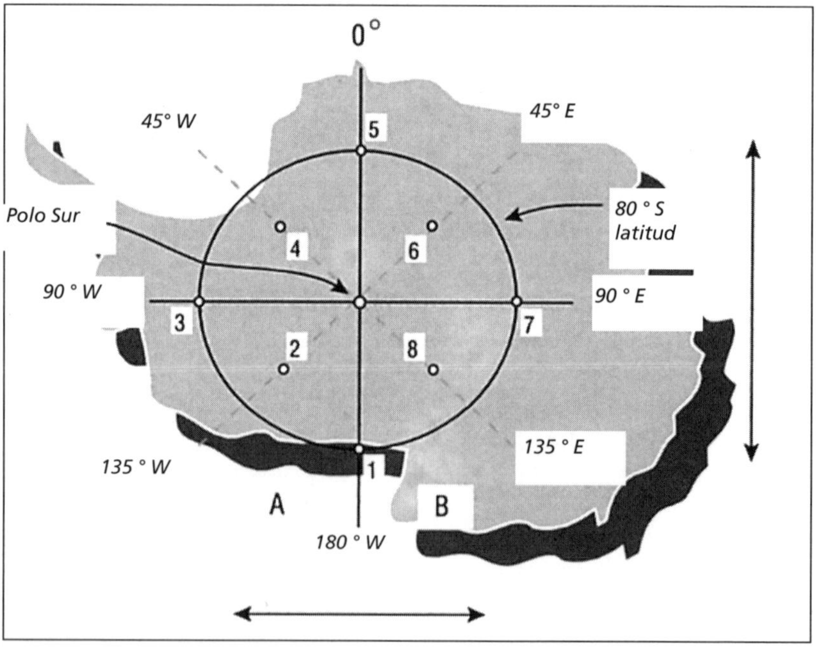

Ordnance Survey Great Britain (OSGB)

La Ordnance Survey Great Britain (OSGB) es una cuadrícula nacional que cubre únicamente Gran Bretaña. El país está dividido en secciones de 100 km (62,1 millas) cuadrados, que se identifican con dos letras, como se muestra en la figura. Por su parte, cada sección se divide en cuadrados de 1 km. La cuadrícula utiliza valores X e Y para describir una posición, al igual que en la cuadrícula UTM. Un mapa de gran escala (1:25.000 o 1:50.000) cubre sólo una porción de la sección de 100 kms.

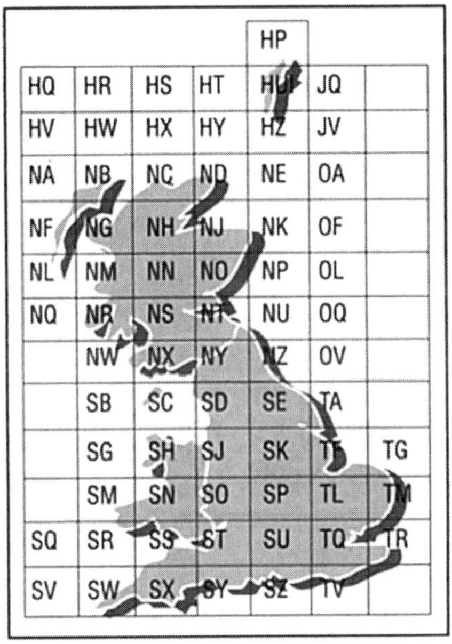

Coordenadas al este y al norte

Las coordenadas OSGB son muy parecidas a las UTM:

- Si aumentan los números de las coordenadas X (al este), usted va hacia el este.
- Si aumentan los números de las coordenadas Y (al norte), usted va hacia el norte.
- La coordenada completa es $^{4}\mathbf{40}^{000m.}$, $^{4}\mathbf{57}^{000m.}$
- Los números grandes mostrados en el mapa son abreviaciones.
- Por ejemplo: 40 significa $^{4}\mathbf{40}^{000m.}$ y 57, $^{4}\mathbf{57}^{000m.}$
- La distancia entre **40** y **41** es de 1000 m (1 kms).
- Los últimos tres números significan metros.
- La distancia entre $^{3}\mathbf{39}^{000m}$ y $^{3}\mathbf{39}^{541m}$ es 541 m.

Coordenadas OSGB

- Una coordenada OSGB comprende la letra de la sección y los números al este y al norte.
- La sección está impresa en el mapa. Por ejemplo, SE.
- Cuando se especifica la sección, se omite el número pequeño que antecede a las coordenadas.
- Una coordenada OSGB sería, por ejemplo:
  SE **38**^{000m} , **57**^{900m}
- De forma abreviada se podría escribir así: SE **38**^{0} **57**^{9}
- En las coordenadas al este y al norte no se marcan m.E. ni m.N.
- Si se usa un receptor GPS hay que aplicar la coordenada completa: Letra de la sección, coordenadas al este y al norte. Las formas abreviadas están pensadas sólo para los mapas.

Si usted viaja por Gran Bretaña y utiliza un receptor GPS, le resultará mucho más fácil usar la cuadrícula OSGB que la de latitud/longitud, porque los cuadrados de 1 km (0,62 millas) están dibujados sobre el mapa. En mapas de escalas grandes es posible leer las coordenadas directamente de la cuadrícula. Sin embargo, si usted prefiere usar una regla y dispone de la escala adecuada, puede utilizarla como se explica en los capítulos que hablan de la cuadrícula UTM.

Military Grid Reference System (MGRS)

Muchos aficionados al excursionismo no usan la cuadrícula MGRS porque los mapas topográficos USGS no la proporcionan. Sin embargo, si usted la prefiere vea el capítulo 12. Las bases de datos para mapas electrónicos imprimirán un mapa con coordenadas MGRS. Esta cuadrícula es una simple modificación de la UTM, en la que los primeros dos números de las coordenadas son reemplazados por letras. Se parece mucho a la cuadrícula OSGB porque las letras corresponden a cuadrados de 100 x 100 km.

A continuación se indican ambos tipos de coordenadas para una misma posición. Los primeros dos números de las coordenadas son sustituidos por las letras "WB". El 05 de la coordenada al este se convierte en "W" y el 36 de la coordenada al norte se convierte en "B". Las expresiones m.E. y m.N. se suprimen. El resto de los números permanece igual. En ocasiones, las coordenadas MGRS se escriben como una secuencia de números y letras, como se muestra en la última línea. Sin embargo, la mayor parte de los receptores GPS mantienen el designador de zona y las coordenadas al este y al norte separados.

UTM:	12 S	$^{05}\mathbf{01}^{788m.}$E.	$^{36}\mathbf{90}^{619m.}$N.
MGRS:	12 S	WB 01788,	90619
	12 SWB 0178890619		

Como en cualquier otra cuadrícula, los receptores GPS requieren que se entren todos los números de cada coordenada, lo que significa que la posición viene definida a 1 m. Las dos tablas que siguen pueden usarse para convertir UTM en MGRS. Sin embargo, si usted dispone de una coordenada UTM completa y desea convertirla en MGRS, entre simplemente la coordenada UTM en el receptor y deje que éste haga la conversión.

Conversión de números al este (coordenada x)

Muchos receptores no muestran la coordenada al este con un cero delante. La tabla inferior adopta el cero inicial. Para hacer uso de la tabla, busque la zona a la derecha y los primeros dígitos de la coordenada este en la parte superior. En el punto de intersección hallará la letra que reemplaza los dígitos al este. Por ejemplo, si usted está en la zona 47 y los primeros dos números al este son 03, estos números serán reemplazados por la letra "L".

Números al este	**01 02 03 04 05 06 07 08**	**Zona**
	S T U V W X Y Z	3, 6, 9, 12, 15, 18, 21, 24, 27, 30, 33, 36, 39, 42, 45, 48, 51, 54, 57, 60
	J K L M N P Q R	2, 5, 8, 11, 14, 17, 20, 23, 26, 29, 32, 35, 38, 41, 44, 47, 50, 53, 56, 59

A B C D E F G H	1, 4, 7, 10, 13, 16, 19, 22, 25, 28, 31, 34, 37, 40, 43, 46, 49, 52, 55, 58

Conversión de números al norte (eje Y)

Los primeros dos dígitos de los números al norte se convierten en letras. Para ello hay que tomar los dos primeros dígitos en la parte inferior de la tabla y el número de zona en la derecha. El punto de corte nos dará la letra que reemplazará los dígitos al norte. Si, por ejemplo, la zona es 34 y los primeros dos dígitos son 03, la conversión en letras se hará de la siguiente forma: El primer dígito de los números al norte es 0, o sea par. Así es que mirará en la mitad izquierda de la tabla, en la sección "Primer dígito al norte par".

El segundo dígito es 3, por lo que buscará usted en la sección par la columna que contenga el 3, que es la cuarta columna a partir de la izquierda de la tabla. Por otra parte, la zona 34 es par, así es que tomará la fila superior de letras y obtendrá la letra "J" para reemplazar los dos primeros dígitos de los números al norte. A continuación se citan unos pocos ejemplos para ayudarle a aprender el uso de la tabla en el caso de que desee convertir manualmente valores UTM en MGRS o viceversa.

																				Zona
F	G	H	J	K	L	M	N	P	Q	R	S	T	U	V	A	B	C	D	E	**Par**
A	B	C	D	E	F	G	H	J	K	L	M	N	P	Q	R	S	T	U	V	**Impar**
0	1	2	3	4	5	6	7	8	9	0	1	2	3	4	5	6	7	8	9	
Primer dígito al norte par										**Primer dígito al norte impar**										

UTM:	56 S	$^{03}\mathbf{46}^{629m.}$E.	$^{37}\mathbf{84}^{395m.}$N.
MGRS:	56 S	LC 46629	84395
UTM:	19 V	$^{05}\mathbf{13}^{897m.}$E.	$^{66}\mathbf{36}^{786m.}$N.
MGRS:	19 V	EG 13897	36786

UTM:	42 N	^{07}**84**$^{368m.}$E.	^{01}**47**$^{169m.}$N.
	42 N	YG 84368	47169

Maidenhead y el Trimble Grid Locator

La cuadrícula Maidenhead fue desarrollada y utilizada por un radio aficionado. Divide el mundo en cuadrículas de 20° de longitud y 10° de latitud, que se identifican mediante dos letras AA-RR. Las cuadrículas se subdividen en áreas de 2° x 1° a las que se les asigna dos números 00-99. Las áreas están a su vez subdivididas en sub-áreas de 5' de longitud por 2,5' de latitud etiquetadas con letras AA-XX. Un ejemplo de coordenada Maidenhead sería: EM18BX,

El localizador Trimble es una extensión de la cuadrícula Maidenhead, que la hace más precisa y adaptable a los receptores GPS. Una subárea Maidenhead puede cubrir hasta 8,9 km x 4,8 km (5,5 mi x 3 mi), mientras

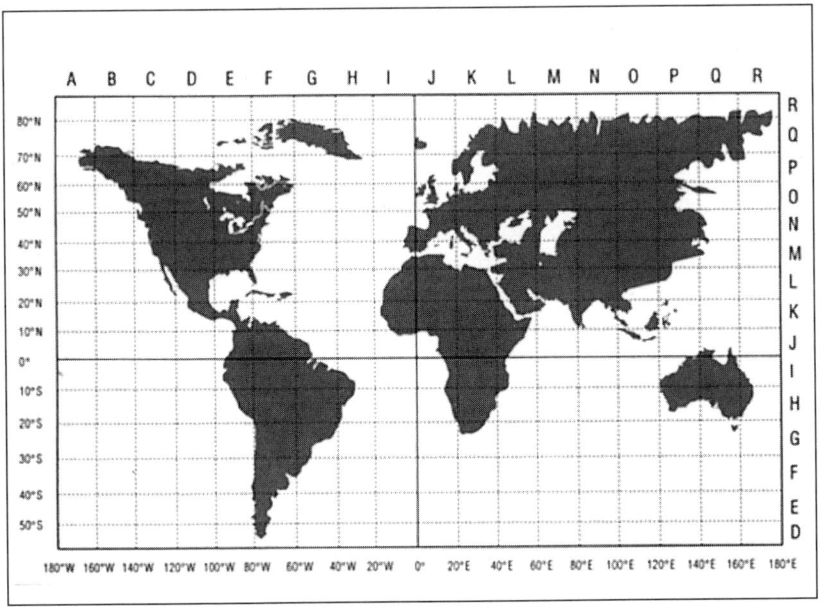

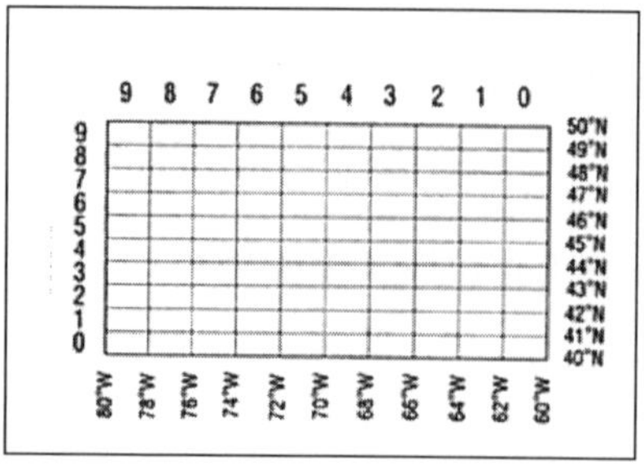

Subdivisiones de área Maidenhead.

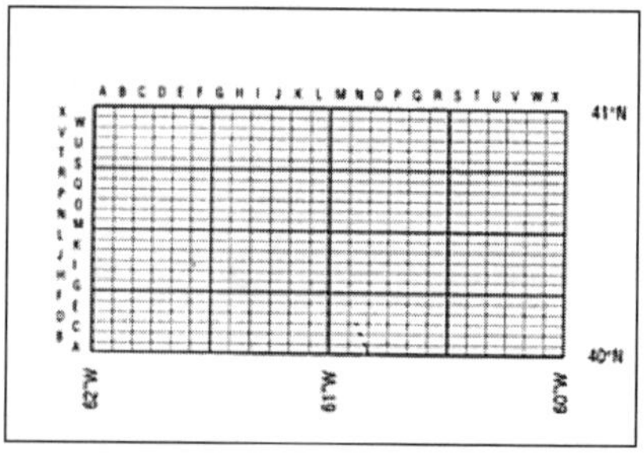

Subáreas Maidenhead.

que un receptor puede determinar con precisión un área mucho más pequeña. Así es que los receptores de navegación Trimble vuelven a subdividir las subáreas. El localizador Trimble añade un par de números (00-99) y letras (AA-YY) a las coordenadas Maidenhead. Así es que unas coordenadas Maidenhead con ampliación Trimble podrían ser AQ57DK 23SU.

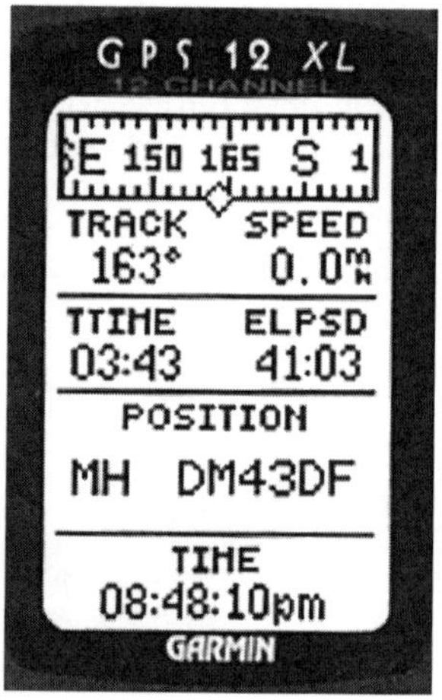

Muchos receptores están provistos de cuadrícula Maidenhead, pero sólo los receptores Trimble disponen del formato ampliado. Trimble Grid Locator es una marca registrada de Trimble Navigation Ltd.

Trimble superior e inferior

La cuadrícula superior e inferior da la posición mediante un número de pequeñas parcelas por encima y por debajo de la esquina derecha inferior del mapa. Puede usarse con cualquier mapa. Usted ha de indicarle al receptor las coordenadas de la esquina sudeste del mapa y la escala de éste. Puede trabajar con la mayor parte de escalas de mapas, desde 1:10.000 hasta 1:500.000 e incluso con escalas hechas a medida. Usted puede también entrar coordenadas de *waypoints* en pequeñas parcelas por encima y por debajo del punto de referencia al sudeste.

El concepto superior e inferior intenta ayudar a aquellos entusiastas del excursionismo que no saben mucho de mapas. Aunque suene original, no es, sin embargo, una cuadrícula muy útil. Puede ser manejable si usted desea usar ocasionalmente un mapa, pero no está pensada para una navegación seria. Las coordenadas por parcelas no ofrecen las ventajas de una cuadrícula UTM. Ésta es una cuadrícula visual. Usted puede determinar las coordenadas a simple vista y ello le da una idea de la distancia. UTM puede utilizarse en campo abierto al margen de cualquiera otra herramienta adicional, ni siquiera una regla. Las parcelas superior e inferior para una escala dada no se corresponden directamente con mapas de otras escalas; las parcelas deben convertirse a UTM o a latitud/longitud para ser usadas en otros mapas. Hará mejor en usar ese tiempo en leer los capítulos 5 a 7 de este libro para aprender la cuadrícula UTM. La cuadrícula superior e inferior es una marca registrada de Trimble Navigation Ltd.

Thomas Brothers Page and Grid and Trimble Atlas

ULM	UC	UR
ML	MC	MR
LL	LC	LR

Thomas Bros. Maps fabrica mapas de carreteras de pequeña escala continentales de los Estados Unidos y mapas de escala grande de áreas metropolitanas seleccionadas de Washington, Oregon y California. Thomas Bros. no imprime en sus mapas cuadrículas secundarias como latitud/longitud o UTM, de modo que sólo hay dos maneras de usar un receptor con sus mapas: comprar un receptor Trimble capaz de trabajar con cuadrícula Thomas Bros. o usar el Navicamp descrito en el capítulo 13.

Navegar con un receptor GPS Trimble y mapas Thomas Bros. requiere una combinación de atlas Trimble y guías Thomas. El Trimble Atlas, fabricado por Thomas Bros. Maps for Trimble Navigation, divide los Estados Unidos en nueve regiones de escala 1:1.900.800

Las porciones de una región pueden subdividirse en mapas de un área de escala 1:316.800. Mapas de área de áreas metropolitanas seleccionadas pueden a su vez dividirse en las páginas del Thomas Guides Detail que tiene una escala de 1:28.800.

El sistema de cuadrícula de Thomas Bros. es llamado Page and Grid (página y cuadrícula). Los mapas se encuentran en un atlas en el que cada página tiene una cuadrícula de números y letras. Un lugar queda determinado por la página y la situación en la cuadrícula. Por ejemplo, 256 G5 significa página 256, cuadrado G5. El sistema de cuadrícula proporciona una sola página y una sola cuadrícula para cada lugar. La totalidad del territorio de los Estados Unidos está cubierto por una combinación del atlas Trimble y la guía Thomas, aunque puede ocurrir que la zona por la que usted quiera viajar no se encuentre en un mapa de escala suficientemente grande como para poder usarlo.

Trimble Navigation ha ampliado el sistema Page and grid (página y cuadrícula) para aumentar la precisión.Trimble. Divide la cuadrícula de cualquier página en nueve cuadrados:

Las letras corresponden a Upper Left – UL – (superior izquierda), Middle Left – ML – (medio izquierda), Lower Left – LL – (inferior izquierda), etc. La ampliación Trimble se añade a la región o el área y detalla las coordenadas para aumentar la precisión y facilitar su uso. Por ejemplo, las coordenadas de Perraud Drive en Folsom, California, según el Thomas Guide Detail es 262 D5. La carretera alarga la longitud de la cuadrícula. Si usted necesita ir a una casa en particular, usted encontrará la carretera sin necesidad de la ampliación Trimble, pero tendrá que buscar para localizar la casa. Si usted necesita ir a una casa en el extremo sur de la carretera, las coordenadas correspondientes a la ampliación Trimble serán 262 D5 MR. La ampliación permite a su receptor guiarle hasta a dos o tres casas de su destino.

La coordenada completa de Thomas Bros. para la ampliación Trimble para el extremo sur de Perraud Drive es:

Región	**página**	**cuadrícula**		**Trimble**
Región	R6	9	D2	UC
Área	204	H1	LR	
Detalle	262	D5	MR	

En las áreas metropolitanas cubiertas por la guía Thomas, usted podrá alcanzar cualquier lugar con seguridad. Si la ciudad que usted desea explorar no está incluida en la Guía Thomas, deberá usted usar un mapa

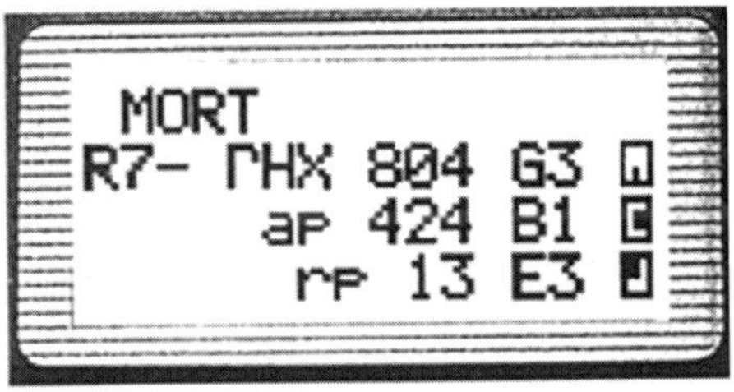

y una cuadrícula diferentes. Si usted viaja por los Estados Unidos por autopista y desea usar su receptor GPS para marcar salidas de la autopista, la escala de las páginas del Trimble Atlas Area será suficientemente grande para proporcionarle la precisión que necesita. El receptor le informará en todo momento de la página y la coordenada de cuadrícula correspondientes a las páginas de Area and Detail, incluso aunque no exista el mapa.

15 GPS diferencial

La causa más importante de error de los receptores civiles venía normalmente marcada por la Adaptabilidad Selectiva que limitaba la precisión a 100 m (328 pies). Ahora, la Adaptabilidad Selectiva ha sido eliminada y los receptores civiles alcanzan, en condiciones normales, una precisión de hasta 15 m (49,2 pies) o mejor. De esta manera, con un equipo estándar se cubren las necesidades del usuario medio. Sin embargo, siempre habrá quien necesite una mayor precisión de la que puede proporcionar un simple receptor civil. En estos casos, el GPS Diferencial (DGPS) aumenta la precisión de un receptor civil hasta los 2 cm (0,79 pulgadas). Por supuesto, un GPS Diferencial es más caro que un receptor civil normal, pero si usted necesita esa precisión, sabe que puede obtenerla.

DGPS usa dos métodos para corregir errores de posición:

- Correcciones a tiempo real.
- Correcciones a posteriori.

Correcciones a tiempo real

Las correcciones de tiempo real se usan en campo abierto para navegar. La figura muestra cómo trabaja el DGPS en tiempo real. El capitán de un barco ha entrado en un puerto desconocido. La carta le muestra que hay una gran roca bajo el agua que debe ser evitada. Por más que mira no localiza ninguna boya que señalice la posición de la roca. Es una zona de bastante tráfico y, por tanto, no hay mucho espacio para maniobrar. Por todo ello, el capitán necesita urgentemente saber su posición exacta respecto de la de la roca. Tanto el barco como la estación del DGPS tienen receptores GPS para determinar su posición. La estación del DGPS fue construida sobre un lugar cuya situación fue calculada con la máxima precisión, de manera que el equipo pueda comparar ésta con la obtenida mediante el GPS. Es decir, cuando el receptor da una posición de (x+3, y-5) el ordenador de la estación sabe que su posición verdadera, vía inspección, es (x, y). Esto quiere decir que el ordenador sabe la cantidad de error de la señal GPS. En este ejemplo, el error es +3 unidades en la dirección "x" y –5 unidades en la dirección "y". La estación del DGPS está también equipada con un transmisor de radio de manera que, en cuanto determina la dirección y el valor del error, emite la información en frecuencia Loran-C. El barco dispone de un convertidor DGPS con una antena de Loran-C, que puede recibir la información de la corrección y enviarla al receptor GPS de a bordo. El receptor aplica la información de la corrección a la posición detectada y la corrige. En este caso, el receptor del barco cambia su posición de (x+34, y+60) a (x+31, y+65). Con esto, el capitán sabe la posición de su barco con precisión y puede gobernar para librar la roca.

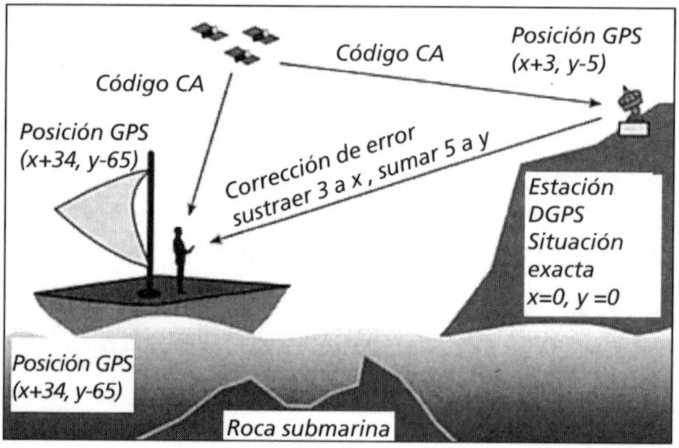

El DGPS, disponible en la mayoría de puertos de los EEUU, aumenta la precisión del receptor civil.

Si el emplazamiento DGPS envía información correcta de la posición, como en el ejemplo, tanto el barco como la estación deben usar los mismos satélites para calcular la posición. Los datos de corrección de posición son válidos hasta una distancia máxima de 274 km(170 millas), lo que significa la necesidad de muchas estaciones para cubrir adecuadamente un área.

Otro método de corrección consiste en que la estación determine el error de tiempo. Si la estación DGPS sabe que un satélite está transmitiendo con 900 nanosegundos de adelanto y otro con 200 nanosegundos de retraso, puede comunicar estos errores de tiempo al receptor, que aplicará las correcciones antes de calcular la posición. Las correcciones por tiempo son más precisas y permiten su transmisión en un área mayor que las correcciones de posición. Cuando la información de la corrección es transmitida a una gran área mediante satélites, recibe el nombre de WADGPS (Wide Area DGPS = DGPS de gran área).

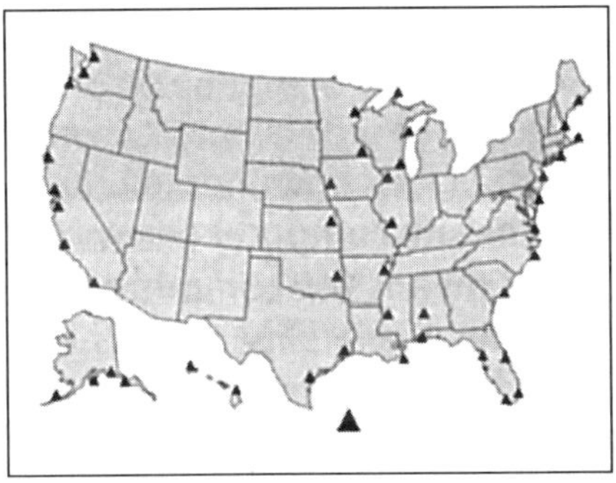

DGPS está ya disponible al público en muchas zonas. El US Coast Guard construyó 48 estaciones DGPS a lo largo de las costas de EEUU, río Mississippi, Islas Hawaii, Costa Rica y el sur de Alaska. En la figura se muestran los lugares en los que están localizadas. El sistema comenzó a transmitir en Enero de 1996, pero todavía no ha sido declarado plenamente operativo. Si usted desea usar la información de corrección DGPS de estas estaciones, necesitará disponer de un receptor capaz de entender la información en formato RTCM, un convertidor para pasar la señal de corrección a RCTM y una antena Loran-C para captar las señales de radio. El propósito del sistema de los EEUU es proporcionar una precisión de 10 m (32,8 pies) o mejor.

Otros países como Noruega, Suecia, Finlandia y Países Bajos han instalado estaciones DGPS que transmiten correcciones en formato RTCM y hay otros que están proyectando hacerlo. Dado que todos emplean el mismo formato de datos, su receptor los aceptará si su antena puede captar sus frecuencias de transmisión.

El DGPS no está limitado a zonas costeras. Hay compañías privadas que transmiten datos de corrección en muchas partes de EEUU y Canadá. Sin embargo, hay que pagar una cuota anual para que su receptor pueda captarlos. Algunas millas de estas compañías están citadas al final del libro en el apartado sobre proveedores. Los datos de corrección pueden ser transmitidos a un área local a una gran área. Las emisiones locales suelen realizarse mediante estaciones de radio FM ya existentes y proporcionan un radio de cobertura de 48 a 96 km (30 a 60 millas). Algunos proporcionan datos en formato RTCM, adecuado para su receptor, mientras que otros requieren la adquisición de un receptor especial.

También es posible instalar estaciones DGPS temporales para usos esporádicos. Con la tecnología de satélites actual, un granjero puede obtener una foto en infrarrojos de sus campos que le muestre el estado de la cosecha en cada punto. En función de la evolución de cada campo, la cantidad de fertilizantes a añadir será distinta. La información que nos da la foto está programada en el ordenador de la avioneta, mientras que se instala una estación DGPS para transmitir la información sobre la corrección en toda la finca. Cuando la avioneta rocía con fertilizante, el equipo DGPS proporciona información exacta sobre la posición, de manera que el equipo fertilizante pueda cambiar automáticamente la mezcla, en función de dónde esté y de las necesidades del campo que sobrevuela. Un equipo tan avanzado puede parecernos caro, pero el ahorro que significa puede ser enorme.

Otros lugares en los que puede ser útil el DGPS es en aeropuertos, puesto que reduce el coste de los equipos requeridos para el aterrizaje. El DGPS proporciona también información para gestionar el tráfico aéreo y de los vehículos auxiliares en la pista de despegue y aterrizaje.

Un uso insospechado de los equipos DGPS lo encontramos en las presas de pantanos. Uno se pregunta el porqué de la importancia de la posición exacta de algo tan grande e inmóvil, pero un equipo DGPS de alta precisión puede detectar movimientos de flexión y expansión cuando el embalse está lleno de agua. El DGPS ofrece un medio preciso para controlar los efectos del aumento de nivel de agua y así evitar una rotura de la presa.

Correcciones a posteriori

Tal y como indica su nombre, las correcciones posteriori no se aplican en campo abierto, sino en la oficina, después de hecho el viaje. Es un sistema económico de disfrutar de la precisión DGPS, ahorrándose los gastos que conllevan las correcciones en tiempo real. Lo único que requiere es un receptor que registre más información de la que la mayor parte de receptores puede almacenar. Las agencias estatales controlan los satélites GPS y proporcionan datos de corrección. En el campo, cada vez que usted registra una coordenada, el receptor recuerda la hora exacta y los satélites utilizados para su cálculo. Cuando usted hace un viaje, almacena todos los puntos que necesita para documentar su ruta. Una vez de regreso a su oficina, usted transfiere la información de cada punto del receptor al ordenador. El *software* de corrección considera cada coordenada, la hora y los satélites y, a continuación averigua la corrección. Con ello recalcula la coordenada con tanta precisión como lo permitan los datos de corrección.

Aquellos profesionales que tiene que marcar lugares con precisión sacarán provecho de un servicio de suscripción DGPS o necesitará un receptor muy preciso y caro. Para la mayor parte de los aficionados al excursionismo, no se justifica el gasto elevado del DGPS. El equipo es más pesado, consume más energía, es más caro y más complicado de usar. A pesar de lo dicho, y aunque usted probablemente nunca utilice el DGPS, puede comprar un receptor que esté preparado para ello, simplemente porque cualquier receptor que tenga capacidades IO puede habitualmente aceptar correcciones DGPS en formato RTCM. También habrá aventureros que deseen usar su receptor junto a un ordenador, lo cual fácilmente le habilitará a trabajar con DGPS.

16 Grados, minutos, segundos y mils

El círculo es un elemento importante de la navegación, dado que, una vez orientado correctamente el círculo del compás, usted puede desplazarse en la dirección correcta. En este capítulo veremos cómo un círculo se divide en grados, minutos y segundos y cómo se opera aritméticamente con ellos.

Relación entre grados, minutos y segundos de arco

Para poder entender demoras, latitudes y longitudes, es necesario comprender la relación que hay entre grados, minutos, segundos y mils. El ecuador forma un círculo alrededor de la Tierra, que es la base para contabilizar grados, minutos, segundos y mils. Si queremos referirnos a una parte del círculo, tendremos que subdividirlo. La unidad de subdivisión más común de un círculo es el grado. Otra unidad de subdivisión es el mil, pero de ella hablaremos después. Un círculo está dividido en 360° (el pequeño círculo colocado junto al cero es el símbolo de grado), tal y como se muestra en la figura. Una cuarta parte del círculo abarcará 90° y una octava parte, 45°, etc.

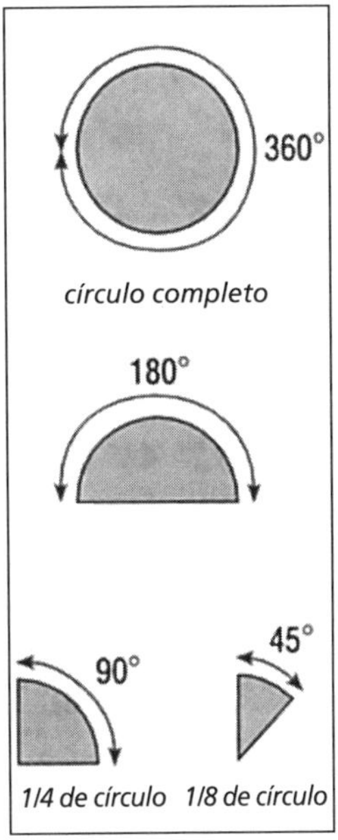

Un grado se divide, a su vez, en minutos. Hay 60' (el apóstrofe junto al cero simboliza los minutos) en un grado. Finalmente, los minutos se dividen en segundos. Hay 60" (las comillas junto al cero simbolizan segundos) en 1 minuto. La relación entre grados, minutos y segundos, será, pues:

1 círculo completo = 360°
1° = 60′ = 3600″
1′ = 60″

Para sumar grados, debemos recordar pasar de 359° a 0° y a la hora de restar, de 0° a 359°. Es posible que obtengamos un valor superior a 360°, pero eso significará que hemos descrito un círculo completo y más. Por ejemplo, 526° significan un círculo completo de 360°, más 166°, según se muestra en la figura.

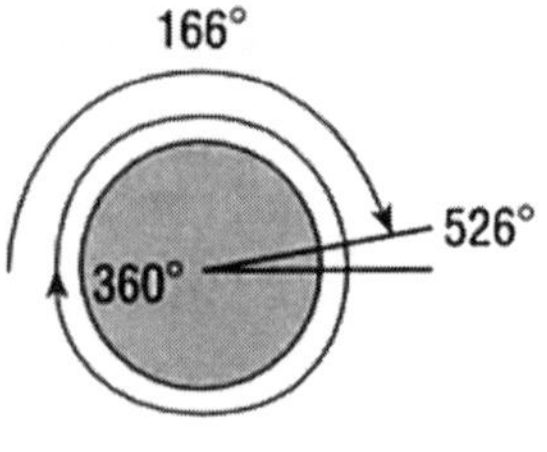

Cuando tenemos una demora mayor de 360°, simplemente debemos restarle 360° y obtendremos la dirección que debemos seguir. Si, por ejemplo, nos dijeran que debemos seguir la demora 810°, deberíamos hacer el siguiente cálculo:

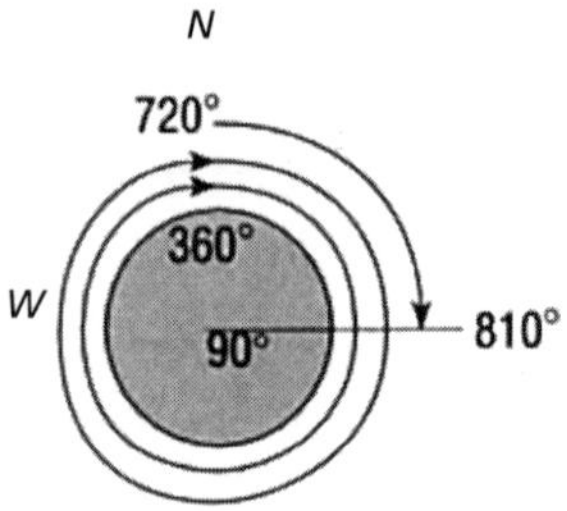

810° - 360° = 450°
450° - 360° = 90°

El resultado nos indica que 810° es en realidad lo mismo que 90°, tal y como se muestra en la figura adjunta.

Suma y resta de minutos y segundos

Si trabajamos con minutos y segundos, debemos pensar que pasaremos de 59 a 0, si sumamos, y de 0 a 59, cuando restamos. Sin embargo, aquí deberemos estar atentos cuando se pueda producir un cambio de unidad. Por ejemplo:

45″ + 20″ = 65″	= 60″ + 5″	= 1′ 5″
23′ + 58′ = 81′	= 60′ + 21′	= 1° 21′

5′ 19″ – 20″ = 4′ (60″ + 19″) – 20″ = 4′ 79″ – 20″ = 4′ 59″
56° 25′ – 47′ = 55° (60′ + 25′) – 47′ = 55° 85′ – 47′ = 55° 38′

82° 45′ 23″ – 56′ 43″
= 82° 44′ (60″ + 23″) – 56′ 43″
= 82° 44′ 83″ – 56′ 43″
= 81° (60′ + 44′) 83″ – 56′ 43″
= 81° 104′ 83″ – 56′ 43″
= 81° (104′ – 56′) (83″ – 43″)
= 81° 48′ 40″

Sumar y restar grados y minutos

Para operar con grados y minutos hay que seguir el mismo proceso que para hacerlo con minutos y segundos. Por ejemplo:

219° 19,42′ + 36,81′
= 219° (19,42′ + 36,81′)
= 219° 56,23′

61° 27,46′ – 53,41′
= 60° (60′ + 27,46′) – 53,41′
= 60° 87,46′ – 53,41′
= 60° 34,05′

Si usa sólo grados, se ahorrará las reducciones a minutos o a segundos, pero en cualquier caso debe siempre recordar que un círculo completo vale 360°.

46,492° - 21, 613° = 24,879°
105, 386° - 283,426°
= (360° + 105,386°) – 283, 426°
= 465,386° - 283,426°
= 181,96°
315,395° + 284,305° = 599,7°
= 599,7° - 360°
= 239,7°

Conversión de grados a grados y minutos

Otra operación en la que conviene tener práctica es en la conversión de grados a grados y minutos. La transformación se hace así:

$57{,}146° = 57\ (0{,}146 \times 60')$
$= 57°\ 8{,}76'$

$357{,}963° = 357°\ (0{,}963 \times 60')$
$= 357°\ 57{,}78'$

Conversión de grados a grados, minutos y segundos

La conversión de grados a grados, minutos y segundos es similar al cálculo anterior, pero con un paso adicional.

$295{,}248° = 295°\ (0{,}248 \times 60')$
$= 295°\ 14{,}88'$
$= 295°\ 14'\ (0{,}88 \times 60'')$
$= 295°\ 14'\ 52{,}8''$

$136{,}389° = 136°\ (0{,}389 \times 60')$
$= 136°\ 23{,}34'$
$= 136°\ 23'\ (0{,}34 \times 60'')$
$= 136°\ 23'\ 20{,}4''$

Conversión de segundos a minutos

La conversión de grados, minutos y segundos a grados y minutos es también importante. Los segundos se convierten en minutos multiplicando por 1'/60". Recordemos que 1' equivale a 60". Por tanto, la expresión 1'/60" es igual a la unidad y si multiplica cualquier número por ella su valor no cambiará. Sin embargo, al multiplicar podrá convertir los segundos a minutos. Veamos el ejemplo siguiente:

$$39'' \times [1'/60''] = \frac{39'' \times 1'}{60''}$$

Los segundos correspondientes al número 39 del numerador se anulan con los segundos correspondientes al número 60 del denominador. La ecuación queda así:

$$\frac{39 \times 1'}{60} \text{ y el resultado final será } \frac{39}{60} \times 1' = (0{,}65) \times 1' = 0{,}65'$$

Los ejemplos que siguen muestran la conversión de grados, minutos y segundos a grados y minutos. Las unidades no están explícitamente mostradas, pero baste recordar que si dividimos segundos por 60, obtendremos minutos.

$105° \; 47' \; 51'' = 105° \; (47 + [\, 51/60])'$
$= 105° \; (47 + 0{,}85)'$
$= 105° \; 47{,}85'$

$326° \; 9' \; 32{,}4'' = 326° \; (9 + [\, 32{,}4/60])'$
$= 326° \; (9 + 0{,}54)'$
$= 326° \; 9{,}54'$

Conversión de minutos a grados

La conversión de grados y minutos a grados requiere convertir los minutos a grados. Los minutos se convierten a grados multiplicando por 1°/60'. De manera similar al caso anterior, 1° equivale a 60', por lo cual multiplicar 1°/60' no altera el valor en minutos, sino que simplemente convierte las unidades de minutos a grados. Por ejemplo:

$$46' \times [\, 1°/60'] = \frac{46' \times 1°}{60'}$$

La unidad de minutos de 46' del numerador se anulan con la unidad de minutos de 60' del denominador y la igualdad queda así:

$$\frac{46 \times 1°}{60} \quad \text{y el resultado final será } \frac{46}{60} \times 1° = (0{,}767) \times 1° = 0{,}767°$$

Los ejemplos detallados a continuación muestran la conversión de grados y minutos a grados. Las unidades no se explicitan, pero tal y como se ha mostrado arriba, al dividir los minutos por 60, se convierten en grados.

261° 36′ = (261 + [36/60])°
= (261 + 0,6)°
= 261,6°

57° 41,475′ = (57 + [41,475/60])°
= (57 + 0,691)°
= 57,691°

Conversión de grados, minutos y segundos a grados

Haremos uso de todos los conocimientos de conversión adquiridos hasta ahora y convertiremos grados, minutos y segundos a grados.

269° 42′ 35″ = 269° (42 + [35/60])′
= 269° 42,583′
= (269 + [42,583/60])°
= 269,71°

48° 37′ 3,4″ = 48° (37 + [3,4/60])′
= 48° 37,057′
= (48 + [37,057/60])°
= 48,618°

Hallar la dirección opuesta

Para hallar la dirección opuesta a cualquier demora simplemente hemos de sumar o restar 180°. Opuesto obvio de 90° (E) es 270° (W), entre los cuales hay una diferencia de 180°. Otros ejemplos, que se indican a continuación, nos muestran qué hacer cuando al sumar obtenemos una demora mayor de 360° o menor de 0°. Sólo hay que recordar que sumar o restar 180° nos da el mismo resultado. Por tanto, haremos lo que nos sea más fácil.

$271^\circ\ 15'\ 39'' + 180^\circ = (271 + 180)^\circ\ 15'\ 39''$
$= 451^\circ\ 15'\ 39''$
$= (451 - 360)^\circ\ 15'\ 39''$
$= 91^\circ\ 15'\ 39''$

$271^\circ\ 15'\ 39'' - 180^\circ = (271 - 180)^\circ\ 15'\ 39''$
$= 91^\circ\ 15'\ 39''$

$23^\circ\ 43'\ 9'' - 180^\circ = (23 - 180)^\circ\ 43'\ 9''$
$= ((\ 23 + 360(- 180)^\circ\ 43'\ 9''$
$= (383 - 180)^\circ\ 43'\ 9''$
$= 203^\circ\ 43,'\ 9''$

$23^\circ\ 43'\ 9'' + 180^\circ = (23 + 180)^\circ\ 43'\ 9''$
$= 203^\circ\ 43'\ 9''$

Relación entre mils(*) y grados

Hay más de una manera de subdividir un círculo. La más común empleada en los mapas es la subdivisión en grados, pero también se usan los mils. Un mil equivale a 1/6400 de un círculo. El mil tiene la ventaja de que no hay conversión de unidades como entre minutos y segundos y es incluso una división más precisa del círculo, ya que éste tiene sólo 3600". Para la mayoría de los navegantes, el mejor uso del mil consiste en saber la relación entre éste y el grado. Es decir:

$$1 \text{ milla} = \frac{360^\circ}{6400} = 0{,}05625^\circ$$

$$1^\circ = \frac{6.400 \text{ mils}}{360} = 17.778 \text{ mils}$$

(*) Esta unidad no es de uso habitual en España.

Glosario

Acimut. Es la dirección de viaje o la dirección entre dos puntos en referencia al norte verdadero o al norte magnético. Si se expresa en grados, su valor oscila entre 0° y 360°. Un rumbo de compás es un acimut. Muchas veces la palabra demora se usa en el mismo sentido que acimut. Ver demora.

Altímetro. Mide la altura sobre el nivel del mar. La presión atmosférica desciende a medida que ascendemos y la mayor parte de los altímetros miden la presión atmosférica y de ella deducen la altura sobre el nivel del mar.

Antena. Un receptor necesita una antena para captar las señales emitidas por los satélites desde el espacio. Hay dos tipos comunes para receptores de mano: de segmento *(microstrip)* y de hécile cuadrifilar. La antena es uno de los componentes más importantes de un receptor. Una antena remota está separada de la antena incorporada al receptor y suele ir conectada a éste mediante un cable. Una antena remota activa es aquella que amplifica las señales del satélite antes de enviarlas al receptor a través del cable.

Anti-spoofing. Si se transmiten señales similares a las de los satélites puede ocurrir que el receptor GPS se confunda. Este fenómeno se denomina *spoofing*. Los militares lo previenen encriptando el código P, de manera que sólo usuarios autorizados pueden reconocerlo y de esta manera detectar y rechazar señales falsas.

Apto para DGPS. Un receptor es apto para DGPS si es capaz de aceptar datos de corrección de GPS diferencial y usarlos para hacer más precisos sus propios cálculos de posición. Para captar las transmisiones de radio correctivas el receptor debe estar conectado a un equipo adicional.

Asociación Electrónica Marítima Nacional (NMEA). Los protocolos NMEA (qué datos se envían y qué formato usan) especifican el tipo y el orden de los datos enviados y recibidos por el equipo de navegación. Si dos elementos del equipo usan el mismo protocolo NMEA, se entenderán y podrán operar conjuntamente.

Cálculo punto a punto. Es el cálculo de la demora y la distancia entre dos puntos.

Canal. Es la parte electrónica del receptor GPS que sintoniza la señal del satélite y envía la información resultante al procesador del receptor para el cálculo de la posición.

Carta. Un mapa marino o aéreo.

Códigos de adquisición común. Los satélites GPS envían dos señales distintas: códigos de precisión (códigos P) y códigos de adquisición común (códigos CA). Los receptores civiles usan los códigos CA para determinar la posición. Los receptores militares usan los códigos CA para sincronizar con los códigos P, antes de cambiar a usar únicamente éstos. La disponibilidad selectiva se usaba para alterar los códigos CA y, con ello, la precisión de los receptores civiles. Los códigos CA se transmiten en una sola frecuencia de radio, de manera que para un receptor civil resulta imposible detectar el retraso a través de la ionosfera. La precisión que proporcionan los códigos CA recibe el nombre de *Standard Positioning Service* (SPS).

Códigos de precisión. Los satélites GPS envían dos señales distintas: códigos de precisión (códigos P) y códigos de adquisición común (códigos CA). Los códigos civiles usan códigos CA para determinar la posición. Los receptores militares usan los códigos CA para sincronizar los códigos P antes de pasara a usar exclusivamente los códigos P. Cuando estaba en uso la disponibilidad selectiva, ésta no afectaba a los códigos P. Los códigos P se transmiten desde el espacio en dos frecuencias, que permiten a los receptores civiles a detectar y dilucidar retrasos de propagación producidos por la ionosfera. La precisión proporcionada por los códigos P es denominada Servicio de Posicionamiento Preciso (PPS).

Código Y. Es la versión encriptada del código P. Ver *Anti-spoofing*.

***Cold start* (Arranque en frío)**. Un receptor experimenta un arranque en frío cuando tiene que descargar de los satélites la información del almanaque antes de poder calcular la propia posición. Ver *Time to first fix* (momento de la primera posición).

Coordenada X *(eastings)*. Es la distancia hacia el este o el oeste desde el meridiano de zona. Estas coordenadas se utilizan en diversos tipos de cuadrículas, como por ejemplo UTM, OSGB y MGRS.

Coordenada Y *(northings)*. Es la distancia hacia el norte o el sur, de un punto de referencia fijado. El sistema UTM utiliza el ecuador como referencia. Estas coordenadas se usan en diversos sistemas de cuadrículas. UTM, OSGB y MGRS son algunas de ellas.

Coordenadas. Son los números y las letras que describen una posición. Cada posición en la Tierra tiene una única coordenada. El sistema de coordenadas determina la cuadrícula y la forma de expresar las coordenadas.

***Course* (Rumbo)**. Es la línea entre dos puntos. Los receptores GPS indican siempre la línea recta entre dos puntos.

***Course Deviation Indicator - CDI* (Indicador de desvío de rumbo)**. Es un método para representar gráficamente la cantidad y la dirección del *Cross Track Error - XTE* - (Error de caída de derrota).

***Course Made Good - CMG* - (Rumbo efectivo)**. Es la demora desde su punto de salida hasta su posición actual.

***Course Over Ground - COG* - (Rumbo sobre el fondo)**. Viene a ser lo mismo que el rumbo efectivo.

***Cross Track Error - XTE* - (Error de caída de derrota)**. Es la distancia entre su posición actual y la línea recta entre dos puntos. Es la distancia que usted se ha alejado de la derrota deseada *(desired track - DTK)*.

Cuadrícula. Son las líneas verticales y horizontales en un mapa, que sirven para fijar una posición. Hay muchos sistemas distintos de cuadrículas, ya que hay diversos medios para pasar una posición de una esfera a un plano. Las cuadrículas más utilizada sn la *Universe Transverse Mercator* (*UTM*) y la de latitud/longitud.

Cuadrícula Estereográfica Polar Universal (UPS). Es la cuadrícula que cubre las regiones del Ártico y de la Antártida. Es similar a la UTM.

Cuadrícula Transversa Universal de Mercator (UTM). Esta cuadrícula fracciona la Tierra en 60 zonas, cada una de 6° de anchura. Sus coordenadas van referidas al ecuador y al meridiano de zona y se llaman "x" e "y" (al este y al norte). La cuadrícula UTM sólo se utiliza entre las latitudes de 84° N y 80° S, debido a que la cuadrícula UPS ya proporciona una cuadrícula uniforme para las zonas polares.

Datos de almanaque. Información sobre la posición de los satélites. Cada satélite transmite información de posición sobre todos los satélites. El receptor almacena la información de manera que puede determinar su propia posición. Los satélites tardan aproximadamente 12,5 minutos en transmitir los datos de posición al receptor.

***Datum* de un mapa**. Todos los mapas están trazados en base a un punto de referencia. Este punto se llama *datum*. La mayor parte de los *datum* sólo son válidos para una parte de la Tierra, como el de América del Norte de 1927 (NAD 27), que cubre el continente norteamericano. El GPS posibilita disponer de un *datum* mundial como el sistema geodésico de 1984 (WGS 84).

Declinación magnética. Es la diferencia en grados entre el polo norte geográfico y el polo norte magnético, medida desde su posición. Muchos receptores disponen en su memoria de tablas que le indican la dirección y el valor de la declinación para cualquier lugar de la Tierra. Esto significa que el receptor, una vez conectado a los satélites, puede convertir automáticamente demoras verdaderas en demoras magnéticas y viceversa.

Demora. Es la dirección de viaje o la dirección entre dos puntos. Al igual que el acimut, la demora puede medirse en referencia al norte verdadero o al norte magnético, pero su valor nunca supera los 90°. Una demora siempre se mide desde el punto cardinal norte o sur. Una demora típica sería N45°E, que es lo mismo que acimut 45°. Una demora de S45°W equivale a un acimut de 225°. Sin embargo, el sentido de la palabra demora ha ido cambiando y actualmente significa lo mismo que acimut.

***Dilution of Precision* - *DOP* - (Pérdida de precisión)**. Es un análisis de la geometría de satélites y su impacto en la precisión. Hay geometrías de los satélites que proporcionan mayor precisión en los cálculos de posición. El receptor mide distintos factores que disminuyen la precisión de la posición y los suma para averiguar el error presente en un cálculo de posición.

Los componentes de DOP son pérdidas de precisión horizontal, vertical, de posición y de tiempo. Un valor bajo de DOP significa que el receptor puede calcular la posición con precisión. Un valor elevado significa que hay un error creciente en la posición indicada. Valores entre 1 y 3 pueden considerarse buenos. Muchos receptores ya no calculan la posición cuando el DOP alcanza un valor superior a 6.

Disponibilidad Selectiva (SA). Es la técnica que utilizaba el Departamento de Defensa de los Estados Unidos para quitar precisión a los receptores civiles. Limitaba la precisión horizontal a unos valores entre 15 y 100 metros (49,2 a 328 pies) y la precisión vertical a 156 metros (512 pies). La disponibilidad selectiva fue eliminada el 2 de mayo de 2000.

Efemérides. Es la senda y órbita de un satélite específico. La disponibilidad selectiva truncaba la información para limitar la precisión de los receptores civiles.

Escalas de mapa. La escala de un mapa se suele expresar como 1:24.000, 1:50.000, etc. Estas escalas representan respectivamente que 1 centímetro del mapa equivale a 24.000 o a 50.000 centímetros reales. Un mapa de gran escala es un mapa que representa una pequeña superficie terrestre, mientras que un mapa de escala pequeña es un mapa que representa una gran superficie terrestre.

***Estimated Position Error* - *EPE* - (Error de posición estimado)**. Muchos receptores informan del error potencial del cálculo de la posición. El receptor conoce la geometría de los satélites y, mediante los valores DOP estima la cantidad de error que puede haber en la posición calculada..

***Estimated Time En Route* – (Tiempo estimado en ruta)**. Es la cantidad de tiempo restante hasta llegar a destino. ETE depende de la velocidad a la que usted se aproxima en línea recta a su destino. Esta velocidad se conoce como velocidad efectiva *Velocity Made Good* (*VMG*). Si usted se aleja de su destino el receptor no puede calcular el ETE porque siguiendo esa dirección usted nunca llegará a destino.

***Estimated Time of Arrival – ETA* – (Tiempo estimado de llegada)**. Es la hora de llegada al lugar de destino. El ETA depende de la velocidad a que usted se desplaza directamente a destino. Esta velocidad se conoce como velocidad efectiva *Velocity Made Good* (*VMG*). Si usted se aleja de su destino el receptor no puede calcular el ETE porque siguiendo esa dirección usted nunca llegará a destino.

Función *Goto* (ir hacia). Es el modo operativo mediante el cual el receptor le lleva a usted a su destino. Para ello debe usted previamente almacenar las coordenadas del punto de destino en la memoria del receptor. Éste utilizará las señales de los satélites para hallar su posición actual. Con esos datos podrá calcular la demora y la distancia al punto de destino. En el modo *Goto,* el receptor suele mostrar gráficamente en la pantalla la dirección que tiene que seguir para alcanzar su destino.

Función ruta. Es una lista de *waypoints* secuenciales. El receptor GPS le irá guiando desde el primer *waypoint* de la lista a cada uno de los siguientes hasta llegar a destino. Ver función *Goto*.

Geometría de los satélites. Es la posición de los satélites en relación a su posición sobre la Tierra. Tenemos una geometría ideal cuando un satélite está en la vertical del observador y los otros dos repartidos homogéneamente alrededor del horizonte. Ver *Dilution of Precision.*

***Global Positioning System – GPS* – Sistema de posicionamiento global.** Es un sistema de 24 satélites que permite a un receptor GPS determinar su posición en cualquier lugar del mundo. Hay dos tipos de receptores: militares y civiles. Los receptores militares tienen siempre una precisión de aproximadamente 1 metro (3,3 pies). Los receptores civiles fueron menos precisos a causa de la disponibilidad selectiva, que recientemente ha sido eliminada. Actualmente, su precisión es como mínimo de 15 metros (49,2 pies).

Glonass. Es el equivalente ruso del GPS de los Estados Unidos. Su nombre completo es *Global'naya Navigatsionnaya Sputnikovaya Sistema.*

GPS diferencial (DGPS). Es un método para mejorar la precisión de los receptores civiles. Un DGPS puede precisar hasta los 15 metros y menos. Las correcciones DGPS pueden hacerse instantáneamente (tiempo real) mientras usted viaja o después del viaje, respecto de *waypoints* almacenados (a posteriori).

Grado. Es una parte del círculo. El grado divide el círculo en 360 partes iguales. Las demoras se expresan también en grados. Un grado se divide en 60 minutos y un minuto en 60 segundos.

***Greenwich Mean Time* - *GMT* - (Tiempo medio en Greenwich).** Es el tiempo medido desde el meridiano que pasa por Greenwich (Inglaterra), o de longitud cero. Ver *Universal Time Coordinated.*

***Ground speed* (velocidad base)**. Es su velocidad de desplazamiento al margen de la dirección. El velocímetro de un coche nos da esta velocidad.

***Heading* (orientación, rumbo)**. Es la dirección verdadera o magnética en la que usted se desplaza.

***Horizontal Dilution of Precision* - *HDOP* - (Pérdida de precisión horizontal)**. Ver *Dilution of Precision.*

Ionosfera. Es una capa de la atmósfera terrestre situada entre los 80 y los 300 km sobre la superficie de la Tierra. El paso de las señales de satélite por la ionosfera produce un retraso en las mismas. Si el efecto de este retraso no se elimina o compensa, la posición dada por el receptor será poco precisa.

Latitud/longitud. Es un sistema de coordenadas esféricas. Las líneas de latitud y longitud forman un sistema de cuadrícula que se utiliza para fijar posiciones. Las líneas de latitud transcurren paralelas al ecuador y miden la distancia desde el ecuador. Las longitudes son líneas que van de polo a polo y que miden la distancia al primer meridiano, o meridiano de Greenwich (Inglaterra) de valor 0°. Las coordenadas se miden en grados, minutos y segundos.

***Lock* (conectado)**. Un receptor está conectado cuando puede detectar 3 o más satélites y puede usar sus señales para determinar su propia posición.

L1 y L2. El código P se transmite en dos frecuencias de radio conocidas como L1 y L2, cuyas frecuencias respectivas son 1575,42 MHz y 1227,6 MHz. Los códigos CA se transmiten sólo en frecuencia L1.

***Man Over Board – MOB* – (Hombre al agua)**. Es una función del receptor GPS que le permite marcar rápidamente una situación. Está especialmente indicado para situaciones de emergencia, en las que usted necesita marcar la posición en la que está y a la que quiere regresar, como en el caso de la caída de una persona al agua, desde una embarcación.

Marca o señal. Es como un *waypoint*. Se refiere también a un objeto o relieve fácilmente reconocible sobre el terreno.

Meridiano. Es una línea de longitud usada como referencia. La longitud que pasa por Greenwich (Inglaterra) es denominada primer meridiano o meridiano 0º. Todas las demás longitudes se miden a partir de este primer meridiano. Cada zona en el sistema UTM tiene asimismo un meridiano de zona, como línea de referencia para todas las mediciones este-oeste.

Mil. Es una parte del círculo. Divide el círculo en 6.400 partes iguales.

Military Grid Reference System (MGRS). Es el sistema de cuadrícula utilizado por los militares de Estados Unidos. Es similar al sistema UTM, excepto que sustituye los dígitos más importantes de las coordenadas numéricas"X" e "Y" (*eastings* y *northings*) por letras. Algunos programas de mapas incluyen la cuadrícula MGRS en mapas topográficos USGS para uso civil.

Modo 2D. Las posiciones se calculan en dos dimensiones. En términos de un receptor GPS esto significa que el receptor sólo puede captar 3 satélites y, por tanto, no puede proporcionar la altitud. Puede haber un error sustancial en las coordenadas horizontales obtenidas.

Modo 3D. Las posiciones se calculan en tres dimensiones. El receptor puede captar 4 satélites. Proporciona altitud además de coordenadas horizontales.

Multisenda. Cuando la misma señal de satélite llega a la antena de un receptor de más de una dirección, hablamos de multisenda. Normalmente las ondas de radio viajan derechas del satélite al receptor, pero si rebotan en algún objeto duro, puede ocurrir que se reciban como señal directa y como señal reflejada.

Navstar. Sistema de posición global Navstar fue el nombre original para este sistema de navegación, pero pronto se eliminó la palabra Navstar y hoy es conocido como GPS. Ver Sistema de Posicionamiento Global.

Norte de cuadrícula. Es la orientación de la cuadrícula del mapa. Los cartógrafos intentan alinear las líneas verticales del mapa con el norte verdadero. Sin embargo, suele haber, a lo largo del mapa, una pequeña diferencia entre el norte de cuadrícula y el norte verdadero, aunque es tan pequeña que puede ser ignorada para efectos de navegación terrestre.

Norte magnético. Es la dirección que señala la aguja del compás. Una aguja de compás, propiamente llamada aguja magnética, señala hacia el polo magnético terrestre, situado en el norte de Canadá sobre la Isla de Bathhurst. El polo magnético no coincide, por tanto, con el polo norte.

Norte verdadero. Es la dirección del polo norte. El polo norte es distinto del polo magnético. La diferencia en dirección entre polo norte y polo magnético se conoce como declinación magnética.

Parada. Ocurre una parada cuando la geometría de los satélites es tan pobre que el receptor no puede hacer un cálculo de posición preciso. La mayor parte de los receptores no conectan cuando la pérdida de precisión es mayor de 6.

***Position Dilution of Precision* – *PDOP* – (Pérdida de precisión en la posición)**. Ver *Dilution of Precision.*

Ranging. Palabra inglesa que se refiere a la técnica usada por el receptor GPS para la medición de la distancia a un satélite.

Receptores sin codificar. Son un tipo de receptores GPS que no utilizan códigos P ni códigos CA para determinar la posición. Los receptores sin codificar miden el cambio de modulación en las ondas de radio del satélite. Usan técnicas de procesamiento de señal sofisticados para llevar la precisión de las mediciones a los centímetros. Pueden necesitar días para realizar una sola medición.

RS-232. Es un tipo estándar de conexión a un ordenador. Es un puerto en serie que permite la comunicación entre un ordenador y un receptor. Un cable especial conecta el puerto RS-232 del ordenador al receptor.

***Speed of Advance* – *SOA* – (Velocidad de avance)**. Lo mismo que VMG.

***Speed Over Ground* – *SOG* – (Velocidad sobre el fondo)**. Es la velocidad a la que usted viaja, sea cual sea la dirección. Es lo mismo que la velocidad base.

***Spoofing* (provocar errores)**. Es un método para hacer el GPS inservible. El atacante transmite señales de radio a la misma frecuencia que las señales GPS para que el receptor confunda esa señal con la verdadera y calcule una posición incorrecta. Las medidas para contrarrestar el *spoofing* se denominan *anti-spoofing*. El *spoofing* sólo puede ser detectado y contrarrestado por receptores militares, no por los civiles.

Tiempo Universal Coordinado (UTC). Es esencialmente el tiempo medio en Greenwich. El tiempo GPS, mantenido por los satélites, es convertido a UTC dentro del receptor.

***Time to First Fix* – *TTFF* – (tiempo para la primera posición)**. Es la cantidad de tiempo (aproximadamente 15 minutos) que necesita un receptor para fijar la primera posición después de varios meses de estar apagado, de haber perdido la memoria o de haber sido desplazado más de 480 kilómetros (300 millas) del lugar en el que funcionó por última vez. Antes de que el receptor pueda calcular su posición, necesita descargar toda la información de posición de cada satélite.

Velocity Made Good – VMG – (Velocidad efectiva). Es su velocidad hacia el punto de destino. Si usted viaja directamente hacia su destino, es igual a la velocidad base. Si usted no se desplaza en esa dirección,

VMG es inferior a su velocidad base. Si usted se aleja de su destino, VMG es cero, al margen de lo rápido que vaya.

***Waterproof* (Impermeable)**. Un receptor puede ser considerado impermeable, si puede ser sumergido en agua sin que sufra daños.

***Water Resistant* (Resistente al agua)**. Un receptor resistente al agua puede ser utilizado en ambientes húmedos, pero no está diseñado para ser sumergido en agua o realmente humedecido.

***Waypoint* (Punto de ruta o derrota)**. Son las coordenadas de un punto de su ruta. Los *waypoints* se almacenan en la memoria del receptor. Usted puede almacenar como *waypoint* su posición actual, que le vendrá dada por el receptor, o también puede tomar de un mapa las coordenadas de cualquier punto del mundo e introducirlas en la memoria de su receptor.

Proveedores

Fabricantes de receptores GPS

- Brunton (800) 443-4871
- Eagle Electronics (800) 324-1354
- Garmin International (800) 800-1020
- Magellan Systems (909) 394-5000
- Micrologic, Inc. (818) 998-1216
- Trimble Navigation (800) 487-4662

Software GPS para ordenadores

- DeLorme (800) 452-5931

Mapas topográficos en CD ROM

- TOPO!, Wildflower Productions (415) 558-8700
- TropoScout, Map Tech (800) 627-7236

Reglas para mapas

- Topo Companion, The Coordinator (800) 275-7526
- UTM Grid Reader (860) 243-0303
- The Card (for UTM grids) (800) 305-0036

Servicios de suscripción DGPS

- Differential Corrections, Inc. (800) 446-0015
- OmniSTAR (888) 883-8476

Altímetros electrónicos

- Avocet (650) 321-8501
- Casio (973) 361-5400

Bibliografía

Bibliografía básica sobre mapas y compases

Staying Found. *The Complete Map and Compass Handbook,* 2nd. Ed., June Fleming, The Mountaineers, 1994.

The Basic Essentials of Map and Compass, 2nd ed., Cliff Jacobson, ICS Books, 1997

Be Expert with Map and Compass: The Complete Orienteering Handbook, Bjorn Kjellstrom, MacMillan General Reference, 1994

Outward Bound Map and Compass Handbook, Glenn Randall, The Lyons Press, 1989

How to Read a Map (Using and Understanding Maps), Scott E. Morris, Chelsea House Publishers, 1993

Un libre excelente sobre mapas de todo el mundo es:
The Map Catalog: Every Kind of Map and Chart on Earth and Even Some Above It, 3rd ed., Joel Makower, editor; Vintage Books, 1992

Bibliografía especializada sobre elaboración de mapas y GPS:

Map Use: Reading, Analysis, and Interpretation, Phillip C. Muehrcke, JP Publications, 1986

Global Positioning System: Theory and Practice, 2nd ed., B.Hofmann-Wellenhof et. Al., Springer-Verlag, 1997

The Navstar Global Positioning System, Tom Logsdon, Van Nostrand Reinhold, 1992

Understanding the Navstar: GPS, GIS and IVHS, Tom Logsdon, Van Nostrand Reinhold, 1995

Un buen libro, breve pero interesante, sobre Amerigo Vespuccio:

Forgotten Voyager: The Story of Amerigo Vespucci, Ann Fitzpatrick Alper, Carolrhoda Books, 1991.

Puede también consultarse la siguiente página web, que ofrece buena información sobre GPS:

http://www.colorado.edu/geography/gcraft/notes/gps/gps_f.html

Información sobre receptores GPS

Recepción	Antena Antena externa Canales Satélites rastreados	Tipo de antena √ significa que puede acoplarse una antena externa al receptor Número de canales paralelos Número de satélites rastreados, al margen del número de canales
Precisión	Horizontal (m) Promediando DOP	La máxima precisión horizontal, sin disponibilidad selectiva √ significa que el receptor trabaja promediando. Algunos receptores promedian la señal sin intervención del usuario. Empiezan a promediar cuando el receptor se mueve más despacio que el umbral predeterminado. √ significa que el receptor muestra gráficamente el valor DOP calculado.
Peso		Peso, incluidas las baterías.
Baterías	Duración (horas) ##(AA) Soporte de litio	Máxima duración de baterías en operación continua Número de baterías AA necesarias Baterías internas utilizadas para proteger los datos almacenados cuando las baterías AA están agotadas
Energía externa		√ significa que el receptor puede ser conectado a una fuente de energía externa
Sistemas de coordenadas	Latitud/Longitud UTM OSGB UPS MGRS Maidenhead Thomas Bros. Over & Up	√ significa que el receptor dispone de cuadrícula latitud/longitud √ significa que el receptor dispone de cuadrícula Transversa Universal de Mercator √ significa que el receptor dispone de la cuadrícula Ordnance Survey Great Britain √ significa que el receptor dispone de la cuadrícula Estereográfica Polar Universal √ significa que el receptor dispone de la cuadrícula Military Grid Reference System √ significa que el receptor dispone de la cuadrícula Maidenhead √ significa que el receptor dispone de la cuadrícula Thomas Brothers Page and grid. √ significa que el receptor dispone de la cuadrícula Trimble Over & Up.
Características de navegación **Pantallas** **Gobierno**	*Datum* de mapa *Waypoint* más próximo Lista de proximidad Rastreo automático Autopista Compás Mapa móvil Mapas almacenados	Número de *datums* almacenados en la memoria √ significa que el receptor dispone de una lista de los *Waypoints* más próximos. √ significa que el receptor le puede avisar cuando usted se aproxime a puntos seleccionados. √ significa que el receptor registra periódicamente su posición. √ significa que el receptor dispone de una de navegación que se asemeja a una autopista. √ significa que el receptor dispone de una pantalla de navegación que se asemeja a un compás. √ significa que el receptor le muestra gráficamente su posición con respecto a los *waypoints* próximos. √ significa que el receptor dispone de información sobre mapas almacenada en la memoria y que puede ser mostrada en pantalla junto a su posición.
Presentación	Campos seleccionables Color Escala de grises Pantalla "Flip" Luz interna	√ significa que el usuario puede seleccionar qué datos deben aparecer en pantalla y de qué pantallas desea disponer. √ significa que la pantalla del receptor muestra colores. √ significa que la pantalla muestra negro, blanco y varios tonos de gris. √ significa que lo escrito sobre la pantalla puede mostrarse tanto horizontal como verticalmente. √ significa que el receptor dispone de luz interna para uso en la oscuridad.
Unidades	Estatutarias Metricas Náuticas Altitud Área	√ significa que el receptor dispone de unidades en millas y millas por hora √ significa que el receptor dispone de unidades en metros y kilómetros por hora. √ significa que el receptor dispone de unidades en millas náuticas y nudos. √ significa que las unidades para la altitud pueden seleccionarse independientemente de las unidades de posición horizontal o velocidad. √ significa que el receptor puede calcular el área comprendida entre unos *waypoints* determinados.

Waypoints y rutas	*Waypoints* rutas *Waypoints*/ruta Ruta inversa *Goto* Íconos Coordenadas	Número de *waypoints* que el receptor puede almacenar en su memoria. Número de rutas que el receptor puede almacenaren su memoria. Número de *waypoints* admisibles en una ruta. √ significa que el receptor puede automáticamente invertir el orden de *waypoints* en una ruta. √ significa que el receptor puede guiarle a un *waypoint* . √ significa que el usuario puede seleccionar un ícono para identificar cada *waypoint.* √ significa que el receptor puede calcular las coordenadas de referenciadas un nuevo *waypoint* situado a una demora y distancia dadas de su situación actual o de otro *waypoint.*
Interface I/O **Formato de entrada** **Formato de salida**	De entrada De salida Propietario NMEA RTCM Propietario NMEA	√ significa que el receptor puede recibir datos de otra unidad GPS, ordenador o baliza DGPS. √ significa que el receptor puede enviar datos a otra unidad, GPS o a un ordenador. √ significa que el receptor puede aceptar datos en el formato especificado por el fabricante. √ significa que el receptor puede aceptar datos en formato estándar NMEA. √ significa que el receptor puede aceptar datos de Corrección DGPS en formato RTCM estándar. √ significa que el receptor puede suministrar datos en el formato especificado por el fabricante. √ significa que el receptor puede suministrar datosen formato NMEA estándar.
Modo de simulación		√ significa que el receptor puede actuar como si estuviera navegando, sin que reciba señales de satélites.
Estadísticas de navegación	Velocidad base Velocidad media Velocidad máxima Velocidad efectiva Rastreo Senda deseada Odómetro CDI ETA ETE EPE	√ significa que el receptor facilita velocidad base. √ significa que el receptor facilita la velocidad media en un período de tiempo. √ significa que el receptor facilita la máxima Velocidad alcanzada √ significa que el receptor facilita la velocidad VMG. √ significa que el receptor facilita la demora de su Rumbo de viaje actual. √ significa que el receptor facilita la demora que debería seguir para llegar a destino. √ significa que el receptor mide la distancia recorrida. √ significa que el receptor facilita su desviación de Rumbo. √ significa que el receptor le indica la horaestimada de llegada. √ significa que el receptor le indica el tiempo estimado en ruta. √ significa que el receptor le indica el error enposición, como indicación de la geomtería de satélites.
Velocidad	Max (k/h) Max (m/h)	Máxima velocidad operacional en kilómetros/hora. Máxima velocidad operacional en millas/hora.
Salida **Puesta**	Sol Luna	√ significa que el receptor calcula la hora de saliday puesta del sol para un determinado lugar en una fecha dada. √ significa que el receptor calcula la fase de la luna para un determinado lugar en una fecha dada.
Norte	Verdadero Automagnético Usuario	√ significa que las demoras indicadas por el receptor pueden ir referidas al norte verdadero. √ significa que las demoras indicadas por elreceptor pueden ir referidas al norte magnético y el receptor calculará automáticamente la declinación magnética. √ significa que el usuario puede elegir la referencia de demora.
Temperatura	Celsius Fahrenheit	Temperatura mínima/máxima a que el receptor puede operar, expresada en grados Celsius. Temperatura mínima/máxima a que el receptor puede operar, expresada en grados Farenheit.
Agua	Resistente Impermeable	√ significa que el receptor puede usarse en Ambientes húmedos e incluso brevemente ser sumergido, sin sufrir daños. √ significa que el receptor puede ser sumergido sinSufrir daños.
Preparado para DGPS		√ significa que el receptor puede recibir y utilizar datos de corrección RTCM.
Alarmas audibles **Coste**		√ significa que el receptor puede hacer sonar una alarma audible cuando usted alcanza un *waypoint.* Coste en la calle de un modelo de receptor.

		Brunton XL1000	Brunton XL1000 Forest	Lowrance GlobalMap100	Garmin GPS 12MAP	Garmin GPS 12XL	Garmin eTrex Summit ❺ ver nota 5	Garmin GPS III+	Magellan 310	Magellan 315	Magellan 320	Magellan Color Trak
Recepción	Antena	patch	patch	patch	patch	patch	quad	quad	quad	quad	quad	quad
❻ ver nota 6	Antena externa	✗	✓	✓	✓	✓	✗	✓	✗	✗	✗	❻✓
	Canales	5	5	12	12	12	12	12	12	12	12	12
	Satélites rastreados	9	9	12	12	12	12	12	12	12	12	12
Precisión	Horizontal (m)	15	15	15	15	15	15	15	15	15	15	❹15
❹ ver nota 4	Promediando	✗	✓	✓	✓	✓	✓	✓	✗	✓	✓	✓
	DOP	✓	✓	✗	✗	✗	✗	✗	✗	✗	✗	✗
Peso		15	15	10	9.5	9.5	5.3	9.5	7	7	7	12
Baterías	Duración (horas)	12	12	11	36	20	13	36	15	15	15	30
	##(AA)	6	6	4	4	4	2	4	2	2	2	4
	Soporte de litio	✓	✓	✓	✓	✓	✓	✓	✓	✓	✓	✓
Energía externa		✓	✓	✓	✓	✓	✓	✓	✓	✓	✓	✓
Sistemas de coordenadas	Latitud/Longitud	✓	✓	✓	✓	✓	✓	✓	✓	✓	✓	✓
	UTM	✓	✓	✓	✓	✓	✓	✓	✓	✓	✓	✓
	OSGB	✗	✗	✓	✓	✓	✓	✓	✓	✓	✓	✓
	UPS	✗	✗	✗	✓	✓	✓	✓	✗	✗	✗	✗
	MGRS	✗	✗	✓	✓	✓	✓	✓	✗	✓	✓	✓
Características de navegación	*Datum* de mapa	102	102	191	108	108	108	103	13	73	73	73
	Waypoint más próximo	✓	✓	✓	✓	✓	✓	✓	✗	✓	✓	✓
	Lista de proximidad	✗	✗	✗	✓	✓	✓	✗	✗	✓	✓	✗
	Rastreo automático	✓	✓	✓	✓	✓	✓	✓	✗	✓	✓	✓
Pantallas gobierno	Autopista	✗	✗	✗	✓	✓	✓	✓	✓	✓	✓	✓
	Compás	✗	✗	✓	✓	✓	✓	✓	✓	✓	✓	✓
❶ ver nota 1	Mapa móvil	✗	✗	✓	✓	✓	✓	✓	✗	✓	✓	✓
❸ ver nota 3	Mapas almacenados	❶✗	❶✗	✓	❸✓	✓	✗	❸✓	✗	✓	✓	✗
Presentación	Campos seleccionables	✗	✗	✓	✓	✓	✓	✓	✗	✓	✓	✓
	Color	✗	✗	✗	✗	✗	✗	✗	✗	✗	✗	✓
	Escala de grises	✗	✗	✓	✓	✗	✓	✓	✗	✓	✓	✗
	Pantalla "Flip"	✗	✗	✗	✗	✗	✗	✓	✗	✗	✗	✗
	Resolución (pixels)	NA	NA	104x160	100x160	100x160	128x64	100x160	NA	104x160	104x160	128x64
	Luz interna	✓	✓	✓	✓	✓	✓	✓	✓	✓	✓	✓
Unidades	Estatutarias	✓	✓	✓	✓	✓	✓	✓	✓	✓	✓	✓
	Métricas	✓	✓	✓	✓	✓	✓	✓	✓	✓	✓	✓
	Náuticas	✓	✓	✓	✓	✓	✓	✓	✓	✓	✓	✓
	Altitud	✓	✓	✓	✗	✗	✗	✓	✗	✗	✗	✓
	Área	✗	✓	✗	✗	✗	✗	✗	✗	✗	✗	✗

1. Vinculado al VBrunton Navimap, el cual es correlativo a la posición actual en cualquier mapa.
2. Requiere el Navimap para facilitar medidas de demora y distancia.
3. Los mapas existentes en la memoria tienen cobertura para el continente norteamericano o internacional. La versión para los Estados Unidos incluye todas las autopistas estatales e interestatales, muchas carreteras principales y líneas de ferrocarril.
4. La senda a color usa un barómetro electrónico interno para reducir fluctuaciones en la medición de la altitud. La unidad dispone también de un termómetro electrónico interno.

		Brunton XL1000	Brunton XL1000 Forest	Lowrance GlobalMap100	Garmin GPS 12Map	Garmin GPS 12XL	eTrex Summit nota 5	Garmin GPS III+	Magellan 310	Magellan 315	Magellan 320	Magellan Color Trak
***Waypoints* y rutas**	*Waypoints*	1000	1000	750	500	500	500	500	100	500	500	500
	Rutas	1	1	99	20	20	1	20	1	20	20	20
	Waypoints/ruta	1000	1000	99	30	30	50	30	10	30	30	30
	Ruta inversa	✗	✗	✓	✓	✓	✓	✓	✓	✓	✓	✓
	Goto	✓	✓	✓	✓	✓	✓	✓	✓	✓	✓	✓
	Íconos	✗	✗	✓	✓	✓	✓	✓	✗	✓	✓	✓
❷ ver nota 2	Coordenadas	❷✓	❷✓	✓	✓	✓	✓	✓	✗	✓	✓	✓
Interface I/O	de entrada	✓	✓	✓	✓	✓	✓	✓	✓	✓	✓	✓
	de salida	✓	✓	✓	✓	✓	✓	✓	✓	✓	✓	✓
Formato de entrada	Propietario	✓	✓	✗	✓	✓	✓	✓	✗	✗	✗	✗
	NMEA	✗	✗	✓	✓	✓	✓	✓	✗	✓	✓	✗
	RTCM	✓	✓	✓	✓	✓	✓	✓	✓	✓	✓	✓
Formato de salida	Propietario	✓	✓	✗	✓	✓	✓	✓	✗	✗	✗	✗
	NMEA	✗	✗	✓	✓	✓	✓	✓	✓	✓	✓	✓
Modo de simulación		✗	✗	✓	✓	✓	✓	✓	✗	✓	✓	✓
Estadísticas de navegación	Velocidad base	✓	✓	✓	✓	✓	✓	✓	✓	✓	✓	✓
	Velocidad media	✗	✗	✓	✓	✓	✓	✓	✗	✓	✓	✓
	Velocidad máxima	✗	✗	✗	✓	✓	✓	✓	✗	✓	✓	✓
	Velocidad efectiva	✗	✗	✓	✓	✓	✓	✓	✗	✓	✓	✓
	Rastreo	✓	✓	✓	✓	✓	✓	✓	✓	✓	✓	✓
	Senda deseada	✓	✓	✓	✓	✓	✓	✓	✓	✓	✓	✓
	Odómetro	✓	✓	✓	✓	✓	✓	✓	✓	✓	✓	✓
	CDI	✓	✓	✓	✓	✓	✓	✓	✗	✓	✓	✓
	ETA	✓	✓	✓	✓	✓	✓	✓	✗	✓	✓	✓
	ETE	✗	✗	✓	✓	✓	✓	✓	✗	✓	✓	✓
	EPE	✗	✗	✓	✓	✓	✓	✓	✗	✓	✓	✓
Velocidad	Max (k/h)	1847	1847	1608	1608	1608	1608	1608	1530	1530	1530	1448
	Max (m/h)	1148	1148	999	999	999	999	999	999	999	999	999
Salida & Puesta	Sol	✗	✗	✓	✓	✓	✓	✓	✗	✓	✓	✓
	Luna	✗	✗	✓	✗	✗	✗	✗	✗	✓	✓	✓
Norte	Verdadero	✓	✓	✓	✓	✓	✓	✓	✓	✓	✓	✓
	Automagnético	✓	✓	✓	✓	✓	✓	✓	✓	✓	✓	✓
	Usuario	✗	✗	✗	✓	✓	✓	✓	✗	✗	✗	✗
Temperatura	Celsius	-30/70°	-30/70°	-15/70°	-15/70°	-15/70°	-15/70°	-15/70°	-10/60°	-10/60°	-10/60°	-10/60°
	Fahrenheit	-22/158°	-22/158°	5/158°	5/158°	5/158°	5/158°	5/158°	14/140°	14/140°	14/140°	14/140°
Agua	Resistente	✓	✓	✓	✓	✓	✓	✓	✓	✓	✓	✓
	Impermeable	✗	✗	✗	✓	✓	✓	✓	✗	✗	✗	✗
Preparado para DGPS		✓	✓	✓	✓	✓	✓	✓	✓	✓	✓	✓
Alarmas audibles		✗	✗	✓	✓	✓	✗	✓	✗	✓	✓	✓
Coste		900	1000	200	335	150	250	350	120	150	200	250

5. El Garmin eTrex dispone de un compás electrónico interno y un barómetro para proporcionar información sobre la altitud. Se puede añadir una antena.
6. La antena puede separarse.

Índice alfabético